高等职业教育机电工程类系列教材

陕西省普通高校优秀教材

电机与电气控制

（第二版）

主　编　冉　文

副主编　黎　炜

参　编　张永红　张桂香　冯　硕

　　　　师亚娟　杜润宏

主　审　李益民

西安电子科技大学出版社

内 容 简 介

本书是根据"教育部高职高专教育基础课程教学基本要求",并按照高职高专的培养目标而编写的。在编写时不但考虑到当前教学的需求,而且紧密结合生产实际的应用。全书共分 9 章,主要内容有直流电机、交流电动机、变压器、常用低压电器、电动机的继电器-接触器控制线路、电气控制系统设计、典型生产机械电气控制线路、可编程控制器(PLC)及应用、实验与实训等。

本书充分汲取了高职高专教育多年来的教学经验和教改成果,理论分析和计算适度,突出了实际应用和技能训练。本书可以作为高职高专院校、成人院校以及其他各类职业学校的供用电技术、工业电气自动化、机电一体化技术、应用电子技术等专业的教学用书,也可以供有关专业的师生和从事现场工作的技术人员参考。

图书在版编目(CIP)数据

电机与电气控制/冉文主编. —2 版. —西安:西安电子科技大学出版社,2011.3
(2022.10 重印)
ISBN 978 - 7 - 5606 - 2499 - 0

Ⅰ. 电… Ⅱ. 冉… Ⅲ. ① 电机学—高等学校:技术学校—教材
② 电气控制—高等学校:技术学校—教材 Ⅳ. ① TM3 ② TM921.5

中国版本图书馆 CIP 数据核字(2010)第 212640 号

策 划	毛红兵	
责任编辑	许青青 毛红兵	
出版发行	西安电子科技大学出版社(西安市太白南路 2 号)	
电 话	(029)88202421 88201467	邮 编 710071
网 址	www.xduph.com	电子邮箱 xdupfxb001@163.com
经 销	新华书店	
印刷单位	陕西天意印务有限责任公司	
版 次	2022 年 10 月第 17 次印刷	
开 本	787 毫米×1092 毫米 1/16	印 张 19.5
字 数	456 千字	
印 数	38 801~41 800 册	
定 价	49.00 元	

ISBN 978 - 7 - 5606 - 2499 - 0/TM

XDUP 2791002 - 17

前　言

　　本书是根据高职高专教育人才培养目标和高职高专机电类教材编写大纲而编写的，可作为高职高专供用电技术、工业电气自动化、机电一体化技术、应用电子技术等相关专业的教学用书，也可作为工程技术人员的参考用书。

　　本书共分 9 章，按照理论够用、突出实践、重视应用、培养技能的原则而编写。全书内容主要包括直流电机、交流电动机、变压器、常用低压电器、电动机的继电器－接触器控制线路、电气控制系统设计、典型生产机械电气控制线路、可编程控制器（PLC）及应用、实验与实训等。

　　本书充分汲取了高职高专教育多年来的教学经验和教改成果，突出了课程的应用性和实践性，并以应用为主线，将理论教学与实践教学紧密结合在一起，加强了对新技术、新工艺、新方法的介绍。同时，本书在文字叙述上力求简明扼要、通俗易懂、深入浅出、富于启发性。

　　本书中的符号和插图执行新的国家标准。

　　冉文担任本书主编，黎炜担任副主编，张永红、张桂香、冯硕、师亚娟、杜润宏参与了编写。李益民教授担任本书的主审，李教授在审阅过程中提出了许多宝贵的意见和建议，在此表示衷心的感谢。编者在编写本书的过程中参阅了大量资料，在此向其原作者表示感谢。

　　本书已经使用四年，重印四次，2009 年获得了陕西省高等学校优秀教材二等奖，许多专家和师生给予了支持和鼓励，特别是王如桂高级工程师指出了本书存在的错误，并提出了宝贵的修改意见，在此表示衷心的感谢。

　　由于编写时间紧，编者水平有限，疏漏之处在所难免，欢迎各位读者指正。

编　者

2010 年 12 月

前　言

第 一 版 前 言

本书是根据高职高专人才培养目标和高职高专机电类教材编写大纲而编写的，可作为高职高专电气自动化技术、机电一体化技术、应用电子技术等相关专业的教学用书，也可作为工程技术人员的参考用书。

本书共分 10 章，按照理论够用、突出实践、重视应用、培养技能的原则而编写。内容主要包括直流电动机的基本知识及电气控制，三相异步电动机的基本知识及电气控制，变压器、常用低压电器的基本知识及选用，电动机常用控制线路，电气控制系统的设计与安装，典型生产机械的电气控制线路和可编程控制器等，同时还增加了实验与实训的相关内容。通过这些技能的训练，可加强实际工作能力的培养。

本书充分汲取了高职高专教育多年来的教学经验和教改成果，在阐述基本理论和基本概念的基础上，强调应用性和实践性，简化了理论分析和计算；在课程内容上，根据生产及应用，着重讲述了电动机和电气控制的原理、实际应用方面的知识，加强了对新技术、新工艺、新方法、新知识的介绍。为了便于巩固和掌握基本知识及应用，书中有针对性地列举了一些例题、思考题。本书在文字叙述上力求简明扼要、通俗易懂、深入浅出、富于启发性，注重实践与理论的结合，加强实践教学环节和技能训练，突出专业技术能力的培养。

书中的符号和插图均执行最新的国家标准。

冉文担任本书主编，并编写了第 1、3 章，黎炜编写了第 2 章，张永红编写了第 4、6 章，张桂香编写了第 5 章，冯硕编写了第 7、8 章，师亚娟、黎炜编写了第 9、10 章。李益民教授担任本书主审，提出了宝贵的意见和建议，在此表示衷心的感谢。本书在编写过程中参阅了大量资料，在此向其原作者表示谢意。

由于编写时间紧，编者水平有限，不足之处在所难免，欢迎各位读者指正。

编　者
2006 年 2 月

目　　录

第1章　直流电机

学习目标

◇ 掌握直流电机的结构、工作原理。

◇ 能分析直流电动机转速、电磁转矩的变化与各参数的关系。

◇ 能分析直流电动机的换向及改善换向的方法。

◇ 会利用直流电动机的工作特性和机械特性分析实际问题。

◇ 熟悉直流电动机启动、调速、反转和制动方法。

电机是一种实现机械能与电能转换的电磁装置。产生电能的称为发电机，取用电能的称为电动机。常见的电机可分为交流电机和直流电机。

直流电机包括直流电动机和直流发电机。

直流电动机具有良好的启动和调速性能，广泛应用于对启动和调速有较高要求的拖动系统，如电力牵引、轧钢机、大型起重设备等。小容量直流电动机也被广泛应用于自动控制系统。

直流发电机主要用作各种直流电源，广泛应用在电解、电镀、充电等设备中，也用作同步电动机的励磁或直流电动机的电源。随着电子技术的发展，晶闸管整流装置有取代直流发电机的趋势。

直流电动机的缺点是制造工艺复杂，消耗有色金属多，生产成本高，运行时电刷与换向器之间容易产生火花，可靠性较差，维护较麻烦。这使直流电动机的应用受到一定限制，没有交流电动机的应用广泛。

1.1　直流电机的结构和基本工作原理

1.1.1　直流电机的结构

直流电机由两个主要部分组成：静止部分和转动部分。静止部分称为定子，由主磁极、换向磁极、机座和电刷装置等组成，主要用来建立磁场。转动部分称为转子或电枢，由电枢铁芯、电枢绕组、换向器、风扇、转轴等组成，是机械能变为电能或电能变为机械能的枢纽。在静止和转动部分之间，有一定的间隙，称为气隙。图1-1所示为直流电机结构图，图1-2所示为直流电机组成部件。

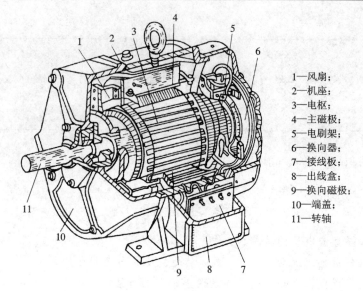

1—风扇；
2—机座；
3—电枢；
4—主磁极；
5—电刷架；
6—换向器；
7—接线板；
8—出线盒；
9—换向磁极；
10—端盖；
11—转轴

图 1-1 直流电机结构图

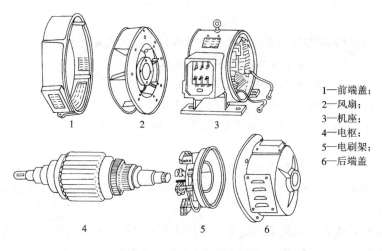

1—前端盖；
2—风扇；
3—机座；
4—电枢；
5—电刷架；
6—后端盖

图 1-2 直流电机组成部件

1. 静止部分

（1）主磁极。主磁极的作用是产生一个恒定的主磁场，它由铁芯和励磁绕组组成。在励磁绕组中通入直流电流后，铁芯中即产生励磁磁通，并在气隙中建立磁场。励磁绕组是用绝缘铜线绕制的线圈，套在铁芯外面。铁芯一般用硅钢片叠压而成。主磁极总是 N、S 两极成对出现的。主磁极的励磁绕组相互串联连接，连接时要能保证相邻磁极的极性按 N、S 交替排列。主磁极的结构如图 1-3 所示。

（2）换向磁极。换向磁极是由铁芯和换向磁极绕组构成，如图 1-4 所示。换向磁极安装在相邻两个主磁极的中间线上，当换向磁极绕组通入直流电流时，它所形成的磁场对电枢磁场产生影响。换向磁极的作用是减小电刷与换向器之间的火花。换向磁极绕组一般总是与电枢绕组串联。

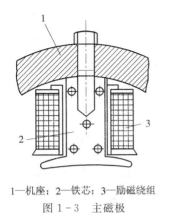

1—机座；2—铁芯；3—励磁绕组　　　　　1—铁芯；2—换向磁极绕组

图1-3　主磁极　　　　　　　　　　　　　图1-4　换向磁极

　　（3）机座。机座由铸铁或铸钢制成，是磁路的一部分。它用来固定主磁极、换向磁极和端盖。其结构如图1-5所示。

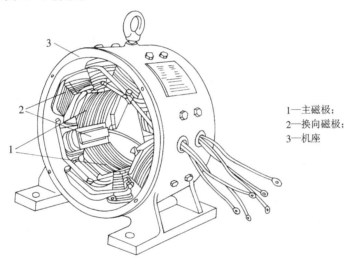

1—主磁极；
2—换向磁极；
3—机座

图1-5　机座

　　（4）电刷装置。电刷将旋转的电枢绕组电路与静止的外部电路相连接，把直流电流引入或将直流感应电动势引出。直流电机的电刷装置由电刷及刷握、弹簧、刷杆座等组成。电刷放置在刷握内，用弹簧压紧在换向器上。一般电刷组数与主磁极极数相等。电刷装置在换向器表面应对称分布，并且可以移动，用以调整电刷在换向器上的位置。电刷装置如图1-6所示。

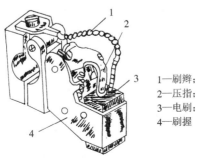

1—刷辫；
2—压指；
3—电刷；
4—刷握

图1-6　电刷装置

2. 转动部分

（1）电枢铁芯。电枢铁芯是磁路的一部分，同时对放置在其上的电枢绕组起支撑作用。直流电机运行时，交变的磁通会在铁芯中产生涡流和磁滞损耗。为了减少涡流损耗，电枢铁芯通常采用 0.5 mm 厚且表面涂绝缘漆的硅钢片叠压而成，每片周围均匀分布许多齿和槽，槽内可安放电枢绕组。其结构如图 1-7 所示。

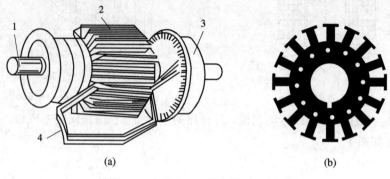

（a）   （b）

1—转轴；2—电枢铁芯；3—换向器；4—电枢绕组

图 1-7 电枢及铁芯冲片

（a）电枢；（b）铁芯冲片

（2）电枢绕组。电枢绕组是直流电机电路的主要组成部分，也是感生电动势，产生电磁转矩实现机、电能量转换的重要部件。电枢绕组通常用绝缘的铜线或扁铜线在模具上绕成线圈后再放置在电枢铁芯槽中，槽口用槽楔压紧，以防止旋转时将绕组甩出。

（3）换向器。换向器是由许多铜质换向片组成的一个圆柱体，换向片之间用云母片绝缘。换向器装在电枢的一端，电枢绕组的两端分别焊接到两片换向片上。它是直流电机的重要部件。其作用是：在直流电动机中，将外加的直流电流变为电枢绕组中的交流电流；在直流发电机中，将电枢绕组中的交变电动势变为电刷间的直流电动势。换向器的结构如图 1-8 所示。

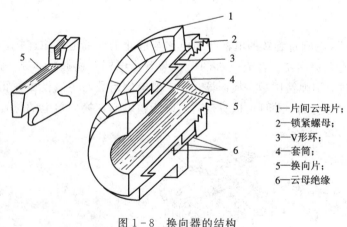

1—片间云母片；
2—锁紧螺母；
3—V形环；
4—套筒；
5—换向片；
6—云母绝缘

图 1-8 换向器的结构

3. 气隙

气隙是直流电机磁路的重要部分。一般小型电机的气隙为 0.2～1.8 mm，大型电机为 1.8～10 mm，但由于气隙磁阻远大于铁芯磁阻，对电机性能有很大的影响，因而在组装时应特别注意。

1.1.2 直流电机的工作原理

直流电机包括直流发电机和直流电动机，它们具有相同的结构。发电机将机械能转变成电能向负载供电；电动机将电能转变成机械能，拖动各种机械工作。

1. 直流电动机的工作原理

图 1-9 所示为简单的直流电动机的原理图。图中，N 和 S 是一对固定的磁极，用来建立恒定磁场。两磁极之间有一个可以转动的圆柱形铁芯，铁芯上固定着线圈 abcd。线圈的 ad 端接在随电枢一起旋转的两片半圆形铜片上，这两个铜片合称为换向器，换向器固定在转轴上且与转轴绝缘。铁芯、线圈和换向器组合在一起形成电枢。电刷 A、B 分别与换向片接触而通向外电路。

通电线圈在磁场中要受到磁场力的作用。假设电刷 A 与电源的正极相连，电刷 B 与电源的负极相连，电流经 $A-d-c-b-a-B$ 形成回路。根据左手定则，线圈 ab 受力向右，线圈 cd 受力向左。这样就形成一个转矩，使电枢逆时针方向旋转，如图 1-9(a) 所示。

当电枢转过 90° 时，通电线圈虽受到电磁力的作用，但转矩为零。由于电枢机械惯性的作用，电枢也能转过一定的角度，这时线圈中电流的方向发生了改变。

当电枢转过 180° 时，电流经 $A-a-b-c-d-B$ 形成回路，线圈内部电流的方向发生了改变，根据左手定则，线圈 ab 受力向左，线圈 cd 受力向右，仍然形成一个逆时针转动的转矩，电枢按同一方向继续旋转，这样电动机就可以连续旋转，如图 1-9(b) 所示。

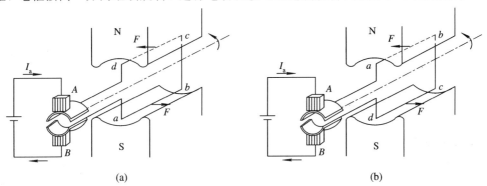

图 1-9 直流电动机原理图

2. 直流发电机的工作原理

图 1-10 所示为一台简单的直流发电机的原理图。两个磁极用来建立恒定磁场，磁极中间有圆柱形铁芯，铁芯上固定着线圈 abcd，其基本结构和电动机完全相同。

当电枢逆时针旋转时，用右手定则可以判定：线圈 ab 和 cd 边切割磁力线，产生的感应电动势 e 的方向为 $d \rightarrow c \rightarrow b \rightarrow a$，如图 1-10(a) 所示。在负载与线圈构成的回路中产生电流 I_a，其方向与电动势方向相同，电流由电刷 A 流出，由电刷 B 流回。

当电枢转到图 1-10(b) 所示位置时，ab 边转到了 S 极，cd 边转到了 N 极。这时线圈中感应电动势的方向发生了改变，变成了 $a \rightarrow b \rightarrow c \rightarrow d$。但由于换向器随同一起旋转，使得电刷 A 总是与 N 极下的导线连接，而电刷 B 总是与 S 极下的导线连接，因此电流 I_a 仍由 A 流出，由 B 流回，方向不变。

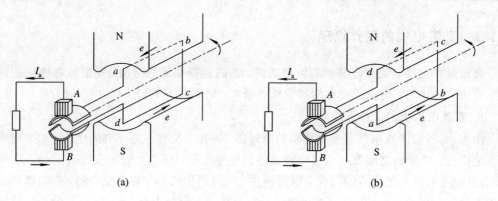

图 1-10　直流发电机原理图

电枢线圈每转过一圈，其电动势的方向就改变一次，但两电刷之间的电动势方向不变，大小在零与最大值之间变化。用这种直流发电机获得的直流电动势其大小是变化的，而且波动很大，其波形如图 1-11 所示。要获得方向和数值均为恒定的电动势，就应增加电枢铁芯上的槽数和线圈匝数，同时相应地增加换向器上的换向片数。实际应用的直流发电机中有很多线圈，磁极的对数也不只一对，可以使电动势的波动很小。

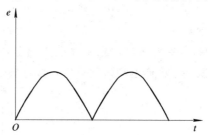

图 1-11　单线圈直流发电机的电动势波形

1.1.3　直流电机的分类和铭牌

1. 直流电机的分类

直流电机一般是根据励磁方式进行分类的，因为它的性能与励磁方式有密切关系，励磁方式不同，电机的运行特性有很大差异。根据励磁绕组与电枢绕组连接的不同，可以分为他励直流电机、并励直流电机、串励直流电机、复励直流电机。

（1）他励直流电机：励磁绕组和电枢绕组分别由不同的直流电源供电，即励磁电路与电枢电路没有电的连接。其接线图和原理图分别如图 1-12(a)、(b)所示。

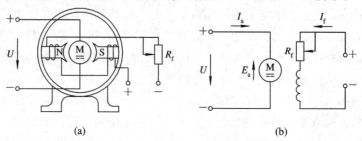

图 1-12　他励直流电机
（a）接线图；（b）原理图

（2）并励直流电机：励磁绕组和电枢绕组并联，由同一直流电源供电。对于并励直流电机，励磁电压等于电枢电压，励磁绕组匝数多，电阻较大，总电流等于电枢电流和励磁绕组电流之和，即 $I = I_a + I_f$。并励直流电机的接线图和原理图分别如图 1 - 13(a)、(b) 所示。

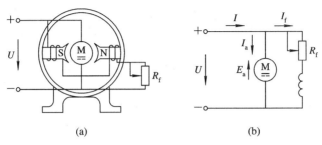

图 1 - 13　并励直流电机

(a) 接线图；(b) 原理图

（3）串励直流电机：励磁绕组和电枢绕组串联后接于直流电源，励磁电流和电枢电流相等，即 $I = I_a = I_f$。其接线图和原理图分别如图 1 - 14(a)、(b) 所示。

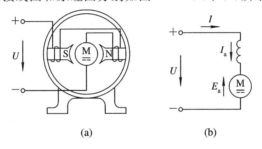

图 1 - 14　串励直流电机

(a) 接线图；(b) 原理图

（4）复励直流电机：有两个励磁绕组，一个与电枢并联，另一个与电枢串联。并励绕组匝数多而线径细，串励绕组匝数少而线径粗。其接线图和原理图分别如图 1 - 15(a)、(b) 所示。

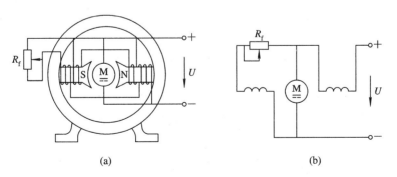

图 1 - 15　复励直流电机

(a) 接线图；(b) 原理图

在一些小型直流电机中，也有用永久磁铁产生磁场的，这种电机称为永磁式电机。由于其具有体积小、结构简单、效率高、损耗低、可靠性高等特点，因而应用越来越广泛，例如兆欧表中的手摇发电机和测速发电机、汽车用永磁电机等。

2. 直流电机的铭牌

每一台电机的机座上都有一块铭牌，标明这台电机额定运行情况的各种数据。这些数据是正确、合理使用电机的依据，也称为铭牌数据。表1-1所示是一台直流电动机的铭牌，其额定值的意义介绍如下所述。

表1-1 直流电动机的铭牌

型　　号	Z₂—72	励磁方式	并励
额定功率	22 kW	励磁电压	220 V
额定电压	220 V	励磁电流	2.06 A
额定电流	110 A	定额	连续
额定转速	1500 r/min	温升	80℃
出厂编号	×××××	出厂日期	××××年××月
××××电机厂			

（1）型号。国产电动机的型号一般采用大写的汉语拼音字母和阿拉伯数字表示电动机的结构和使用特点。例如，型号 Z₂—72 的含义说明如下：

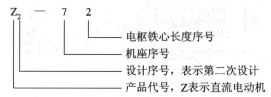

产品代号的含义如下：

Z 系列：一般用途直流电动机，如 Z₂、Z₃、Z₄ 等系列；

ZJ 系列：精密机床用直流电动机；

ZT 系列：广调速直流电动机；

ZQ 系列：牵引直流电动机；

ZH 系列：船用直流电动机；

ZA 系列：防爆安全型直流电动机；

ZKJ 系列：挖掘机用直流电动机；

ZZJ 系列：冶金起重机用直流电动机。

（2）额定功率 P_N。额定功率是电机在额定情况下允许输出的功率。对于发电机，额定功率是指向负载输出的电功率；对于电动机，是指轴上输出的机械功率。额定功率的单位是 W 或 kW。

（3）额定电压 U_N。在额定情况下，对于电动机，额定电压是指直流电源的电压；对于发电机，是指额定功率时的输出电压。额定电压的单位是 V。

（4）额定电流 I_N。额定电流是电机在额定电压下，运行于额定功率时电机流入或流出的电流，单位是 A。

（5）额定转速 n_N。额定转速是电机运行在额定电压、额定电流、额定功率时所对应的转速，单位是 r/min。

（6）励磁方式。励磁方式包含他励、并励、串励、复励等。

（7）励磁电压。励磁电压是电机在额定状态下励磁绕组两端所加的电压。对于自励、并励电机，励磁电压等于电机的额定电压；对于他励电机，励磁电压要根据情况来定。励磁电压的单位是 V。

（8）励磁电流。励磁电流是电机产生主磁通所需的励磁电流，单位是 A。

（9）定额。定额指电机在额定状态下可以持续运行的时间和顺序，分为连续定额、短时定额、断续定额三种。例如，标有"连续"，表示电机可以不受时间限制连续运行；标有"25％"，则表示电机在一个周期内工作时间为 25％，休息时间为 75％。

（10）温升。温升表示电机允许发热的限度。温升限度取决于电机所使用的绝缘材料。

1.1.4 直流电动机的基本方程

基本方程是直流电动机运行时电磁关系和能量传递关系的数学表达式，根据这些方程可以分析电机运行的特性。

1. 电动势平衡方程式

当电枢两端外加电压为 U 时，电枢电流为 I_a，电枢绕组产生感应电动势 E。根据电动机的工作原理，电枢电流方向和电源电压一致，感应电动势 E 和电枢电流是反向的，所以 E 也称为反电动势，则直流电动机的电动势平衡方程为

$$U = E + RI_a + 2\Delta U_b \tag{1-1}$$

式中，R 为电枢回路总电阻，包括电枢电阻和电枢串联附加电阻；$2\Delta U_b$ 为一对电刷上的接触压降，一般为 $0.6 \sim 1.2$ V。

在一般定性分析中，可以将电刷接触压降计入电枢回路压降中，因此电动势平衡方程简化为

$$U = E + RI_a \tag{1-2}$$

2. 转矩平衡方程式

电动机的电磁转矩 T 是一个驱动转矩，当电动机恒速运行时，它必须与轴上的负载制动转矩 T_2 和空载制动转矩 T_0 平衡，故

$$T = T_2 + T_0 \tag{1-3}$$

由于空载转矩 T_0 的数值仅为电动机额定转矩的 $2％ \sim 5％$，所以在重载和额定负载下常忽略不计，即 $T \approx T_2$。

3. 功率平衡方程式

电动机将电能转变成机械能输出时，不能将输入的电功率全部转换成机械功率，在转换过程中总有一部分能量消耗在电机内部，称为电机损耗。它包括机械损耗、铁芯损耗、铜损耗和附加损耗。

根据电压平衡方程式（1-2），两边同乘以 I_a，即得

$$UI_a = EI_a + RI_a^2 \tag{1-4}$$

式中，UI_a 为电源输入功率；EI_a 为电动机电磁功率；RI_a^2 为电枢绕组上的铜损。式（1-4）可以写成：

$$P_1 = P_M + P_{Cu} \tag{1-5}$$

其中，P_1 为电源输入功率；P_M 为电动机电磁功率；P_{Cu} 为电枢绕组上的铜损。

对于并励电动机来讲，励磁回路消耗的功率也来自电源，因此，根据式（1-5），其功率关系为

$$P_1 = P_M + P_{Cu} + P'_{Cu} \tag{1-6}$$

其中，P'_{Cu} 为励磁回路消耗的功率。

电磁功率并不能全部用来输出，它必须克服机械损耗（即摩擦损耗）、铁损耗（即磁滞和涡流损耗）和附加损耗（产生的原因复杂，难以准确计算，一般取额定功率的 $0.5\%\sim1\%$）。这部分损耗不论电动机是否有负载，始终存在，合称为空载损耗，以 P_0 表示，则

$$P_M = P_2 + P_0 \tag{1-7}$$

其中，P_2 为电动机轴的输出机械功率。

根据式（1-7），可得

$$P_1 = P_2 + P_0 + P_{Cu} + P'_{Cu} \tag{1-8}$$

即

$$P_1 = P_2 + \sum P \tag{1-9}$$

其中，$\sum P$ 为电动机的总损耗机械功率。

这就是电动机的功率方程。由式（1-9）绘出的电动机功率流程图如图 1-16 所示，该图可以形象地说明各功率之间的关系。

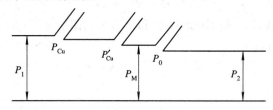

图 1-16　直流电动机功率流程图

1.1.5　直流电动机的机械特性

电动机的机械特性是指电动机稳定运行时，电动机转速 n 与转矩 T 的关系：$n=f(T)$。机械特性可分为固有（自然）机械特性和人为机械特性。当电动机的外加电压和励磁电流为额定值时，电枢回路没有串联附加电阻的机械特性称为固有机械特性。人为机械特性是指改变电动机的一个或几个参数，使之不等于其额定值时的机械特性。从空载到额定负载，转速下降不多，称为硬机械特性。负载增大时，转速下降较快，这时的机械特性为软机械特性。

1. 并励电动机的机械特性

并励电动机的接线图和原理图如图 1-13 所示。根据公式 $U=E+R_a I_a$，$E=C_e n\Phi$ 可以得出

$$U = C_e n\Phi + R_a I_a$$

则

$$n = \frac{U}{C_e \Phi} - \frac{R_a}{C_e \Phi} I_a$$

又因为转矩 $T = C_T \Phi I_a$，所以

$$n = \frac{U}{C_e \Phi} - \frac{R_a}{C_e \Phi^2 C_T} T = n_0 - \beta T = n_0 - \Delta n \qquad (1-10)$$

式(1-10)反映转速和转矩的关系，称为电动机的机械特性。式中，$n_0 = \dfrac{U}{C_e \Phi}$ 叫做电动机的理想空载转速；$\beta = \dfrac{R_a}{C_e \Phi^2 C_T}$ 叫做机械特性斜率；$\Delta n = \dfrac{R_a T}{C_e \Phi^2 C_T}$ 叫做转速降，它表示负载增加时，转速下降的多少。一般 $\Delta n = \dfrac{n_0 - n_N}{n_N} \times 100\% \approx 3\% \sim 8\%$。由并励电动机的机械特性方程式(1-10)可知，$n = f(T)$ 是一条倾斜度很小的直线，如图1-17曲线1所示。当电枢回路串接电阻时，$\beta = \dfrac{R_a + R_j}{C_e \Phi^2 C_T}$，电动机的机械特性如图1-17曲线2、3所示。串接的电阻 R_j 越大，曲线下垂越厉害，这时的机械特性是人为机械特性。

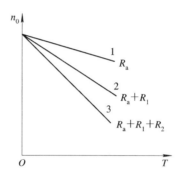

图1-17 并励电动机的机械特性曲线

例1-1 一台并励电动机的额定数据如下：$P_N = 25$ kW，$U_N = 110$ V，$\eta = 0.86$，$n_N = 1200$ r/min，$R_a = 0.04$ Ω，$R_f = 27.5$ Ω，试求：

(1) 额定电流、额定电枢电流、额定励磁电流；

(2) 铜损耗和空载损耗；

(3) 额定转矩；

(4) 反电动势。

解 (1) 额定功率 P_N 就是指输出的机械功率 P_2。输入电功率为

$$P_1 = \frac{P_2}{\eta} = \frac{25}{0.86} = 29.1 \text{ kW}$$

额定电流

$$I_N = \frac{P_1}{U_N} = \frac{29.1 \times 10^3}{110} = 265 \text{ A}$$

额定励磁电流

$$I_f = \frac{U_N}{R_f} = \frac{110}{27.5} = 4 \text{ A}$$

额定电枢电流

$$I_a = I_N - I_f = 265 - 4 = 261 \text{ A}$$

（2）电枢绕组铜损

$$P_{\text{Cu2}} = I_a^2 R_a = 261^2 \times 0.04 = 2725 \text{ W}$$

励磁绕组铜损

$$P_{\text{Cu1}} = I_f^2 R_f = 4^2 \times 27.5 = 440 \text{ W}$$

总损耗

$$\sum P = P_1 - P_2 = 29\,100 - 25\,000 = 4100 \text{ W}$$

空载损耗

$$P_0 = \sum P - P_{\text{Cu1}} - P_{\text{Cu2}} = 4100 - 440 - 2725 = 935 \text{ W}$$

（3）额定转矩

$$T_N = \frac{P_2}{\Omega} = \frac{P_2}{\dfrac{2\pi n_N}{60}} = \frac{25 \times 10^3 \times 60}{2\pi \times 1200} = 199 \text{ N} \cdot \text{m}$$

（4）反电动势

$$E = U_N - I_a R_a = 110 - 261 \times 0.04 = 99.6 \text{ V}$$

2. 串励电动机的机械特性

串励电动机的接线图和原理图如图 1-14 所示。其励磁绕组与电枢绕组串联，即 $I_f = I_a$，磁通随电枢电流而变化。当磁路未饱和时，磁通与 I_a 成正比，即 $\Phi = C_\Phi I_a$。

根据 $U = E_a + R_a I_a + R_f I_f$，$E_a = C_e \Phi n$，$T = C_T \Phi I_a = C_T C_\Phi I_a^2$，可以得出

$$n = \frac{E_a}{C_e \Phi} = \frac{E_a}{C_e C_\Phi I_a} = \frac{U - (R_a + R_f) I_a}{C_e C_\Phi I_a}$$

$$= \frac{U - (R_a + R_f)\sqrt{\dfrac{T}{C_T C_\Phi}}}{C_e C_\Phi \sqrt{\dfrac{T}{C_T C_\Phi}}} = \frac{U}{C_e C_\Phi \sqrt{\dfrac{T}{C_T C_\Phi}}} - \frac{R_a + R_f}{C_e C_\Phi}$$

令

$$C_1 = \frac{\sqrt{C_T C_\Phi}}{C_e C_\Phi}, \quad C_2 = \frac{1}{C_e C_\Phi}$$

则

$$n = C_1 \frac{U}{\sqrt{T}} - C_2(R_a + R_f) \qquad\qquad (1-11)$$

可见，串励电动机在磁路不饱和时的机械特性为一条双曲线，如图 1-18 曲线 1 所示。这说明负载转矩增大时，转速下降很快，特性很软。从图中可以看出，当空载时，转速很高，因此串励电动机不允许空载启动和空载运行。当磁路饱和时，其机械特性与此曲线有很大区别，但转速随转矩增加而显著下降的特点依然存在。图 1-18 中，曲线 2、3 是电枢回路串入不同启动电阻后的人为机械特性。

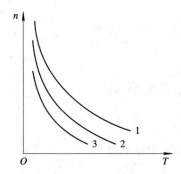

图 1-18　串励电动机的机械特性曲线

3. 直流电动机的应用范围

直流电动机的励磁方式不同，其应用范围也不同。并励电动机基本上是一种恒定转速的电动机，因此一般用于拖动转速变化较小的负载，如用于切割机、轧钢机、造纸机等设备中；串励电动机启动转矩和过载能力较大，同时转速随负载变化较大，负载转矩增大时，转速会明显下降，但输出功率变化不大，主要用于电力机车、起重机、电梯等牵引设备中。

1.2　直流电动机的启动和反转

1.2.1　直流电动机的启动

直流电动机接通电源后，转子由静止状态加速到稳定运行状态的整个过程称为启动过程。电动机启动瞬间的电磁转矩称为启动转矩，启动瞬间的电枢电流称为启动电流。启动过程是一个瞬变过程，但对电动机的运行性能、使用寿命等有很大影响。对直流电动机的启动，一般做如下要求：

（1）要有足够大的启动转矩，以缩短启动时间并能带负载启动。

（2）启动电流要限制在一定范围内，以免对电网和电机产生有害影响。

（3）启动设备要简单、可靠。

直流电动机的启动方法有三种，即直接启动、电枢回路串电阻启动和降压启动，以满足不同机械设备的要求。

1. 直接启动

直接启动就是把直流电动机直接接到额定电压的电源上启动，如图 1-19 所示。以并励启动时，将 R_{pf} 调至零，使磁通 Φ 最大，先合上开关 QS_1 将并励绕组接入电源，再合上开关 QS_2 接通电枢回路。此瞬间，由于惯性的作用，$n=0$，$E_a=0$，这时的启动电流 I_{st} 为

$$I_{st} = \frac{U - E_a}{R_a} = \frac{U}{R_a} \qquad (1-12)$$

此时的启动转矩 T_{st} 为

$$T_{st} = C_T \Phi I_{st} \qquad (1-13)$$

由于 R_a 的数值很小，因此启动电流 I_{st} 很大，可达额定电流的 10～20 倍。这时启动转矩 T_{st} 也很大，

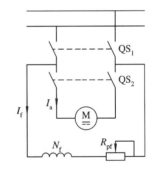

图 1-19　并励电动机直接启动接线图

转速 n 迅速上升，随着电枢反电动势 E_a 的增加，电枢电流 I_a 下降，启动转矩 T_{st} 也下降。当电磁转矩与负载转矩平衡时，启动过程结束，电动机以一定的转速稳定运行。

可以看出，直接启动的优点是操作简单，设备简单，启动时间短，但缺点是启动电流大，启动转矩大。由于启动电流大，因此会造成电网电压波动，影响接在同一电网中的其他用电设备正常工作，同时使电动机换向器与电刷之间产生强烈火花，造成表面损伤，甚至烧毁电枢绕组。由于启动转矩过大，可使生产机械和传动机构受到强烈冲击而损坏，所以，直接启动方式仅适用于小容量直流电动机。一般规定启动电流 I_{st} 不得超过额定电流 I_N 的 1.5～2.5 倍。

2. 电枢回路串电阻启动

为了降低启动电流，启动时在电枢回路中串联一个可变电阻器 R_{st}，随着转速的上升，再将启动电阻逐步切除。图 1-20(a) 所示为他励电动机的启动原理图。图中，KM_1、KM_2、KM_3 分别为短接启动电阻 R_{st1}、R_{st2}、R_{st3} 的接触器。启动时，先接通励磁电源，KM 合上，KM_1、KM_2、KM_3 全部分断，启动电阻全部接入。此时的人为机械特性如图 1-20(b) 所示。当启动转矩大于负载转矩时，电动机开始启动。随着电动机不断加速，电枢电动势随之增大，电枢电流和电磁转矩则随之减小。当转速上升至 n_1，即图中的 A 点时，接触器 KM_1 闭合，R_{st1} 被短接。电枢回路中的电阻减少，对应的人为机械特性由 A 点转向 B 点。由于惯性作用，转速仍为 n_1，电枢电阻减小又使电枢电流和电磁转矩增大，此时选择适当的 R_{st1}，可以使 B 点的电流值仍为 I_{st1}，转速沿直线 BC 上升到 C 点。电流降至 I_{st2} 时，接触器 KM_2 闭合，R_{st2} 短接，人为机械特性工作点由 C 点移动到 D 点。依次切除启动电阻，电动机的工作点就会沿着图中箭头所指方向上升，最后稳定运行在自然机械特性的 G 点。此时电磁转矩与负载转矩相等，电动机稳定运行，启动过程结束。

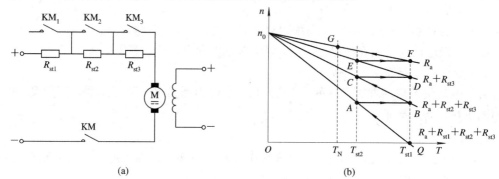

图 1-20　电动机电枢回路串电阻启动

（a）原理图；（b）特性图

这种启动方法广泛应用于中小型直流电动机。其缺点是在启动过程中启动电阻上有能量损耗，而且变阻器较笨重。

3. 降压启动

降压启动是指通过暂时降低供电电压的方式启动，启动电流会随着启动电压的降低而降低。启动后再逐渐升高供电电压到额定值，以保证一定的电磁转矩和升速。启动时，励磁电压保持额定值，电枢电压从零逐渐升高到额定值。降压启动只在电动机有专用电源时才采用。目前多采用晶闸管可控直流电源作为直流电机降压启动的供电电源。

降压启动的优点是启动电流小，启动平稳，启动过程中能耗小；其缺点是需要有专用电源，设备投资大。

例 1-2　$P_N = 10\ kW$，$U_N = 220\ V$，$I_N = 53.8\ A$，$R_a = 0.286\ \Omega$，$n_N = 1500\ r/min$ 的他励电动机。

（1）若直接启动，则启动电流是多少？

（2）若要求启动电流限制在额定电流的 2.5 倍，采用降压启动，则启动电压是多少？

（3）若要求启动电流限制在额定电流的 2.5 倍，电枢回路串电阻启动，则启动开始时应串入多大阻值的启动电阻？

解 （1）直接启动时的启动电流为

$$I_{st} = \frac{U_N}{R_a} = \frac{220}{0.286} = 769.2 \text{ A}$$

（2）降压启动时的启动电流为

$$I_{st} = 2.5 \times I_N = 2.5 \times 53.8 = 134.5 \text{ A}$$

降压启动时的启动电压为

$$U_{st} = I_{st} R_a = 134.5 \times 0.286 = 38.5 \text{ V}$$

（3）电枢回路串电阻启动时的启动电流为

$$I_{st} = 2.5 \times I_N = 2.5 \times 53.8 = 134.5 \text{ A}$$

电枢回路串电阻启动时的启动电阻为

$$R_{st} = \frac{U_N}{I_{st}} - R_a = \frac{220}{134.5} - 0.286 = 1.35 \text{ }\Omega$$

1.2.2 直流电动机的反转

在工程实践中，常常要求直流电动机既能正转，又能反转。要使电动机反转，需改变电磁转矩的方向，而电磁转矩的方向是由主磁通方向和电枢电流的方向决定的，只要改变磁通和电枢电流中任意一个的方向，就可以改变电磁转矩的方向。可见，使直流电动机反转的方法有两种。

1. 改变励磁电流方向

保持电枢两端电压极性不变，把励磁绕组反接，则励磁电流方向改变，电动机反转。

2. 改变电枢电流方向

保持励磁绕组电流方向不变，将电枢绕组反接，则电枢电流改变方向，电动机反转。

若两电流方向同时改变，则电动机旋转方向不变。

实际应用中大多通过改变电枢电流的方向来实现电动机反转，因为励磁绕组匝数较多，电感较大，在电枢电流反向时将产生很大的感应电动势，可能造成励磁绕组的绝缘击穿。

1.3 直流电动机的调速

调速是指根据生产需要，在一定的负载下，人为地改变电动机的转速。调速可以采用机械方法、电气方法或机电结合方法。由于机械调速机构复杂，因而现代电力拖动中多采用电气调速方法。电气调速是通过改变拖动生产机械的电动机的参数来改变其转速的。电气调速可以简化机械结构，提高传动效率，便于实现自动控制，而且操作简便，调速性能好。电动机的人为调速和电动机由于负载变化而引起的转速变化是两个不同的概念，两者是有区别的。

根据直流电动机的转速公式

$$n = \frac{U - (R_a + R)I_a}{C_e \Phi} \tag{1-14}$$

可知，当电枢电流 I_a 不变时，只要改变电枢电压 U、电枢回路的附加电阻 R、励磁磁通 Φ 中的任一项，都会引起转速变化。因此，他励直流电动机有三种调速方法，分别是电枢回路串电阻调速、降低电源电压调速和改变励磁磁通调速。

电动机调速性能的好坏，常用下列指标来衡量。

（1）调速范围：指电动机拖动额定负载时，可能运行的最大转速 $n_{\max}$ 与最小转速 $n_{\min}$ 之比，通常用 D 表示，即

$$D = \frac{n_{\max}}{n_{\min}} \tag{1-15}$$

不同的生产机械要求的调速范围是不同的，如车床要求 $20\sim100$，龙门刨床要求 $10\sim40$，轧钢机要求 $3\sim120$。

（2）相对稳定性（静差率）：指负载变化时，转速变化的程度。若转速变化小，则相对稳定性好。相对稳定性用 $\delta\%$ 表示，n_0 为理想空载转速，n_N 为额定负载转速，即

$$\delta\% = \frac{n_0 - n_N}{n_0} \times 100\% = \frac{\Delta n_N}{n_0} \times 100\% \tag{1-16}$$

（3）调速的平滑性：在一定的调速范围内，调速的级数越多，调速就越平滑。相邻两级转速之比称为平滑性系数，用 φ 表示，即

$$\varphi = \frac{n_i}{n_{i-1}} \tag{1-17}$$

φ 值越接近 1，平滑性越好；$\varphi = 1$ 时，称为无级调速。

（4）调速的经济性：指调速所需的设备和调速过程中的能量损耗，以及电动机在调速时能否得到充分利用。

1.3.1　电枢回路串电阻调速

对于他励电动机，可在电源电压和励磁磁通不变的情况下，改变电枢回路中的电阻，从而达到调速的目的。其接线图如图 $1-21$(a)所示，机械特性如图 $1-21$(b)所示。

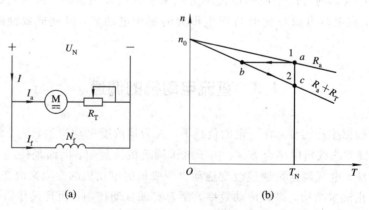

(a)　　　　　　　　　　　(b)

图 $1-21$　电枢回路串电阻调速

(a) 电枢回路串电阻调速的接线图；(b) 电枢回路串电阻调速的机械特性

假设电动机拖动恒转矩负载（转矩为 T_N）在固有特性曲线 1 上的 a 点运行，其转速为 n_a。电枢中串入电阻 R_T 后，电动机的机械特性变为曲线 2，由于电阻串入瞬间转速不可能突变，因此工作点从 a 点沿箭头方向过渡到人为特性曲线 2 上的 b 点。此时，b 点对应的电

流 I_a 和转矩 T_b 减小了，由于 $T_b < T_N$，因此电动机开始沿人为特性曲线 2 的箭头方向减速。随着转速的下降，E_a 下降，而电枢电流 I_a 和电磁转矩 T_b 却不断增大，直至 c 点后达到新的平衡，电动机以较低转速稳定运行。在负载不变的情况下，调速前、后（稳定时）电动机的电磁转矩不变，电枢电流也保持不变。

电枢回路串电阻调速的优点是设备简单，操作方便。其缺点如下：

（1）由于电阻只能分段调节，因此调速的平滑性差。

（2）低速时，调速电阻上有较大电流，损耗大，电动机效率低。

（3）轻载时调速范围小，且只能从额定转速向下调，调速范围一般小于或等于 2。

（4）串入电阻值越大，机械特性越软，稳定性越差。

电枢回路串电阻调速多用于对调速性能要求不高的生产机械，如起重机、电车等。

1.3.2　降低电源电压调速

根据直流电动机机械特性方程式（1-14）可以知道，改变电枢的端电压，也可以实现调节直流电动机转速的目的。由于电动机的工作电压不允许超过额定电压，因此电枢电压只能在额定电压以下进行调节。降低电源电压调速的机械特性曲线如图 1-22 所示。

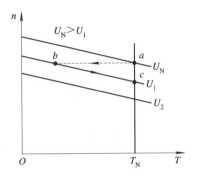

图 1-22　降低电源电压调速的机械特性曲线

当电动机在额定电压下稳定运行于固有机械特性的 a 点时，转速为 n_a，电磁转矩 $T_a = T_N$。将电枢电压降至 U_1，因机械惯性，转速 n_a 不能突变，则 E_a 不能突变，电动机运行状态由 a 点沿箭头移动到人为机械特性的 b 点。此时 $T_b < T_N$，电动机开始减速，随着转速的减小，E_a 减小，I_a 和 T_b 增大，工作点沿曲线由 b 点移动到 c 点，达到新的平衡，电动机以较低的转速稳定运行。

降低电源电压调速的优点如下：

（1）电源电压便于平滑调节，调速平滑性好，可实现无级调速。

（2）调速前、后机械特性斜率不变，机械特性硬度高，速度稳定性好，调速范围广。

（3）降压调速是通过减小输入功率来降低转速的，故调速时损耗减小，经济性好。

降低电源电压调速的缺点是：要有电压可调的直流电源，设备多，较复杂，现在一般采用晶闸管整流装置。降低电源电压调速多用在对调速性能要求较高的生产机械上，如机床、造纸机等。

例 1-3　一台他励电动机的额定值如下：$U_N = 220$ V，$I_N = 68.6$ A，$n_N = 1200$ r/min，$R_a = 0.225$ Ω。将电压调至额定电压的一半进行调速，磁通不变，若负载转矩为恒定，求它的稳定转速。

解　根据电动势平衡方程 $U = E_a + R_a I_a$ 可知，调速前的感应电动势为
$$E_{aN} = U_N - R_a I_N = 220 - 0.225 \times 68.6 = 204.6 \text{ V}$$
调速稳定后负载转矩未变，磁通未变，故电枢电流也未变，因此有
$$I_a = I_N = 68.6 \text{ A}$$

$$E_a = U - R_a I_a = \frac{220}{2} - 0.225 \times 68.6 = 94.6 \text{ V}$$

根据公式 $n = \dfrac{E_a}{C_e \Phi}$ 可知，电枢电动势与转速成正比，降低电压后的稳定转速为

$$n = \frac{E_a}{E_{aN}} n_N = \frac{94.6}{204.6} \times 1200 = 555 \text{ r/min}$$

1.3.3　改变励磁磁通调速

　　根据机械特性方程式(1-14)可以知道，当 U 为恒定值时，调节励磁磁通 Φ，也可以实现调节电动机转速的目的。额定运行的电动机，其磁路已基本饱和，因此改变磁通只能从额定值往下调，在励磁电路中接入调速变阻器 R_c，通过改变励磁电流 I_f 来改变磁通 Φ 进行调速。其电路图如图 1-23(a) 所示。

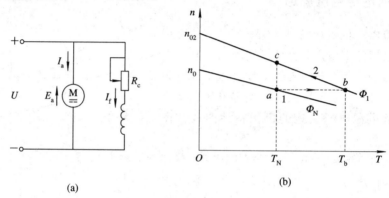

图 1-23　改变励磁磁通调速
(a) 改变励磁磁通调速电路图；(b) 改变励磁磁通调速特性曲线

　　电动机拖动恒转矩负载运行在特性曲线上的 a 点，此时转速为 n_a，磁通为 Φ_N，电动机稳定运行。调节电阻 R_c，使励磁电流 I_f 减小，磁通减弱到 Φ_1。在磁通减弱的瞬间，转速不能突变，但电动势 E_a 随 Φ 而减小，于是电枢电流 I_a 增大。电动机运行状态由 a 点移动到 b 点，如图 1-23(b) 所示。在 b 点，电磁转矩 $T_b > T_N$，电动机加速，此时转速增加，E_a 也增加，从而使电枢电流和电磁转矩减小，工作点由 b 点移动到 c 点。当 $T_c = T_N$ 时，电动机以较高的转速稳定运行。

　　改变励磁磁通调速的优点如下：

　　(1) 调速平滑，可实现无级调速。

　　(2) 励磁电流小，能量损耗少，调速前后电动机的效率基本不变，经济性比较好。

　　(3) 机械特性较硬，转速稳定。

　　改变励磁磁通调速的缺点是：转速只能调高，同时又受到换向能力和机械强度的限制，因此调速范围不大，一般 $D \leqslant 2$。

　　为了得到较大的调速范围，常常把降低电源电压调速和改变励磁磁通调速两种方法结合起来，在额定转速以下采用降低电源电压调速，在额定转速以上采用改变励磁磁通调速。

1.4 直流电动机的制动

直流电动机在大多数情况下工作于电动状态，它将电能转换成机械能。在带动负载运行的过程中，有时需要快速停车，有时需要降低速度，这就需要制动。电动机的制动是通过加上一个与电动机转向相反的转矩来实现的，所加转矩可以是机械转矩，也可以是电磁转矩。前者称为机械制动，后者称为电磁制动。电磁制动的优点是制动转矩大，比较容易控制。通常也会将电磁制动和机械制动配合使用。电动机的制动要求制动转矩大，制动时间短，制动电流不大于额定电流的 2～2.5 倍。

电磁制动按产生制动转矩方法的不同，可分为三种：能耗制动、反接制动和反馈制动。

1.4.1 能耗制动

图 1-24 所示是他励电动机能耗制动的原理图。电动机运行时，开关置于位置 1 上，如图 1-24(a)所示，此时转速为 n_1，电磁转矩为 T，转速和电磁转矩的方向相同，电动机稳定运行。制动时，励磁回路不断电，开关由位置 1 转向位置 2，如图 1-24(b)所示。这时直流电动机的电枢电源被断开，电枢绕组通过制动电阻 R_z 形成闭合回路。由于转子惯性的作用，制动瞬间转速仍为 n_1，电动机此时作为发电机运行，电枢绕组中产生感应电动势 E_a，在闭合回路中产生与制动前方向相反的感应电流 I_a，形成方向与转速相反的电磁转矩，从而达到制动的目的。

制动时电枢电流为

$$I_a = \frac{E_a}{R_a + R_z} = -\frac{C_e n \Phi}{R_a + R_z} \tag{1-18}$$

式(1-18)中的负号说明电流与原来电动机运行状态的电流方向相反，如图 1-24(b)所示，这个电流叫做制动电流。

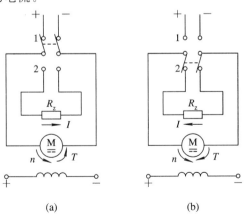

图 1-24 能耗制动原理图

(a) 电动状态；(b) 制动状态

制动时电磁转矩为

$$T = C_T \Phi I_a = -\frac{C_e C_T \Phi^2}{R_a + R_z} n \tag{1-19}$$

由此可见，当 n 为正时，I_a 和 T 为负，能耗制动的机械特性位于第二象限，是一条过原点的直线，如图 1-25 中曲线 2 所示。制动前，电动机的转速为 n_1，制动时，转速不能突变，工作点将沿水平方向移动到能耗制动曲线 2 上。由于转矩和转速方向相反，因此电动机减速，工作点沿特性曲线下降。随着转速下降，电磁转矩也逐渐减小，当 $T=0$ 时，$n=0$，电动机停转。

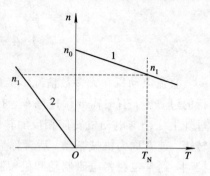

图 1-25　能耗制动机械特性

实际上，能耗制动的实质是将系统的动能转变为电能消耗在制动电阻 R_z 上。能耗制动操作简便，减速平稳，没有大的冲击。若要使电动机更快停转，则应在转速降到较低时加上机械制动。

1.4.2　反接制动

图 1-26 所示为反接制动的原理图。反接制动就是制动时将电源电压极性反接，产生制动转矩的制动方法。开关置于位置 1 时，如图 1-26(a) 所示，电动机电枢绕组与电源相接，此时转速为 n_1，电磁转矩为 T，转速和电磁转矩方向相同，电动机处于稳定运行状态。制动时，开关置于位置 2，如图 1-26(b) 所示，此时电动机电枢绕组中串入制动电阻 R_z，电枢绕组中的电压由原来的正值变为负值，制动瞬间由于惯性的作用，转速仍为 n。但在电枢回路中，电源电压 U 与感应电动势 E_a 方向相同，产生很大的反向电流：

$$I_a = \frac{-U-E_a}{R_a+R_z} = -\frac{U+E_a}{R_a+R_z}$$

反向电流产生很大的反向电磁转矩 T，T 和 n 的方向相反，从而达到制动的目的。

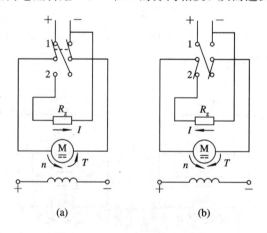

图 1-26　反接制动原理图
(a) 电动状态；(b) 制动状态

反接制动时，电枢电流由电源电压 U 和感应电势 E_a 之和决定，所以电枢电流很大。为了限制过大的电流，必须在电枢回路中串接制动电阻 R_z，一般使 $I_a \leqslant 2.5 I_N$，R_z 大约为启动电阻的 2 倍。

反接制动工作点的变化情况如图 1-27 所示，电动机原来工作在固有特性曲线 1 上的 a 点。反接制动时，由于转速不能突变，因此工作点水平移动到反接制动特性曲线 2 上的 b

点。在制动转矩的作用下，转速开始沿曲线 2 下降。当移动到 c 点时，转速 $n=0$，制动过程结束。虽然此时转速为 0，但电磁转矩不为 0。如果电磁转矩大于负载转矩，则电动机将反向启动，并运行到 d 点，电动机进入反向稳定运行状态。因此，采用反接制动，在转速接近零时，就应切断电源，防止电动机反转。

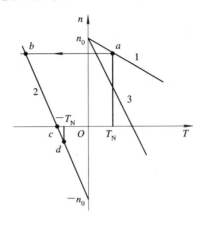

图 1-27　反接制动机械特性

1.4.3　反馈制动

电动机在运行时，由于某种客观原因（如电车下坡等），会使实际转速超过原来的空载转速，此时电动机在发电状态下运行，从而产生与转速相反的电磁转矩，达到制动的目的。

由式 $I_a=(U-E_a)/R_a$ 可以看出，当电动机稳定运行时，电源电压 U 大于感应电动势 E_a，则电枢电流 I_a 与 U 同方向。由于运输机械下坡、起重机下放重物等客观原因，电动机实际转速超过原来的空载转速，这时 $E_a>U$，电枢电流 I_a 与 U 方向相反，电动机运行在发电机状态下，同时向电网输出电能，电动机的电磁转矩 T 也由于电枢电流 I_a 的变化而改变方向，电磁转矩变为制动转矩，从而达到制动的目的。反馈制动的实质是将直流电机从电动机状态转变为发电机状态运行，以限制转速过高。

本 章 小 结

（1）直流电机包括直流电动机和直流发电机。把直流电能转变为机械能的电机称为直流电动机。把机械能转变为直流电能的电机称为直流发电机。直流电机是由静止的定子和旋转的转子（又称电枢）两大部分组成的。定子的作用是产生磁场和支撑电机；电枢用来产生电动势和电磁转矩，实现能量转换。

（2）直流电动机的主要优点是具有良好的启动性能和调速性能；其缺点是制造工艺复杂，运行可靠性差，维护困难。

（3）换向器是直流电机特有的装置。直流电机作为发电机运行时，换向器的作用在于将电枢线圈内的交变电动势转换成极性不变的电动势；直流电机作为电动机运行时，换向器将外加的直流电动势转换成电枢所需要的交变电动势。

（4）直流电动机的基本方程包括电压平衡方程、功率平衡方程和转矩平衡方程等。它们分别是 $U=E_a+R_aI_a$、$P_1=P_2+\sum P$、$T=T_2+T_0$。这些方程是研究电动机特性的基础。

（5）任何电机稳定运行时，转矩是平衡的。直流电动机的转速、电动势、电枢电流和电磁转矩都能自动调整，以适应负载的变化，保持新的转矩平衡。

（6）电动机的机械特性是转速和电磁转矩之间的关系。并励和他励电动机的调速性能有其独特的优点，能无级调速，调速后机械特性较硬，稳定性较好。调速通常采用调磁和调压两种方法，后者仅适用于他励电动机。调磁调速是恒功率调速，调压调速是恒转矩调速。串励电动机的机械特性为软特性，即电动机的转速随转矩增加迅速下降。

（7）直流电动机不允许直接启动，启动时必须降低电源电压或在电枢电路中串联启动电阻或变阻器。

（8）通过改变电枢电流方向或改变励磁磁通方向可以使电动机反转。可将电枢绕组两端的接线对换，即改变电枢电流的方向；也可将励磁绕组两端的接线对换，即改变励磁磁通的方向。

（9）直流电动机常用的电磁调速方法有三种：电枢回路串电阻调速、改变励磁磁通调速和降低电源电压调速。这些方法各有不同的特点，应根据不同负载的要求来选用。

（10）直流电动机的制动一般采用电磁制动，有三种方式：能耗制动、反接制动和反馈制动。它们各有不同的特点，应注意其适用场合。

思 考 题

1-1 直流电动机由哪些主要部件组成？各起什么作用？

1-2 直流电动机中电枢电流是交变的，为什么能产生单一方向的电磁转矩？

1-3 一台直流电动机的额定功率 $P_N=10$ kW，额定电压 $U_N=400$ V，额定转速 $n_N=2680P_N$，额定效率 $\eta_N=82.7\%$。试求：

（1）额定负载时的输入功率 P_{1N}；

（2）电机的额定电流 I_N。

1-4 一台直流电动机的额定功率 $P_N=18$ kW，额定电压 $U_N=220$ V，额定转速 $n_N=1500$ r/min，求额定电流。

1-5 什么是电枢感应？它对电机有什么影响？

1-6 直流电动机按励磁方式可分为哪几类？

1-7 什么是直流电动机的固有机械特性？人为机械特性有什么特点？

1-8 并励电动机为什么在运行时不允许断开励磁绕组电路？

1-9 直流电动机为什么不能直接启动？如果直接启动，会引起什么后果？

1-10 说明直流电动机的机械特性方程、n_0 和 Δn 的物理意义。

1-11 额定功率 $P_N=10$ kW，电枢额定电压 $U_N=220$ V，电枢绕组电阻 $R_a=0.2$ Ω，额定转速 $n_N=1000$ r/min，效率 $\eta=80\%$。求：

（1）电枢电流 I_a；

（2）反电动势 E_a；

（3）电磁转矩 T。

1-12 电动机的速度调节和负载变化引起的速度变化有何区别？

1-13 并励电动机的额定电压 $U_N = 220$ V，$I_N = 122$ A，$R_a = 0.169$ Ω，$R_f = 100$ Ω，$n_N = 960$ r/min。若保持额定转矩不变，使转速下降到 750 r/min，求需在电枢电路中串入电阻 R 的阻值。

1-14 为什么直流电动机要在额定电压以上才能进行调磁调速？在低压下进行调磁调速会出现什么结果？

1-15 为了降低并励电动机的启动电流而降低电源电压，可以吗？说明理由。

1-16 说明直流电动机输入功率、电磁功率、输出功率的意义，这三个量之间有什么关系？

1-17 一台并励电动机的额定电压 $U_N = 220$ V，$P_N = 12$ kW，$I_N = 65$ A，$R_a = 0.296$ Ω，$n_N = 680$ r/min。若采用全电压启动，那么启动电流是额定电流的多少倍？如果启动电流最大为额定电流的 3 倍，那么应在电枢回路中串入多大的启动电阻？

1-18 并励电动机的额定电压 $U_N = 110$ V，$P_{2N} = P_2 = 10$ kW，$n = 0.909$，$n_N = 1100$ r/min，电枢绕组电阻 $R_a = 0.02$ Ω，励磁回路电阻 $R_f = 55$ Ω。求：

（1）额定电流 I_N、电枢电流 I_a、励磁电流 I_f；

（2）铜损耗 ΔP_{Cu} 及空载损耗；

（3）额定转矩 T_N；

（4）反电动势 E_a。

1-19 什么叫直流电动机的调速？调速和启动有什么区别？

1-20 直流电动机的电磁调速方法有哪几种？各有什么优、缺点？

1-21 一台串励直流电动机的 $P_N = 15$ kW，$U_N = 220$ V，$I_N = 78$ A，$n_N = 585$ r/min，$R_a = 0.26$ Ω，采用电枢串电阻调速，在额定负载下要将转速降至 350 r/min，需串入多大的电阻？

1-22 他励直流电动机的 $P_N = 18$ kW，$U_N = 220$ V，$I_N = 94$ A，$n_N = 1000$ r/min，求若在额定负载转速下降至 $n = 800$ r/min 稳定运行，应外串多大阻值的电阻？若采用降压方法，电源电压应降至多少伏？

1-23 直流电动机的电磁制动方法有哪几种？各有什么优、缺点？

第 2 章　交 流 电 动 机

学 习 目 标

◇ 掌握三相异步电动机的结构和工作原理。

◇ 熟悉三相异步电动机的运行原理。

◇ 能运用机械特性分析异步电动机的启动、调速、反转和制动。

◇ 掌握单相异步电动机的基本形式、工作原理和常用的调速、反转方法。

　　交流旋转电机主要分为同步电机和异步电机两类。按转子结构的不同，同步电机又分为凸极同步电机和隐极同步电机，异步电机又分为鼠笼式异步电机、绕线式异步电机和换向器式异步电机。同步电机主要用作发电机，也用作电动机或调相机。异步电机主要用作电动机，有时也用作发电机。

　　大多数生产机械都采用电动机拖动，这是因为采用电动机拖动具有一系列优点：

　　(1) 电动机拖动比其他形式的拖动效率高，电动机与拖动机械连接简便。

　　(2) 电动机的型式与种类很多，具有各种各样的特性，可适应不同生产机械的需要，且电动机拖动的启动、制动、反转与调速等控制简便迅速，调速性能良好。

　　(3) 电动机可实现远距离控制与自动调节，易于实现生产过程的自动化。

　　(4) 与其他类型电动机相比，异步电动机具有结构简单、重量轻、制造容易、运行可靠、效率较高、成本低、坚固耐用、使用和维修方便等优点。为了适应与各种机械设备的配套要求，异步电动机的品种、规格也很多，其单机容量可从几十瓦到几千千瓦，因此被广泛用作一般机械设备的动力。异步电动机是各种电动机中应用最广、需求量最大的一种，目前国内 90% 左右的电力拖动机械是由异步电动机拖动的，其中小型异步电动机占 70% 以上。

　　(5) 随着电气化和自动化程度的不断提高，电力电子变流技术和调速技术的不断发展，系统的启动、制动和调速性能的不断改善，异步电动机将占有越来越重要的地位。

　　本章主要介绍三相异步电动机的结构特点、工作原理、运行特性和其启动、调速、制动方法，另外对单相异步电动机、伺服电机、测速电机、直线电机和步进电机作简要介绍。

2.1 三相异步电动机的结构和工作原理

2.1.1 三相异步电动机的结构

三相异步电动机的结构主要由两大部分组成：一是固定不动的部分(简称定子)，二是可以自由旋转的部分(简称转子)。定子与转子之间有一个很小的气隙。此外，还有机座、端盖、轴承、出线盒、风扇等其他部分。

异步电动机根据转子绕组的结构不同，可分为鼠笼式和绕线式两种。鼠笼式异步电动机的转子绕组本身自成闭合回路，整个转子形成一个坚实的整体，其结构简单牢固，运行可靠，价格便宜，应用最为广泛，绝大部分小型异步电动机属于这类。绕线式异步电动机的结构比鼠笼式复杂，但启动性能较好，需要时还可以调节电动机的转速。图 2-1 所示是三相鼠笼式异步电动机的结构。

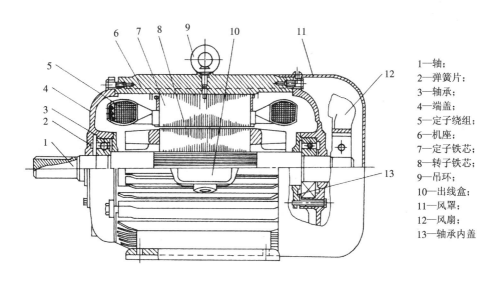

1—轴；
2—弹簧片；
3—轴承；
4—端盖；
5—定子绕组；
6—机座；
7—定子铁芯；
8—转子铁芯；
9—吊环；
10—出线盒；
11—风罩；
12—风扇；
13—轴承内盖

图 2-1 三相鼠笼式异步电动机的结构

1. 定子

定子是用来产生旋转磁场的，主要由定子铁芯、定子绕组和机座等部分组成。鼠笼式和绕线式异步电动机的定子其结构是完全一样的。

(1) 定子铁芯。定子铁芯是三相异步电动机磁路的一部分，其槽中嵌放定子绕组。由于旋转磁场相对于定子铁芯以同步转速旋转，因此铁芯中的磁通是交变的。为减小由旋转磁场在定子铁芯中引起的涡流和磁滞损耗，定子铁芯通常采用导磁性能较好、厚度为 $0.35 \sim 0.5 \text{ mm}$、表面涂有绝缘漆的硅钢片叠装而成。为了嵌放定子绕组，硅钢片的内圆表面冲有均匀分布的槽。若铁芯直径小于 1 m，则采用整圆硅钢片叠装；若铁芯直径大于 1 m，则采用扇形硅钢片叠装。定子铁芯冲片和定子铁芯如图 2-2 所示。

定子铁芯的槽形通常有三种，即半闭口槽、半开口槽和开口槽，如图 2-3 所示。

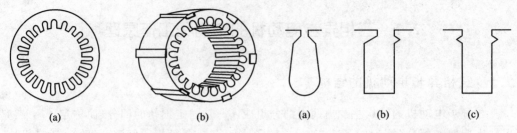

图 2-2　定子铁芯　　　　　　　　　图 2-3　定子铁芯的槽形
(a) 定子铁芯冲片；(b) 定子铁芯　　　(a) 半闭口槽；(b) 半开口槽；(c) 开口槽

(2) 定子绕组。定子绕组是异步电动机定子的电路部分，其作用是通入三相交流电后产生旋转磁场。它是用高强度漆包线绕制成固定形式的线圈，嵌入定子槽内，再按照一定的接线规律相互连接而成的。

三相异步电动机的定子绕组通常有六根出线头，根据电动机的容量和需要可接成星形（Y）或三角形（△）。对于大、中型异步电动机，通常采用△接法；对于中、小容量异步电动机，则可按不同的要求接成 Y 接法或△接法。

2. 转子

转子是异步电动机的转动部分，它在定子绕组旋转磁场的作用下获得一定的转矩而旋转，通过联轴器或皮带轮带动其他机械设备作功。转子由转子铁芯、转子绕组和转轴等部分组成。

(1) 转子铁芯。转子铁芯也是电动机磁路的一部分，通常由厚度为 0.35～0.5 mm 的硅钢片叠装而成，铁芯固定在转轴上或套在转轴的支架上，整个转子铁芯的外表面呈圆柱形。硅钢片的外圆周表面冲有均匀分布的槽，槽的形状如图 2-4 所示。为了旋转，转子铁芯与定子铁芯之间有一定的间隙，称为气隙，其大小通常在 0.25～1.5 mm 之间。

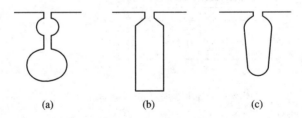

图 2-4　转子槽形
(a) 双鼠笼槽形；(b) 绕线转子槽形；(c) 单鼠笼槽形

(2) 转子绕组。转子绕组是闭合的，在气隙磁场的作用下，产生感应电动势和电流，并产生电磁转矩。转子绕组按照结构形式不同，可分为鼠笼式和绕线式两种。

① 鼠笼式转子绕组。鼠笼式转子绕组是自行闭合的短路绕组。对于大、中型异步电动机，一般在转子铁芯的每个槽中插入一根铜条，在伸出铁芯两端的槽口处，铜条两端分别焊在两个铜环（端环或短路环）上，构成转子绕组。为了节约用铜，小型及微型异步电动机一般都采用铸铝转子，这时导条、端环以及端环上的风扇叶片铸在一起，整个转子形成一个坚实的整体，如果去掉铁芯，绕组的外形就像一个"鼠笼"，如图 2-5 所示，所以称为鼠笼式转子。其构成的电动机称为鼠笼式异步电动机。

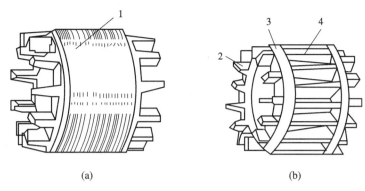

1—转子；2—风扇叶片；3—端环；4—导条

图 2-5　鼠笼式铸铝转子

（a）无轴鼠笼式铸铝转子；（b）鼠笼式转子绕组

② 绕线式转子绕组。绕线式转子绕组与定子绕组相似，是用绝缘导线绕制而成的，嵌于转子槽内，其与定子绕组形成的极对数相同，连接成 Y 接法，绕组的三个出线端分别接到轴的三个滑环上，再通过电刷引出，如图 2-6 所示。绕线式转子绕组的特点是可以通过滑环和电刷在转子绕组回路中串入附加电阻，以改善电动机的启动性能或调节电动机的转速。有的绕线式电动机还装有短路提刷装置，在电动机启动完毕后，移动手柄，电刷即被提起，同时三只滑环彼此短接，以减少电刷与滑环的摩擦损耗，从而提高运行的可靠性。

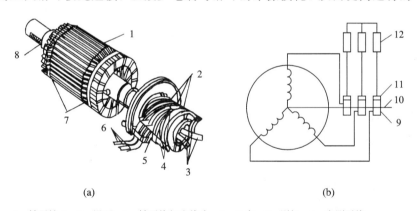

1—转子铁心；2—滑环；3—转子绕组出线头；4—风扇；5—刷架；6—电刷引线；
7—转子绕组；8、10—转轴；9—滑环；11—电刷；12—附加电阻

图 2-6　绕线式转子电动机示意图

（a）绕线式转子；（b）绕线转子回路接线示意图

（3）转轴。转轴一般用中碳钢制作。转子铁芯套在转轴上，它支撑着转子，使转子能在定子内腔均匀地旋转。转轴的轴伸端上有键槽，通过键槽、联轴器与生产机械相连，传导三相异步电动机的输出转矩，其外形如图 2-7 所示。

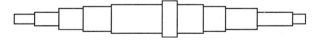

图 2-7　三相异步电动机的转轴

3. 机座

机座是电动机的外壳和支架，它的作用是固定和保护定子铁芯、定子绕组并支撑端盖，所以要求机座具有足够的机械强度和刚度，能承受运输和运行过程中的各种作用力。

中、小型异步电动机通常采用铸铁机座，定子铁芯紧贴在机座的内壁，电动机运行时铁芯和绕组产生的热量主要通过机座表面散发到空气中，因此，为了增加散热面积，在机座外表面装有散热片。

对大型异步电动机，一般采用钢板焊接机座，此时，为了满足通风散热的要求，机座内表面与定子铁芯隔开适当距离，以形成空腔，作为冷却空气的通道。

2.1.2　三相异步电动机的绕组

绕组是三相异步电动机进行电、磁能量转换与传递的关键部件，也是电动机结构的核心。三相电动机的绕组是三相对称绕组，三相绕组可接成 Y 或△接法，如图 2-8 所示。三相绕组由支路构成，支路由线圈组构成，线圈组由线圈构成。

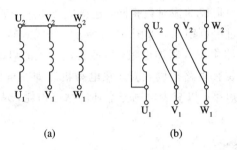

(a)　　　　　　　　(b)

图 2-8　三相异步电动机的绕组接线图

(a) Y 接法；(b) △接法

1. 绕组的分类

交流绕组可按相数、槽内层数、每极下每相绕组所占槽数、绕组形状和绕组装配方式等来分类。

(1) 按相数分为单相绕组、三相绕组和多相绕组。

(2) 按槽内层数分为单层绕组和双层绕组。

(3) 按每极下每相绕组所占槽数分为整数槽绕组和分数槽绕组。

(4) 按绕组形状分为叠绕组、波绕组和同心绕组，分别见图 2-9、图 2-10 和图 2-11。

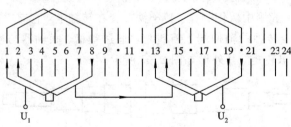

图 2-9　叠绕组

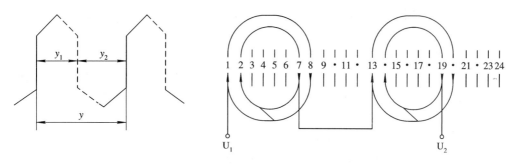

图 2-10　波绕组　　　　　　　　　　　　图 2-11　同心绕组

（5）按绕组装配方式分为成型绕组和分立绕组。

（6）按绕组跨距大小分为整距绕组（$y=\tau$）、短距绕组（$y<\tau$）和长距绕组（$y>\tau$）。其中，y 为绕组跨距，τ 为极距。

2. 交流电机的定子绕组构成原则

交流电机的定子绕组大多为三相绕组。绕组是电机的主要部件，要分析交流电机的原理和运行问题，必须先对交流绕组的构成和连接规律有一个基本的了解。交流绕组的形式虽然各不相同，但它们的构成原则却基本相同。这些原则是：

（1）合成电动势和合成磁动势的波形要接近于正弦波，幅值要大。

（2）对三相绕组，各相的电动势和磁动势要对称，电阻、电抗要平衡，空间位置彼此互差 120° 电角度。

（3）绕组的铜耗要小，用铜量要省。

（4）绝缘要可靠，机械强度、散热条件要好，制造要方便。

3. 绕组的基本概念

（1）线圈：构成绕组的最基本单元，是用绝缘导线在绕线模上绕制出来的绕组元件。线圈可以用单匝或多匝绕线组成。嵌入槽内的部分称为有效边；露出铁芯两端的称为线圈端部，它只起连接作用。槽内的有效边（直线部分）才是能量转换的部分，所以称为有效边。

（2）线圈组（也叫极相组）：指一个磁极下同一相线圈串联成的绕组。

（3）相绕组：指由许多线圈组（每相线圈组数等于极数）串联或并联构成，并流过同相电流的绕组。

（4）极距：指每极所占有的槽数或每极下气隙沿圆周方向的长度，用字母 τ 表示，即

$$\tau = \frac{Z_1}{2p}（槽）\quad（用槽数表示时）\tag{2-1}$$

或

$$\tau = \frac{\pi D}{2p}（mm）\quad（用长度表示时）\tag{2-2}$$

式中，D 为定子铁芯内径，单位为 mm；Z_1 为定子铁芯的总槽数；$2p$ 为电动机极数，p 为极对数；τ 为极距。

（5）每极每相槽数（q）：指在一个极内，其中某一相的线圈所占有的槽数，有

$$q = \frac{Z_1}{2pm_1}\tag{2-3}$$

式中，Z_1 为定子铁芯的总槽数；$2p$ 为电动机极数，p 为极对数；m_1 为相数。

当 q 等于整数时，叫整数槽绕组；当 q 为分数时，叫分数槽绕组。

(6) 电角度：定子铁芯圆周对应的机械角度为 $360°$，而交流电机转过一对磁极绕组时电流变化为一个周期，是 $360°$ 电角度，每个极距 τ 为 $180°$ 电角度。当电动机有 p 对磁极时，在铁芯圆周上便有 $p×360°$ 电角度。只有 2 极电动机，机械角度才等于电角度。电角度与机械角度的关系为

$$电角度 = p × 机械角度 = p × 360° \tag{2-4}$$

(7) 槽距角(α)：指相邻两槽之间的电角度，则

$$\alpha = \frac{p × 360°}{Z_1} \tag{2-5}$$

例 2-1 一台三相 24 槽 4 极电动机，其电角度和槽距角各是多少？

解 因为是 4 极电动机，所以

极对数 $p=2$

电角度 $= p×360° = 2×360° = 720°$

相邻两槽间的槽距角 $\alpha = \dfrac{p×360°}{Z_1} = \dfrac{2×360°}{24} = 30°$

(8) 相带：指一个极相组所占的范围，以电角度表示。一般一个磁极为 $180°$ 电角度，一个磁极内有三相，所以其中一相占 $180°/3 = 60°$ 电角度，叫做 $60°$ 相带。三相绕组的这种分布形式叫做 $60°$ 相带分布。

(9) 节距（也叫跨距）：指一个线圈两个边之间相隔的槽数，用字母 y 表示。

若 $y=\tau$，则该线圈称为整距线圈。整距线圈绕组能产生最大的感应电动势。

若 $y<\tau$，则该线圈称为短距线圈。短距线圈能提高电动机的电磁性能并缩短线圈端部接线。多数电机采用这种线圈。

若 $y>\tau$，则该线圈称为长距线圈。特殊电动机采用这种线圈。

(10) 支路(a)：指同相绕组并联回路的多少，也叫并联支路数。

(11) 匝数(N)：指绕组所含线圈圈数的多少。

(12) 绕组展开图：将电机定子或转子沿轴向切开，沿圆周方向展开，清楚表示各绕组在电机内嵌放位置的示意图。

4. 绕组的特点

电机的绕组形式较多，下面以单层交叉式和双层叠式绕组为例分析绕组的特点。

1) 单层交叉式绕组

(1) 单层交叉式绕组的特点。交叉式绕组的优点是采用短距线圈，用铜量少；缺点是线圈节距不尽相同，绕制不方便。

(2) 单层交叉式绕组展开图的画法。对于链式绕组，当 $q=2$ 为偶数时，属于同一相带的两个线圈边的端部分别向两侧连接（例如 1 向左连，2 向右连），两个线圈的节距相等；当 q 为奇数时，例如 $2p=4$，$Z_1=36$ 的三相电动机，因每极每相槽数 $q=3$ 为奇数，所以每个相带占 3 个槽，按 U_1、W_2、V_1、U_2、W_1、V_2 的顺序给相带命名，起始槽选在 1 号槽，其分相情况见表 2-1。

表 2 - 1　单层交叉式绕组分相表

相带	U₁	W₂	V₁	U₂	W₁	V₂
槽号	1，2，3	4，5，6	7，8，9	10，11，12	13，14，15	16，17，18
	19，20，21	22，23，24	25，26，27	28，29，30	31，32，33	34，35，36

（表格说明：相带行对应 U₁、W₂、V₁、U₂、W₁、V₂）

这时一个相带含有三个槽，无法均分，因而线圈的节距也不一样。如图 2 - 12 所示，两只大线圈的节距为 8，即 2～10 槽、3～11 槽；另一只小线圈的节距为 7，即 12～19 槽。另一对磁极下，两只大线圈的节距为 8，即 20～28 槽、21～29 槽；另一只小线圈的节距为 7，即 30～1 槽。由于两对极下的一相绕组线圈总是按"两大一小"交叉布置的，因此称其为交叉式绕组。从建立磁势的效果看，交叉式绕组也属于整距绕组。图 2 - 13 所示为三相四极 36 槽单层交叉式绕组的展开图。

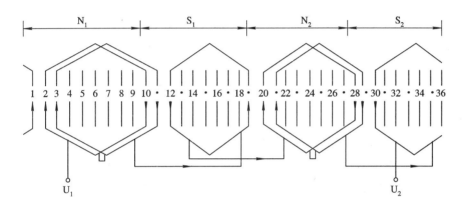

图 2 - 12　U 相单层交叉式绕组

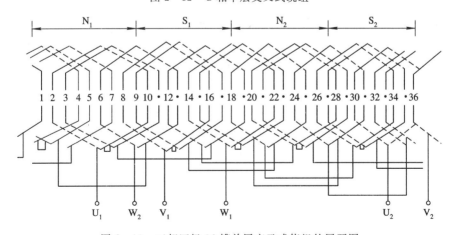

图 2 - 13　三相四极 36 槽单层交叉式绕组的展开图

2）双层叠式绕组

（1）双层叠式绕组的特点。双层叠式绕组的特点如下：

① 一般在容量较大的中、小型异步电动机内采用。

② 线圈数等于定子槽数。在双层绕组的定子槽内，每槽嵌放两条线圈边，线圈的一条

线圈边放在某一槽的下层,另一条线圈边则放在另一槽的上层。

③ 可任意选用合适的短距绕组,改善电磁波形。使用双层绕组后,电动机的电磁性能、启动性能等指标都比单层绕组好。

④ 线圈嵌线较为困难。槽内嵌入两组线圈边,需要增加层间绝缘,如果处理不当,则极易造成相间短路。

(2) 双层叠式绕组展开图的画法。双层叠式绕组的特点是:任何两个相邻的线圈总是后一个叠加在前一个的上面,如图 2-14 所示。

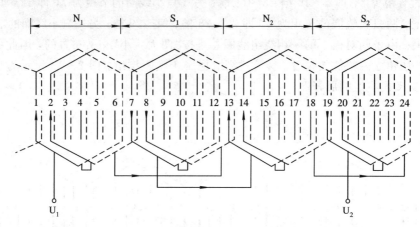

图 2-14　U 相双层短距叠式绕组

下面以 $m_1=3$,$2p=4$,$Z_1=24$,并联支路数 $a=1$,60°相带,$y=5$,三相双层叠式绕组为例,说明画此绕组展开图的步骤。

① 画线圈边:画出 24 个槽的线圈边,每个槽内的上层边用实线表示,下层边用虚线表示。

② 划分主极区域:由 $q=6$ 划分出四个主极区域 N_1、S_1、N_2、S_2。

③ 划分相带与分相:由每极每相槽数 $q=2$ 划分出 12 个相带,分相方法与单层绕组类似,按 U_1、W_2、V_1、U_2、W_1、V_2 的顺序给相带命名。若起始槽选在 1 号槽,则分相情况如表 2-1 所示,U 相的四个相带所占的 8 个槽为 1、2、7、8、13、14、19、20。

④ 确定线圈节距:取节距为 $y=5$。

⑤ 标出 U 相各相带中上层线圈边的电流方向:按每相相邻相带内线圈边电流方向相反的规定标出,如图 2-14 所示。

⑥ 构成 U 相绕组:先将线圈边连成线圈。因 $y=5$,故若以线圈上层边所在槽号命名线圈号,则 1 号线圈的上层边在 1 号槽,下层边在 1+5=6 号槽,据此可画出 U 相的 1、2、7、8、13、14、19、20 号共 8 个线圈。

再将线圈连成线圈组。因 $q=2$,故顺着电流方向,将同一极下同一相带的两个线圈连成线圈组,它们可以串联,也可以并联,最大并联支路数 $a_{\max}=2p$。本例要求 $a=1$,所以将 $2p=4$ 个线圈组顺着电流方向串联成一条支路,即线圈组的连接采用"尾接尾、头接头"的规律,由此构成的 U 相绕组如图 2-14 所示。

⑦ 构成 V、W 相绕组:V、W 两相绕组的构成方法与 U 相绕组相同,仅空间相位依次相差 120°电角度。

按上述步骤构成的三相双层短距叠式绕组展开图如图 2-15 所示。

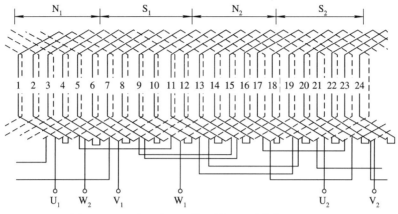

图 2-15 三相四极 24 槽双层短距叠式绕组展开图

双层短距叠式绕组的优点是端接部分较短，绕组的用铜量可减少，同时由于 $a_{\max}=2p$，因此可得到较多的并联支路数，常用于额定电压、额定电流不太大的中、小型交流电动机的定子绕组中。它的缺点是线圈组之间的连线较长，且极数越多，连线也越多，绕组端部的绑扎与固定不容易。

5. 绕组的连接方法

1）接线规律

绕组的连接决定电机内部产生磁极数量的多少和磁极排列是否正确，从而决定电机转速的快慢和能否旋转。

现以三相 60°相带的单层及双层绕组的构成及接线为例，介绍绕组的连接规律。

（1）每相绕组由 a 条支路并联组成，每条支路由若干个线圈组（极相组）串联组成，一个线圈组（极相组）由 q（每极每相槽数）个线圈串联组成。

接线时，先把线圈接成"线圈组"，然后接成"支路"，再接成"相绕组"，这样目的明确，层次分明，出现问题容易检查。

（2）每个线圈组的 q 个线圈必须串联。每个线圈组的 q 个线圈依次相距一个槽距角，处于同一磁极下的不同磁场位置中，因而感应电动势的相位是不同的，即同一时刻的电动势大小是不等的。若把线圈并联起来，则相当于线圈本身短路，会形成内部环流而使线圈过热烧毁。因此，这 q 个线圈在任何情况下都不能并联，而只能彼此串联。

（3）对 60°相带而言，单层绕组每相有 p 个线圈组，双层绕组每相有 $2p$ 个线圈组。

（4）无论是单层还是双层绕组，同相各线圈组电动势的有效值是相等的，只是正负不同而已。因此，一相中的各线圈组电动势可以串联，也可以并联。

（5）同相各线圈组之间究竟是串联还是并联，完全取决于并联支路数 a。只要知道了并联支路数，每条支路串联的线圈组数就不难算出。单层绕组中，每相绕组的线圈组数等于极对数 p，故每条支路就由 p/a 个线圈组组成。双层绕组每相的线圈组数是 $2p$，则每条支路的串联线圈组数为 $2p/a$。

（6）线圈组之间按顺着电流方向的原则串联。

（7）三相绕组的首端（和末端）在空间上依次相差 120°电角度。

2）绕组的接线方法

（1）根据电机相数、极数、并联支路数计算极距、槽距角、每极每相槽数。

（2）根据相带确定分相表。

（3）根据极距确定跨距。

（4）根据分相表、跨距确定组成相绕组的线圈编号。

（5）根据线圈编号、线圈内电流方向依次接线。

例 2-2 一台三相交流电动机，$m_1=3$，$2p=4$，$Z_1=36$，$a=1$，$60°$相带绕组，试分析三相单层交叉式绕组各相的接线顺序。

解 （1）计算极距 τ、槽距角 α、每极每相槽数 q：

$$\tau = \frac{Z_1}{2p} = \frac{36}{4} = 9$$

$$\alpha = \frac{p \times 360°}{Z_1} = \frac{2 \times 360°}{36} = 20°$$

$$q = \frac{Z_1}{2m_1 p} = \frac{36}{2 \times 3 \times 2} = 3$$

（2）分相，见表 2-1。

（3）构成相绕组。两个大线圈的节距为8，小线圈的节距为7，根据分相表和节距，相绕组的构成如下：

U 相由（2～10）、（3～11）、（12～19）、（20～28）、（21～29）、（30～1）六个线圈构成。

V 相由（8～16）、（9～17）、（18～25）、（26～34）、（27～35）、（36～7）六个线圈构成。

W 相由（14～22）、（15～23）、（24～31）、（32～4）、（33～5）、（6～13）六个线圈构成。

（4）接线。

U 相绕组的接线：2 作为 U 相绕组的首端 U_1，顺着电流方向串联成一条支路，10 和 3、11 和 19、12 和 20、28 和 21、29 和 1 相连，30 是 U 相绕组的末端 U_2。接线如下：

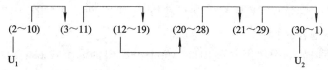

V、W 两相绕组的首端和 U 相绕组的首端依次相差 $120°$ 和 $240°$ 电角度，根据槽距角 $\alpha=20°$，应依次相差六个槽，即 V 相绕组的首端在 8 号槽，W 相绕组的首端在 14 号槽。

V、W 两相绕组的接线方式和 U 相绕组的接线方式相同，只是线圈的组成和槽号不同。

V 相绕组的接线：

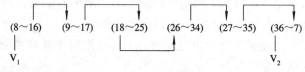

W 相绕组的接线：

例 2 - 3 一双层绕组，$m_1 = 3$，$2p = 4$，$Z_1 = 24$，60°相带，试分析各相绕组的接线顺序。

解 （1）极距、槽距角、每极每相槽数的计算以及分相同例 2 - 2。

（2）相绕组的构成。取节距 $y = 5$，根据分相表和节距，相绕组的构成如下：

U 相由（1～6）、（2～7）、（7～12）、（8～13）、（13～18）、（14～19）、（19～24）、（20～1）八个线圈构成。

V 相由（5～10）、（6～11）、（11～16）、（12～17）、（17～22）、（18～23）、（23～4）、（24～5）八个线圈构成。

W 相由（9～14）、（10～15）、（15～20）、（16～21）、（21～2）、（22～3）、（3～8）、（4～9）八个线圈构成。

上述数字下面的横线是指此边为线圈的下层边。

（3）接线。

U 相绕组的接线：1 作为 U 相绕组的首端 U_1，顺着电流方向串联成一条支路，6 和 2、7 和 13、8 和 12、7 和 13、18 和 14、19 和 1、20 和 24 相连，19 是 U 相绕组的末端 U_2。接线如下：

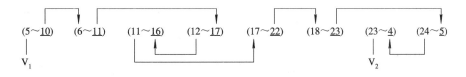

V、W 两相绕组的首端和 U 相绕组的首端依次相差 120°和 240°电角度，根据槽距角 $\alpha = 30°$，应依次相差四个槽，即 V 相绕组的首端在 5 号槽，W 相绕组的首端在 9 号槽。

V、W 两相绕组的接线方式和 U 相绕组的接线方式相同，只是线圈的组成和槽号不同。

V 相绕组的接线：

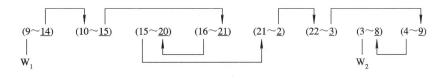

W 相绕组的接线：

3）三相绕组引出线的连接

绕组引出线连接正确与否决定电机能否正常运转以及转速是否正确，对电机的应用意义重大。

按 GB1971—1980 规定，异步电动机绕组出线端的标志由英文字母和数字组成。绕组接线端不论是终端还是中间各抽头，均以数字紧接绕组字母的方法标记，如 U_1、U_2、U_3。绕组进线端（起头）用 U_1、V_1、W_1 表示，出线端（终端）用 U_2、V_2、W_2 表示，N 表示中性端。

常见的三相异步电动机绕组出线端接法如图 2-16 所示，可根据需要接成星形（Y）或三角形（△），也可将六个出线端接入控制电路中实现星形和三角形的换接。

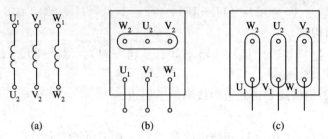

图 2-16　三相异步电动机绕组出线端接法

（a）三相绕组 6 个接线端；（b）Y 接法；（c）△接法

2.1.3　三相异步电动机的工作原理

1. 三相异步电动机的工作原理

图 2-17 所示为用图解法分析旋转磁场的电机绕组结构图。图中交流电机的定子上嵌放着对称的三相绕组 $U_1—U_2$、$V_1—V_2$、$W_1—W_2$。电流的流入端用符号 $\otimes$ 表示，流出端用 $\odot$ 表示。

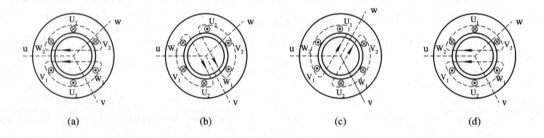

图 2-17　用图解法分析旋转磁场

（a）$\omega t=0°$时；（b）$\omega t=120°$时；（c）$\omega t=240°$时；（d）$\omega t=360°$时

三相对称电流波形如图 2-18 所示。假定电流从绕组首端流入为正，从末端流出为负。

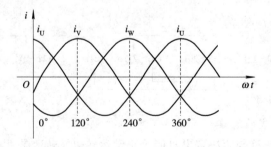

图 2-18　三相对称交流电流的波形

对称三相交流电流通入对称三相绕组时，便产生一个旋转磁场。下面选取各相电流出现最大值的几个瞬间进行分析。

在图 2-17 中，当 $\omega t = 0°$ 时，U 相电流达到正最大值，电流从首端 U_1 流入，用 $\otimes$ 表示，从末端 U_2 流出，用 $\odot$ 表示；V 相和 W 相电流均为负，因此电流均从绕组的末端流入，从首端流出，故末端 V_2 和 W_2 应填上 $\otimes$，首端 V_1 和 W_1 应填上 $\odot$，如图 2-17(a)所示。由图可见，合成磁场的轴线正好位于 U 相绕组的轴线上。

当 $\omega t = 120°$ 时，V 相电流为正的最大值，因此 V 相电流从首端 V_1 流入，用 $\otimes$ 表示，从末端 V_2 流出，用 $\odot$ 表示。U 相和 W 相电流均为负，则 U_1 和 W_1 端为流出电流，用 $\odot$ 表示，而 U_2 和 W_2 端为流入电流，用 $\otimes$ 表示，如图 2-17(b)所示。由图可见，此时合成磁场的轴线正好位于 V 相绕组的轴线上，磁场方向已从 $\omega t = 0°$ 时的位置沿逆时针方向旋转了 $120°$。

当 $\omega t = 240°$ 和 $\omega t = 360°$ 时，合成磁场的位置分别如图 2-17(c)、(d)所示。当 $\omega t = 360°$ 时，合成磁场的轴线正好位于 U 相绕组的轴线上，磁场方向从起始位置逆时针方向旋转了 $360°$，即电流变化一个周期，合成磁场旋转一周。

由此可见，对称三相交流电流通入对称三相绕组所形成的磁场是一个旋转磁场。旋转的方向为 U→V→W，正好和电流出现正的最大值的顺序相同，即由电流超前相转向电流滞后相。

如果三相绕组通入负序电流，则电流出现正的最大值的顺序是 U→W→V。通过图解法分析可知，旋转磁场的旋转方向也为 U→W→V。

综上分析可知，三相异步电动机转动的基本工作原理是：

(1) 三相对称绕组中通入三相对称电流产生圆形旋转磁场，其转速为同步转速(n_1)且

$$n_1 = \frac{60f}{p} \tag{2-6}$$

式中：f 为电源频率，单位为 Hz；p 为电机极对数。

(2) 转子导体切割旋转磁场产生感应电动势和电流。

(3) 转子载流导体在磁场中受到电磁力的作用，从而形成电磁转矩，驱使电动机转子转动，其转速(n)小于同步转速(n_1)。异步电动机的转速不可能达到定子旋转磁场的转速，即同步转速，因为如果达到同步转速，则转子导体与旋转磁场之间没有相对运动，随之在转子导体中不能感应出电势和电流，也就不能产生推动转子旋转的电磁力。因此，异步电动机的转速总是低于同步转速，即两种转速之间总是存在差异，异步电动机因此而得名。又因为异步电动机转子电流是通过电磁感应作用产生的，所以又称为感应电动机。

(4) 异步电动机的旋转方向始终与旋转磁场的旋转方向一致，而旋转磁场的方向又取决于异步电动机的三相电流相序，因此，三相异步电动机的转向与电流的相序一致。要改变转向，只要改变电流的相序，即任意对调电动机的两根电源线，便可使电动机反转。

2. 转差率

同步转速 n_1 与转子转速 n 之差($n_1 - n$)和同步转速 n_1 的比值称为转差率，用字母 s 表示，即

$$s = \frac{n_1 - n}{n_1} \tag{2-7}$$

转差率 s 是异步电动机的一个基本物理量，它反映异步电动机的各种运行情况。对异步电动机而言，当转子尚未转动（如启动瞬间）时，$n=0$，此时转差率 $s=1$；当转子转速接近同步转速（空载运行）时，$n_1 \approx n$，此时转差率 $s \approx 0$。由此可见，作为异步电动机，转速在 $0 \sim n_1$ 范围内变化，其转差率 s 在 $0 \sim 1$ 范围内变化。

异步电动机负载越大，转速就越慢，其转差率就越大；反之，负载越小，转速就越快，其转差率就越小。故转差率直接反映了转子转速的快慢或电动机负载的大小。异步电动机的转速可由式（2-7）推算：

$$n = (1-s)n_1 \qquad\qquad (2-8)$$

在正常运行范围内，转差率的数值很小，一般在 $0.01 \sim 0.06$ 之间，即异步电动机的转速很接近同步转速。

3. 异步电机的三种运行状态

根据转差率的大小和正负，异步电机有三种运行状态。

（1）电动机运行状态。当定子绕组接至电源时，转子就会在电磁转矩的驱动下旋转，电磁转矩即为驱动转矩，其转向与旋转磁场方向相同，如图 2-19（a）所示。此时电机从电网取得的电功率转变成机械功率，由转轴传输给负载。电动机的转速范围为 $n_1 > n \geqslant 0$，其转差率范围为 $0 < s \leqslant 1$。

（2）发电机运行状态。异步电机定子绕组仍接至电源，该电机的转轴不再接机械负载，而用一台原动机拖动异步电机的转子以大于同步转速（$n > n_1$）的转速顺着旋转磁场的旋转方向转动，如图 2-19（b）所示。显然，此时电磁转矩方向与转子转向相反，起制动作用，为制动转矩。为克服电磁转矩的制动作用而使转子继续旋转，并保持 $n > n_1$，电机必须不断从原动机吸收机械功率，把机械功率转变为输出的电功率，因此称为发电机运行状态。此时，$n > n_1$，则转差率 $s < 0$。

（3）电磁制动运行状态。异步电机定子绕组仍接至电源，如果用外力拖着电机逆着旋转磁场的旋转方向转动，如图 2-19（c）所示，则此时电磁转矩与电机旋转方向相反，起制动作用。电机定子仍从电网吸收电功率，同时转子从外部吸收机械功率，这两部分功率都在电机内部以损耗的方式转化成热能消耗掉。这种运行状态称为电磁制动运行状态。此种情况下，n 为负值，即 $n < 0$，则转差率 $s > 1$。

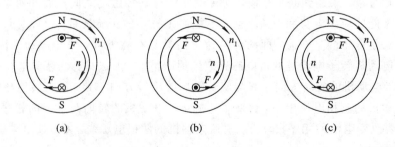

图 2-19　异步电动机的三种运行状态

(a) 电动机（$0 < s \leqslant 1$）；(b) 发电机（$-\infty < s < 0$）；(c) 电磁制动（$1 < s < +\infty$）

由此可知，区分这三种运行状态的依据是转差率 s 的大小：当 $0 < s \leqslant 1$ 时，为电动机运行状态；当 $-\infty < s < 0$ 时，为发电机运行状态；当 $1 < s < +\infty$ 时，为电磁制动运行状态。

综上所述，异步电机可以作电动机运行，也可以作发电机运行，还可以作电磁制动运行，但一般作电动机运行，异步发电机很少使用，电磁制动是异步电机在完成某一生产过程中出现的短时运行状态。例如，起重机下放重物时，为了安全、平稳，需限制下放速度时，就使异步电动机短时处于电磁制动状态。有关异步电动机的电磁制动状态，将在 2.5 节中详细讲述。

2.1.4　三相异步电动机的分类和铭牌

1. 三相异步电动机的分类

三相异步电动机种类繁多，应用广泛，通常按照电动机结构尺寸、防护形式、冷却方式、运行工作制、转速类别、机械特性、转子结构形式以及使用环境不同进行分类。

1）按结构尺寸分类

（1）大型电动机：指电动机机座中心高度大于 630 mm，或者 16 号机座及以上，或定子铁芯外径大于 990 mm 者，称为大型电动机。

（2）中型电动机：指电动机机座中心高度在 355～630 mm 之间，或者 11～15 号机座，或定子铁芯外径在 560～990 mm 之间者，称为中型电动机。

（3）小型电动机：指电动机机座中心高度在 80～315 mm 之间，或者 10 号及以下机座，或定子铁芯外径在 125～560 mm 之间者，称为小型电动机。

2）按转速分类

（1）恒转速电动机：有普通鼠笼式、特殊鼠笼式（深槽式、双鼠笼式、高启动转矩式）和绕线式转子电动机。

（2）调速电动机：有交流换向器调速电动机等。一般采用三相并励式的绕线转子电动机（转子控制电阻、转子控制励磁）。

（3）变速电动机：有变极电动机、单绕组多速电动机、特殊鼠笼式电动机和滑差电动机等。

3）按机械特性分类

（1）普通鼠笼式异步电动机：适用于小容量、转差率变化小的恒速运行情况，如鼓风机、离心泵、车床等低启动转矩和恒负载的场合。

（2）深槽鼠笼式电动机：适用于中等容量、启动转矩比普通鼠笼式异步电动机稍大的场合。

（3）双鼠笼式异步电动机：启动转矩较大，但最大转矩稍小，适用于传送带、压缩机、粉碎机、搅拌机、往复泵等需要启动转矩较大的恒速负载。

（4）特殊双鼠笼式异步电动机：采用高阻抗导体材料制成，特点是启动转矩大，最大转矩小，转差率较大，可实现转速调节，适用于冲床、切断机等设备。

（5）绕线式转子异步电动机：适用于启动转矩大、启动电流小的设备，如传送带、压缩机、压延机等。

4）按运行工作制分类

工作制是对电动机各种负载（包括空载、停机、断能等）的持续时间和先后次序的说明。

（1）连续工作制（S_1）：电动机在铭牌规定的额定值条件下，能保证长期连续运行。

（2）短时工作制（S_2）：电动机在铭牌规定的条件下，只能在限定的时间内短时运行。该时间不足以达到热稳定，随之即停机并断电足够时间，使电动机再度冷却到与冷却介质温度之差在 2℃ 以内。

短时运行的持续时间标准有四种：10 min、30 min、60 min 和 90 min。

（3）断续周期性工作制（S_3）：电动机在铭牌规定的额定值下，按一系列相同的工作周期运行，每一周期包括一段恒定负载运行时间和一段停机并断电时间，这种工作制中每一周期的启动电流对电动机温升无显著影响。

额定负载时间与整个周期之比，称为负载持续率，用百分数表示。标准的负载持续率有 15％、25％、40％、60％，一个周期规定为 10 min。

5）按防护形式分类

（1）开启式：电动机除必要的支撑结构外，对于转动及带电部分没有专门的保护。

（2）防护式：电动机内转动和带电部分有必要的机械保护，但不明显妨碍通风。按其通风口防护结构不同，又分为三种类型：网罩式、防滴式和防溅式。防滴式与防溅式不同，防滴式能防止垂直下落的固体或液体进入电动机内部，而防溅式能防止与垂线成 60° 角范围内任何方向的液体或固体进入电动机内部。

（3）封闭式：电动机机壳结构能够阻止壳内外空气自由交换，但并不要求完全密封。

（4）防水式：电动机机壳结构能够阻止具有一定压力的水进入电动机内部。

（5）水密式：当电动机浸没在水中时，电动机机壳结构能够防止水进入电动机内部。

（6）潜水式：电动机在规定的水压下，能长期在水中运行。

（7）隔爆式：电动机机壳结构能阻止电动机内部的气体爆炸传递到电动机外部，避免引起电动机外部的燃烧性气体爆炸。

6）按使用环境分类

电动机按使用环境可分为普通型、湿热型、干热型、船用型、化工型、高原型和户外型。

2. 三相异步电动机的型号

电动机产品型号是为了便于使用、制造、设计等部门进行业务联系和简化技术文件中产品名称、规格、型式等叙述而引用的一种代号。

三相异步电动机的产品型号是以汉语拼音大写字母和阿拉伯数字组成的。

电动机产品型号的构成及其内容排列如下：

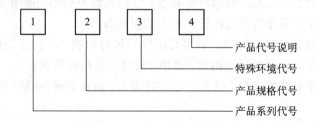

1）产品系列代号

产品系列代号表示电动机的类型，用大写汉语拼音字母表示，其含义见表 2-2。

表 2-2　产品系列代号中汉语拼音字母的含义

字母	含　义	字母	含　义
A	(增)安	M	木(工)
B	(防)爆、泵	O	封(闭式)
C	齿(轮)、(电)磁、噪(声)	P	傍(磁)
D	电(动机)、多(速)	Q	高(启动)、潜(水)
E	制(动)	R	绕(线)
F	(防)腐、阀	S	双(笼)
G	辊(道)	T	调(速)、(电)梯
H	船(用)、高(转差率)	X	高(效率)
J	减(速)、(力)矩	Y	异(步电动机)
L	立(式)	Z	起重、冶金、振(动)
LJ	力矩	W	户(外)

2)产品规格代号

产品规格代号用中心高、机座长度、铁芯长度、功率、电压或转数表示。

(1)小型异步电动机:中心高(mm)—机座长度(字母代号)—铁芯长度(数字代号)—极数。机座长度的字母代号采用国际通用符号来表示:S表示短机座;M表示中机座;L表示长机座。

(2)中型异步电动机:中心高(mm)—铁芯长度(数字代号)—极数。

(3)大型异步电动机:功率(kW)—极数/定子铁芯外径(mm)。

3)特殊环境代号

特殊环境代号用于特殊环境条件下所使用的代号,其表示可按表2-3的规定。一般环境不需另外标注。

表 2-3　特殊环境代号

环境条件	代　号
高原用	C
船(海)用	H
户外用	W
化工防腐用	F
热带用	T
湿热带用	TH
干热带用	TA

4)产品代号说明

产品代号说明由电动机类型代号、电动机特点代号和设计序号等三个小节顺序组成。

电动机类型代号:Y表示异步电动机;T表示同步电动机。

电动机特点代号：表征电机的性能、结构或用途而采用的汉语拼音字母。

设计序号：指电机产品设计的顺序，用阿拉伯数字表示。

5）产品型号举例

（1）小型异步电动机。其型号意义如下：

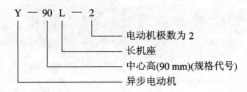

Y － 90 L － 2

- 电动机极数为 2
- 长机座
- 中心高(90 mm)(规格代号)
- 异步电动机

（2）中型异步电动机。其型号意义如下：

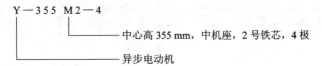

Y－355 M2－4

- 中心高 355 mm，中机座，2 号铁芯，4 极
- 异步电动机

（3）大型异步电动机。其型号意义如下：

Y －630－10/1180

- 功率 630 kW，10 极，定子铁心外径 1180 mm
- 异步电动机

3. 三相异步电动机的铭牌

铭牌是使用和维修电动机的依据。必须按铭牌上所写额定值和要求去使用和维修。

通常电动机铭牌上要标出电动机型号、额定功率、额定电压、额定电流、额定频率、额定效率、额定转速、额定功率因数、转子电压、转子电流、绝缘等级、温升、防护等级等，除此之外，还要标出标准编号、工作制或定额、出厂编号、出厂单位、生产日期等。图 2-20 所示是某厂的三相异步电动机铭牌。

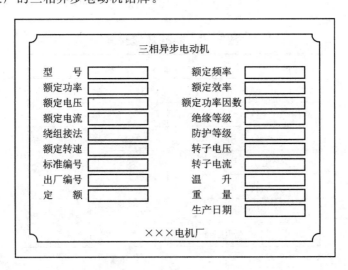

图 2-20　三相异步电动机铭牌

现将铭牌中的额定数据解释如下：

(1) 额定功率 P_N：表示电动机在额定电压、额定频率和额定负载时，转轴上输出的机械功率，单位为 kW。通常使负载处于 P_N 的 75%～100% 时电动机效率和功率因数较高。如果电动机实际输出功率 P 远远小于额定功率 P_N，则电动机的效率和功率因数均较低，这时电动机处于"大马拉小车"状态，是不合理的运行方式；相反，电动机实际输出功率 P 远远大于额定功率 P_N 时，电动机处于过载运行，相当于"小马拉大车"状态，因转速降低，故转子铜耗增大，电动机绕组严重过热，电动机定子绕组会因温升过高而被烧毁。对于三相异步电动机，其额定功率为

$$P_N = (\sqrt{3} U_N I_N \eta_N \cos\varphi_N) \times 10^{-3} \tag{2-9}$$

式中，η_N 为电动机的额定效率；$\cos\varphi_N$ 为电动机的额定功率因数；线电压 U_N 的单位为 V；线电流 I_N 的单位为 A；P_N 的单位为 kW。

对 380 V 的低压异步电动机，$\cos\varphi_N$ 和 η_N 的乘积大致在 0.8 左右，代入式(2-9)计算得

$$I_N \approx 2P_N \tag{2-10}$$

式中，P_N 的单位为 kW；I_N 的单位为 A。由此可估算其额定电流。

(2) 额定频率 f_N：电动机电源频率在符合电动机铭牌要求时的频率。我国工频为 50 Hz，国外有 60 Hz 的。频率的大小对电动机性能有很大影响，尤其国外 60 Hz 的电动机，通常不能直接使用在国内 50 Hz 的电源上。

(3) 额定电压 U_N：指施加在三相电动机定子绕组上的线电压，国内电源电压有 10 kV、6 kV、3 kV、380 V、220 V 等。一般中、小型三相异步电动机额定电压为 380 V，要求电源电压波动不可超过额定电压的 ±5%，比如 380 V 时，电压波动范围应在 399～361 V 之间。电源电压过低，电动机启动困难（因启动转矩与电压的二次方成正比），甚至不能启动；电源电压过高，则会使电动机过热，甚至烧毁电动机。

(4) 额定电流 I_N：指当电动机在额定状态下运行时，定子绕组的线电流。电动机运行时定子线电流不可超过电动机铭牌上标出的额定电流，否则说明电动机过载了，电动机温升将超限，这时要分析过载原因并及时处理。

(5) 额定转速 n_N：电动机接入额定电压、额定频率和额定负载时，电动机转轴上的转速称为额定转速，单位为 r/min。电动机过载时的转速比 n_N 低，空载时的转速要比 n_N 高一些。

(6) 绝缘等级及温升：电动机的绝缘等级取决于所用绝缘材料的耐热等级，按材料的耐热程度有 A、E、B、F、H 级五种常见的规格，C 级不常用。

各绝缘等级的极限工作温度见表 2-4。

表 2-4 电动机绝缘等级、极限工作温度与温升

绝缘等级		A	E	B	F	H
极限工作温度/℃		105	120	130	155	180
热点温差/℃		5	5	10	15	15
温升/K	电阻法	60	75	80	100	125
	温度计法	55	65	70	85	105

注：环境温度规定为 40℃。

电动机运行时所产生的损耗变成热能，使绕组温度升高，绕组绝缘最热点的温度不可超过极限工作温度。比如，电动机是 F 级绝缘等级，绝缘最热点温度（即极限工作温度）不可超过 155℃，否则会加速电动机绝缘老化，缩短电动机绝缘寿命，甚至烧毁电动机。

电动机运行时由于发热，绕组温度会高于环境温度。我国环境温度规定的标准是 40℃，电动机的温升应是绕组绝缘最高允许温度减去环境温度再减去热点温差所得的值。比如，F 级绝缘的温升为 155−40−15＝100 K（电阻法）。又如，B 级绝缘等级温升为 130−40−10＝80 K。

绕组温升限度与测量方法有关，常用的测量方法有温度计法、电阻法和埋置检温计法。

(7) 绕组接法：三相绕组每相有两个端头，三相共 6 个端头，可以接成△连接和 Y 连接，也有每相中间有抽头的，这样每三相共有 9 个端头，可以接成△连接、Y 连接、延边三角形连接和双速电动机绕组接线。具体如何连接，一定要按铭牌指示操作，否则电动机不能正常运行，甚至会烧毁。

如果把△连接误接成 Y 连接，则由于电源电压不变，每相绕组承受的相电压降到原来的 0.58 倍（即降低到原来的 $1/\sqrt{3}$）。对于 $U_N＝380$ V、△连接的电动机，相电压也是 380 V，但误接成 Y 连接后，其相电压变为 380 V$/\sqrt{3}＝220$ V，电动机启动转矩和电磁转矩将降低为原来的 1/3。设原电动机启动转矩为 100 N・m，现变成 0.33×100＝33 N・m，会造成电动机启动困难、发热或不能启动。但对于负载率低于 30% 的电动机，将△连接改为 Y 连接时，由于铁损和励磁电流的降低，电动机效率和功率因数有所提高，因此对节能有利。

如将 Y 连接误接成△连接，则因相电压增加为原来的 $\sqrt{3}$ 倍，磁密和励磁电流增加，将使电动机因过热而烧毁。

(8) 转子电压：对于绕线式异步电动机，转子电压是指转子不转及转子绕组开路时，对定子施加额定电压，在集电环上所测出的转子绕组感应电压。用这种方法也可判别绕组重绕时，线圈匝数是否有误，以及并联支路数是否正确。

(9) 转子电流：当电动机在额定负载下正常运转时，将转子绕组出线端短接后，转子绕组中流动的电流称为转子电流。铭牌上的转子电流是额定转子电流。

(10) 额定功率因数 $\cos\varphi_N$：当电动机在额定状态下运行时，定子相电压与相电流之间的相位差 $\cos\varphi_N$，称为额定功率因数。

(11) 额定效率 η_N：电动机在额定工作状态下，输出功率 P_2 与输入功率 P_1 的比值，称为电动机的额定效率 η_N，用百分数表示，即

$$\eta_N = \frac{P_2}{P_1} \times 100\% \tag{2-11}$$

(12) 标准编号：指电动机产品按此标准生产，其技术数据能达到这个标准的要求。

(13) 定额或工作制：指由制造厂按照 GB755—87 规定的条件，在电动机铭牌上标定的全部电气量和机械量的数值以及运行的持续时间和顺序。常用的定额分为连续定额、短时定额和断续定额。

(14) 出厂编号：每个制造厂为了区别各种规格的每台电动机，便于记录各台电动机的情况，建立档案，因此要给每台电动机进行出厂编号。

2.2　三相异步电动机的运行特性

三相异步电动机的运行指电动机的空载运行和负载运行。通过对两种运行方式的讨论，应掌握三相异步电动机的能量转换原理、等效电路、功率平衡关系、转矩平衡关系，从而进一步理解三相异步电动机的转速特性、转矩特性和机械特性，为电动机的应用打下理论基础。

2.2.1　三相异步电动机的空载运行

三相异步电动机的定子和转子之间只有磁的耦合，没有电的直接联系，它是靠电磁感应作用将能量从定子传递到转子的。

1. 空载运行时的电磁关系

三相异步电动机定子绕组接在对称的三相电源上，转子轴上不带机械负载时的运行称为空载运行。为便于分析，根据磁通经过的路径和性质的不同，异步电动机的磁通可分为主磁通和漏磁通两大类。

（1）主磁通：当三相异步电动机定子绕组通入三相对称交流电时，将产生旋转磁动势，该磁动势产生的磁通绝大部分穿过气隙，并同时交链于定、转子绕组，这部分磁通称为主磁通，用 Φ_0 表示。其路径为：定子铁芯→气隙→转子铁芯→气隙→定子铁芯，构成闭合磁路，如图 2-21(a)所示。

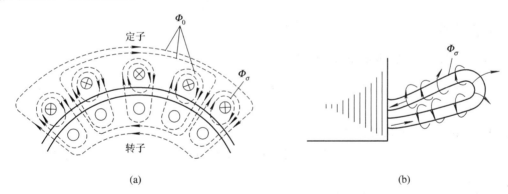

图 2-21　主磁通和漏磁通

（a）主磁通和槽部漏磁通；（b）端部漏磁通

主磁通同时交链定、转子绕组并在其中分别产生感应电动势。转子绕组为三相或多相短路绕组，在电动势的作用下，转子绕组中有电流通过。转子电流与定子磁场相互作用产生电磁转矩，实现异步电动机的能量转换，即将电能转化为机械能从电机轴上输出，从而带动负载作功，因此，主磁通是能量转换的媒介。

（2）漏磁通：除主磁通外的磁通称为漏磁通，用 Φ_σ 表示，它包括定子、转子绕组的槽部漏磁通和端部漏磁通，如图 2-21(a)、(b)所示。

漏磁通沿磁阻很大的空气隙形成闭合回路，空气中的磁阻较大，所以漏磁通比主磁通小很多。漏磁通仅在定子绕组上产生漏电动势，因此不能起能量转换的媒介作用，只起电抗压降的作用。

（3）空载电流和空载磁动势：异步电动机空载运行时的定子电流称为空载电流，用 $\dot{I}_0$ 表示。

当异步电动机空载运行时，定子绕组有空载电流 $\dot{I}_0$ 通过，三相空载电流将产生一个旋转磁动势，称为空载磁动势，用 $\dot{F}_0$ 表示，其基波幅值为

$$F_0 = \frac{m_1}{2} \times 0.9 \times \frac{N_1 k_{w1}}{p} I_0 \qquad (2-12)$$

式中，m_1 为定子绕组相数；N_1 为定子绕组匝数；k_{w1} 为定子绕组系数；p 为电机级对数。

2. 空载运行时的电压平衡方程

（1）主、漏磁通感应的电动势。主磁通在定子绕组中感应的电动势为

$$\dot{E} = -\mathrm{j}\, 4.44 f_1 N_1 k_{w1} \dot{\Phi}_0 \qquad (2-13)$$

式中，f_1 为电源频率。

定子漏磁通在定子绕组中感应的漏磁电动势可用漏抗压降的形式表示，即

$$\dot{E}_{1\sigma} = -\mathrm{j} X_1 \dot{I}_0 \qquad (2-14)$$

式中，X_1 称为定子漏电抗，它是对应于定子漏磁通的电抗。

（2）空载时的电压平衡方程式。设定子绕组上外加相电压为 $\dot{U}_1$，相电流为 $\dot{I}_0$，主磁通 $\dot{\Phi}_0$ 在定子绕组中感应的电动势为 $\dot{E}_1$，定子漏磁通在定子每相绕组中感应的电动势为 $\dot{E}_{1\sigma}$，定子每相电阻为 R_1，类似于变压器空载时的一次侧，根据基尔霍夫第二定律，可列出电动机空载时每相的定子电压平衡方程式：

$$\begin{aligned} \dot{U}_1 &= -\dot{E}_1 - \dot{E}_{1\sigma} + R_1 \dot{I}_0 = -\dot{E}_1 + \mathrm{j} X_1 \dot{I}_0 + R_1 \dot{I}_0 \\ &= -\dot{E}_1 + (R_1 + \mathrm{j} X_1) \dot{I}_0 = -\dot{E}_1 + Z_1 \dot{I}_0 \end{aligned} \qquad (2-15)$$

式中，Z_1 为定子绕组的漏阻抗，$Z_1 = R_1 + \mathrm{j} X_1$。

2.2.2　三相异步电动机的负载运行

所谓负载运行，是指异步电动机的定子绕组接入对称三相电源，转子带上机械负载时的运行状态。

1. 负载运行时的电磁关系

异步电动机空载运行时，转子转速接近同步转速，转子电流 $I_2 \approx 0$，转子磁动势 $F_2 \approx 0$，转子感应电动势 $E_2 \approx 0$。

当异步电动机带上机械负载时，转子转速下降，定子旋转磁场切割转子绕组的相对速度 $\Delta n = n_1 - n$ 增大，转子感应电动势 $\dot{E}_2$ 和转子电流 $\dot{I}_2$ 增大。

2. 旋转磁场对转子绕组的作用

转子不转时，气隙旋转磁场以同步转速 n_1 切割转子绕组；在转子以转速 n 旋转后，旋转磁场就以 $n_1 - n$ 的相对速度切割转子绕组。因此，当转子转速 n 变化时，各转子绕组电磁量将随之变化。

（1）转子电动势的频率。感应电动势的频率正比于导体与磁场的相对切割速度，则转子电动势的频率为

$$f_2 = \frac{p(n_1 - n)}{60} = \frac{n_1 - n}{n_1} \times \frac{p n_1}{60} = s f_1 \qquad (2-16)$$

式中，s 为电机转差率；f_1 为电源频率，为一定值。因此，转子绕组感应电动势的频率 f_2

与转差率 s 成正比。

当转子不转(如启动瞬间)时，$n=0$，$s=1$，则 $f_2=f_1$，即转子不转时转子感应电动势频率与定子感应电动势频率相等；当转子接近同步转速(如空载运行)时，$n \approx n_1$，$s \approx 0$，则 $f_2 \approx 0$。异步电动机在额定情况运行时，转差率很小，通常在 $0.01 \sim 0.06$ 之间，若电网频率为 50 Hz，则转子感应电动势频率仅在 $0.5 \sim 3$ Hz 之间，所以异步电动机在正常运行时，转子绕组感应电动势的频率很低。

(2) 转子绕组的感应电动势。由上述讨论可知，转子旋转时的转子绕组感应电动势 E_{2s} 为

$$\dot{E}_{2s} = 4.44 f_2 N_2 k_{w2} \dot{\Phi}_0 \tag{2-17}$$

式中，N_2 为转子绕组匝数；k_{w2} 为转子绕组系数，计算时应与具体谐波相对应。

若转子不转，则其感应电动势频率 $f_2=f_1$，故此时感应电动势 E_2 为

$$\dot{E}_2 = 4.44 f_1 N_2 k_{w2} \dot{\Phi}_0 \tag{2-18}$$

把式(2-16)和式(2-18)代入式(2-17)，得

$$\dot{E}_{2s} = s\dot{E}_2 \tag{2-19}$$

当电源电压 U_1 一定时，Φ_0 就一定，故 E_2 为常数，则 $E_{2s} \propto s$，即转子绕组感应电动势与转差率 s 成正比。

当转子不转时，转差率 $s=1$，主磁通切割转子的相对速度最快，此时转子电动势最大。当转子转速增加时，转差率将随之减小。因正常运行时转差率很小，故转子绕组感应电动势也就很小。

(3) 转子绕组的漏阻抗。由于电抗与频率成正比，因此转子旋转时的转子绕组漏电抗 X_{2s} 为

$$X_{2s} = 2\pi f_2 L_2 = 2\pi s f_1 L_2 = sX_2 \tag{2-20}$$

式中，X_2 为转子不转时的漏电抗；L_2 为转子绕组的漏电感。

显然，X_2 是个常数，故转子旋转时的转子绕组漏电抗也正比于转差率 s。

同样，在转子不转(如启动瞬间)时，$s=1$，转子绕组漏电抗最大。当转子转动时，漏电抗随转子转速的升高而减小，即转子旋转得越快，转子绕组中的漏电抗越小。

(4) 转子绕组的电流和功率因数。转子绕组中除了有漏抗 X_{2s} 外，还存在电阻 R_2，由于异步电动机的转子绕组正常运行时处于短接状态，其端电压 $U_2=0$，因此转子绕组电动势平衡方程为

$$\dot{E}_{2s} - (R_2 + jX_{2s})\dot{I}_2 = 0 \tag{2-21}$$

转子每相电流 $\dot{I}_2$ 为

$$\dot{I}_2 = \frac{\dot{E}_{2s}}{Z_{2s}} = \frac{\dot{E}_{2s}}{R_2 + jX_{2s}} = \frac{s\dot{E}_2}{R_2 + jsX_2} \tag{2-22}$$

其有效值为

$$I_2 = \frac{sE_2}{\sqrt{R_2^2 + (sX_2)^2}} \tag{2-23}$$

转子绕组的功率因数为

$$\cos\varphi_2 = \frac{R_2}{\sqrt{R_2^2 + (sX_2)^2}} \tag{2-24}$$

式(2-23)和式(2-24)说明,转子绕组电流 I_2 和转子回路功率因数都与转差率 s 有关。当 $s=0$ 时,$I_2=0$,$\cos\varphi_2=1$;当转子转速降低时,转差率 s 增大,转子电流随之增大,而 $\cos\varphi_2$ 则减小。

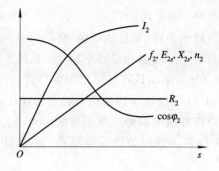

图 2-22　转子各电磁量与转差率的关系

综上所述,转子各电磁量除 R_2 外,其余各量均与转差率 s 有关,因此转差率 s 是异步电动机的一个重要参数。转子各电磁量随转差率变化的情况如图 2-22 所示。

例 2-4　一台三相异步电动机接到 50 Hz 的交流电源上,其额定转速 $n_N=1455$ r/min。试求:

(1)该电动机的极对数 p;

(2)额定转差率 s_N;

(3)额定转速运行时,转子电动势的频率。

解　(1)因异步电动机额定转差率很小,故可根据电动机的额定转速 $n_N=1455$ r/min,直接判断出最接近 n_N 的气隙旋转磁场的同步转速 $n_1=1500$ r/min,则电动机极对数为

$$p=\frac{60f}{n_1}=\frac{60\times50}{1500}=2$$

(2)额定转差率为

$$s_N=\frac{n_1-n_N}{n_1}=\frac{1500-1455}{1500}=0.03$$

(3)转子电动势的频率为

$$f_2=s_Nf_1=0.03\times50=1.5\text{ Hz}$$

3. 电动势平衡方程

在定子电路中,主电动势 $\dot{E}_1$、漏磁电动势 $\dot{E}_{1\sigma}$、定子绕组电阻压降 $R\dot{I}_1$ 与外加电源电压 $\dot{U}_1$ 相平衡,此时定子电流为 $\dot{I}_1$。在转子电路中,因转子为短路绕组,故主电动势 $\dot{E}_{2s}$、漏磁电动势 $\dot{E}_{2\sigma}$ 和转子绕组电阻压降 $R_2\dot{I}_2$ 相平衡。因此,定子、转子的电动势平衡方程为

$$\begin{cases} \dot{U}_1=-\dot{E}_1+R_1\dot{I}_1+jX_1\dot{I}_1 \\ 0=\dot{E}_{2s}-R_2\dot{I}_2-jX_{2s}\dot{I}_2 \end{cases} \tag{2-25}$$

2.2.3　三相异步电动机的功率和转矩

异步电动机运行时,定子从电网吸收电功率,转子向拖动的机械负载输出机械功率。电动机在实现机电能量转换的过程中,必然会产生各种损耗。根据能量守恒定律,输出功率应等于输入功率减去总损耗。

1. 输入功率

由电网供给电动机的功率称为输入功率,其计算公式为

$$P_1=\sqrt{3}U_1I_1\cos\varphi_1 \tag{2-26}$$

式中,U_1、I_1、$\cos\varphi_1$ 分别为定子的线电压、线电流和功率因数。

2. 定子铜损耗

定子电流流过定子绕组时，电流 I_1 在定子绕组电阻 R_1 上的功率损耗称为定子铜损耗，其计算式为

$$P_{\mathrm{Cu1}} = 3R_1 I_1^2 \qquad (2-27)$$

3. 定子铁损耗

旋转磁场在定子铁芯中还将产生铁损耗(因转子频率很低，一般为 1～3 Hz，故转子铁损耗很小，可忽略不计)，其值可看做励磁电流 I_0 在励磁电阻上所消耗的功率，即

$$P_{\mathrm{Fe}} = 3R_{\mathrm{m}} I_0^2 \qquad (2-28)$$

4. 电磁功率

从输入功率 P_1 中扣除定子铜损耗 P_{Cu1} 和定子铁损耗 P_{Fe}，剩余的功率便是由气隙磁场通过电磁感应关系，由定子传递到转子侧的电磁功率 P_{em}，即

$$P_{\mathrm{em}} = P_1 - (P_{\mathrm{Cu1}} + P_{\mathrm{Fe}}) \qquad (2-29)$$

5. 转子铜损耗

转子电流流过转子绕组时，电流 I_2 在转子绕组电阻 R_2 上的功率损耗称为转子铜损耗，其计算式为

$$P_{\mathrm{Cu2}} = 3R_2' I_2'^2 \qquad (2-30)$$

式中，I_2' 为转子折算到定子后的转子电流，R_2' 为转子折算到定子后的转子电阻。

6. 总机械功率

传递到转子的电磁功率扣除转子铜损耗后为电动机的总机械功率 P_{MEC}，即

$$P_{\mathrm{MEC}} = P_{\mathrm{em}} - P_{\mathrm{Cu2}} \qquad (2-31)$$

由以上可知，由定子经空气隙传递到转子的电磁功率有一小部分转变为转子铜损耗，其余绝大部分转变为总机械功率。

7. 机械损耗和附加损耗

电动机运行时，由轴承及风阻等摩擦所引起的损耗叫做机械损耗 P_{mec}。由定、转子开槽和谐波磁场引起的损耗叫做附加损耗 P_{ad}。电动机的附加损耗很小，一般在大型异步电动机中，P_{ad} 约为电动机额定功率的 0.5%；在小型异步电动机满载运行时，P_{ad} 可达电动机额定功率的 $1\%～3\%$ 或更大一些。

8. 机械功率

总机械功率 P_{MEC} 减去机械损耗 P_{mec} 和附加损耗 P_{ad}，才是电动机转轴上输出的机械功率 P_2，即

$$P_2 = P_{\mathrm{MEC}} - (P_{\mathrm{mec}} + P_{\mathrm{ad}}) \qquad (2-32)$$

可见，异步电动机运行时，从电源输入电功率 P_1 到转轴上输出功率 P_2 的全过程为

$$\begin{aligned} P_2 &= P_1 - P_{\mathrm{Cu1}} - P_{\mathrm{Fe}} - P_{\mathrm{Cu2}} - P_{\mathrm{mec}} - P_{\mathrm{ad}} \\ &= P_1 - \sum P \end{aligned} \qquad (2-33)$$

式中，$\sum P$ 为电动机的总损耗。式(2-33)为三相异步电动机的功率平衡方程。

异步电动机的功率流程如图 2-23 所示。

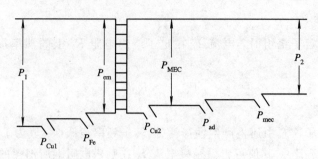

图 2-23　异步电动机功率流程图

9. 转矩平衡

由动力学可知，旋转体的机械功率等于作用在旋转体上的转矩与其机械角速度 Ω 的乘积，$\Omega = \dfrac{2\pi n}{60}$(rad/s)。将式(2-32)的两边同除以转子机械角速度 Ω，便得到稳态时异步电动机的转矩平衡方程式：

$$\frac{P_2}{\Omega} = \frac{P_{\text{MEC}}}{\Omega} - \frac{P_{\text{mec}} + P_{\text{ad}}}{\Omega}$$

即　　　　　　　　$T_2 = T_{\text{em}} - T_0$　　或　　$T_{\text{em}} = T_2 + T_0$　　　　　　(2-34)

式中，$T_{\text{em}} = \dfrac{P_{\text{MEC}}}{\Omega}$ 为电动机电磁转矩，为驱动性质的转矩；$T_2 = \dfrac{P_2}{\Omega}$ 为电动机轴上输出的机械负载转矩，为制动性质的转矩；$T_0 = \dfrac{P_{\text{mec}} + P_{\text{ad}}}{\Omega}$ 为机械损耗和附加损耗的转矩，即空载转矩，它也为制动性质的转矩。

式(2-34)为三相异步电动机的转矩平衡方程，它说明电动机电磁转矩 T_{em} 与输出机械转矩 T_2 和空载转矩 T_0 相平衡。

从式(2-34)可推得

$$T_{\text{em}} = \frac{P_{\text{MEC}}}{\Omega} = \frac{(1-s)P_{\text{em}}}{\dfrac{2\pi n}{60}} = \frac{P_{\text{em}}}{\dfrac{2\pi n_1}{60}} = \frac{P_{\text{em}}}{\Omega_1}$$　　　　　(2-35)

式中，Ω_1 为同步机械角速度，$\Omega_1 = \dfrac{2\pi n_1}{60}$ (rad/s)。

由此可知，电磁转矩从转子方面看，它等于总机械功率除以转子机械角速度；从定子方面看，它又等于电磁功率除以同步机械角速度。

例 2-5　一台 $P_N = 7.5$ kW、$U_N = 380$ V、$n_N = 962$ r/min 的 6 极三相异步电动机，定子三角形连接，额定负载时 $\cos\varphi_N = 0.827$，$P_{\text{Cu1}} = 470$ W，$P_{\text{Fe}} = 234$ W，$P_{\text{mec}} = 45$ W，$P_{\text{ad}} = 80$ W，试求额定负载时的转差率 s_N、转子频率 f_2、转子铜损耗 P_{Cu2}、定子电流 I_1 以及负载转矩 T_2、空载转矩 T_0 和电磁转矩 T_{em}。

解　额定转差率 s_N 的计算如下：

$$n_1 = \frac{60f_1}{p} = \frac{60 \times 50}{3} = 1000 \text{ r/min}$$

$$s_N = \frac{n_1 - n_N}{n_1} = \frac{1000 - 962}{1000} = 0.038$$

转子频率 f_2 的计算如下：

$$f_2 = s_N f_1 = 0.038 \times 50 = 1.9 \text{ Hz}$$

转子铜损 P_{Cu2} 的计算如下：

$$P_{MEC} = P_2 + P_{mec} + P_{ad} = 7500 + 45 + 80 = 7625 \text{ W}$$

$$P_{em} = \frac{P_{MEC}}{1 - s_N} = \frac{7625}{1 - 0.038} = 7926 \text{ W}$$

$$P_{Cu2} = s_N P_{em} = 0.038 \times 7926 = 301 \text{ W}$$

定子电流 I_1 的计算如下：

$$P_1 = P_2 + \sum P = 7500 + (470 + 234 + 45 + 80 + 301) = 8630 \text{ W}$$

$$I_1 = \frac{P_1}{\sqrt{3} U_1 \cos\varphi_1} = \frac{8630}{\sqrt{3} \times 380 \times 0.827} = 15.85 \text{ A}$$

转矩 T_2、T_0 和 T_{em} 的计算如下：

$$T_2 = \frac{P_2}{\Omega} = \frac{7500}{2\pi \dfrac{962}{60}} = 74.45 \text{ N} \cdot \text{m}$$

$$T_0 = \frac{P_{mec} + P_{ad}}{\Omega} = \frac{45 + 80}{2\pi \dfrac{962}{60}} = 1.24 \text{ N} \cdot \text{m}$$

$$T_{em} = T_2 + T_0 = 74.45 + 1.24 = 75.69 \text{ N} \cdot \text{m}$$

2.2.4 三相异步电动机的工作特性

异步电动机的工作特性是指在额定电压和额定频率运行时，电动机的转速 n、输出转矩 T_2、定子电流 I_1、功率因数 $\cos\varphi_1$、效率 η 与输出功率 P_2 之间的关系。异步电动机的工作特性可以通过电动机直接加负载试验得到。图 2-24 所示为三相异步电动机的工作特性曲线。下面分别加以说明。

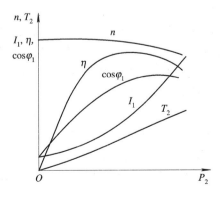

图 2-24 三相异步电动机的工作特性曲线

1. 转速特性 $n = f(P_2)$

空载时，$P_2 = 0$，转子电流很小，$n \approx n_1$，即转子转速接近同步转速；负载时，随着 P_2

的增大，转子电流也增大，转速 n 则降低，但下降不多；额定运行时，转差率很小，一般 $s_N \approx 0.01 \sim 0.06$，相应的转速 $n_N = (1 - s_N)n_1 = (0.99 \sim 0.94)n_1$，与同步转速 n_1 接近。因此，故转速特性 $n = f(P_2)$ 是一条稍向下倾斜的曲线。

2. 转矩特性 $T_2 = f(P_2)$

异步电动机的输出转矩

$$T_2 = \frac{P_2}{\Omega} = \frac{P_2}{2\pi \dfrac{n}{60}} \qquad (2-36)$$

空载时，$P_2 = 0$，$T_2 = 0$；负载时，随着输出功率 P_2 的增加，转速略有下降，故由式 (2-36) 可知，T_2 的上升速度略快于 P_2 的上升速度，故 $T_2 = f(P_2)$ 为一条过零点稍向上翘的曲线。由于从空载到满载 n 变化很小，因此 $T_2 = f(P_2)$ 可近似看成一条直线。

3. 定子电流特性 $I_1 = f(P_2)$

电动机空载时，$P_2 = 0$，定子电流 $I_1 = I_0$；负载时，随着输出功率 P_2 的增加，转子电流增大，于是定子电流的负载分量也随之增大。所以，I_1 随 P_2 的增大而增大。

4. 定子功率因数特性 $\cos\varphi_1 = f(P_2)$

三相异步电动机运行时需要从电网吸收感性无功功率来建立磁场，所以异步电动机的功率因数总是滞后的。

空载时，定子电流主要是无功励磁电流，因此功率因数很低，通常不超过 0.2；负载运行时，随着负载的增加，转子电流和定子电流的有功分量增加，使功率因数逐渐上升，在额定负载附近，功率因数最高；超过额定负载后，由于转差率 s 迅速增大，使转子功率因数 $\cos\varphi_2$ 下降，于是转子电流无功分量增大，相应的定子无功分量电流也增大，因此定子功率因数 $\cos\varphi_1$ 反而下降，如图 2-24 所示。

5. 效率特性 $\eta = f(P_2)$

根据公式

$$\eta = \frac{P_2}{P_1} = 1 - \frac{\sum P}{P_2 + \sum P} \qquad (2-37)$$

可知，电动机空载时，$P_2 = 0$，$\eta = 0$。当负载运行时，随着输出功率 P_2 的增加，效率 η 也在增加。在正常运行范围内因主磁通和转速变化很小，故铁损耗 P_{Fe} 和机械损耗 P_{mec} 可认为是不变损耗。定、转子铜损耗 P_{Cu1} 和 P_{Cu2} 以及附加损耗 P_{ad} 随负载而变，称为可变损耗。当负载增大到使可变损耗等于不变损耗时，效率达最高。若负载继续增大，则与电流平方成正比的定、转子铜损耗增加很快，故效率反而下降，如图 2-24 所示。一般在 $(0.7 \sim 1.0)$ P_N 范围内效率最高。

异步电动机的功率因数和效率是反映异步电动机工作性能的两个重要的参数。由于额定负载附近的功率因数及效率均较高，因此电动机应运行在额定负载附近。若电动机长期欠载运行，则效率及功率因数均低，很不经济。因此在选用电动机时，应注意使其容量与负载相匹配。

2.2.5 三相异步电动机的机械特性

三相异步电动机的机械特性是指电动机的转速 n 与电磁转矩 T_{em} 之间的关系，即 $n =$

$f(T_{em})$。因为异步电动机的转速 n 与转差率 s 之间存在着一定的关系，所以异步电动机的机械特性通常表示为 $T_{em} = f(s)$。

三相异步电动机的电磁转矩有三种表达式，分别为物理表达式、参数表达式和实用表达式，现分别介绍如下。

1. 物理表达式

由式(2-35)和电磁功率表达式以及转子电动势公式，可推得电磁转矩物理表达式：

$$T_{em} = C_T \Phi_0 I_2' \cos\varphi_2 \qquad (2-38)$$

式中，C_T 为转矩常数，对于已制成的电动机，C_T 为一常数。

式(2-38)表明，异步电动机电磁转矩是由主磁通 Φ_0 与转子电流的有功分量 $I_2' \cos\varphi_2$ 相互作用产生的。电磁转矩的大小与主磁通成正比，与转子电流(准确地说，是与转子电流的有功分量 $I_2' \cos\varphi_2$)成正比。该表达式物理概念清晰，常用于定性分析异步电动机的各种运行状态。

2. 参数表达式

三相异步电动机的电磁转矩的参数表达式为

$$T_{em} = \frac{P_{em}}{\Omega_1} = \frac{3pU_1^2 \dfrac{R_2'}{s}}{2\pi f_1\left[\left(R_1 + \dfrac{R_2'}{s}\right)^2 + (X_1 + X_2')^2\right]} \qquad (2-39)$$

式中，p 为磁极对数，U_1 为定子相电压，f_1 为电源频率，R_1 和 X_1 为定子每相绕组的电阻和漏抗，R_2' 和 X_2' 为折算为定子侧的转子电阻和漏抗，s 为转差率。当电动机的转差率 s(或转速 n_2)变化时，可由式(2-39)算出相应的电磁转矩 T_{em}，因而可以作出如图 2-25 所示的机械特性曲线。

$T_{em} > 0$，电机处于电动机状态；$T_{em} < 0$，电机处于发电机状态。

(1)异步电动机最大转矩(T_m)和电动机的过载能力(λ_T)。在机械特性曲线上，转矩有两个最大值：一个出现在电动状态，另一个出现在发电

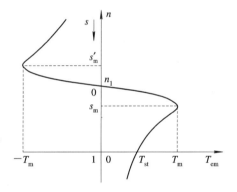

图 2-25 三相异步电机的机械特性曲线

状态。最大转矩 T_m 和对应的转差率 s_m(称为临界转差率)可以通过式(2-39)对 s 求导并令 $\dfrac{\mathrm{d}T_{em}}{\mathrm{d}s} = 0$ 求得。通常 $R_1 \ll (X_1 + X_2')$，可以近似认为

$$s_m \approx \pm \frac{R_2'}{X_1 + X_2'} \qquad (2-40)$$

$$T_m \approx \pm \frac{3pU_1^2}{4\pi f_1(X_1 + X_2')} \qquad (2-41)$$

式中，"+"号对应电动机状态；"-"号对应发电机状态。

最大电磁转矩对电动机来说具有重要意义。一般电动机都具有一定的过载能力，以保证电动机不会因短时过载而停转。显然，最大电磁转矩愈大，电动机短时过载能力愈强，

因此把最大电磁转矩与额定转矩之比称为电动机的过载能力，用 λ_T 表示，即

$$\lambda_T = \frac{T_m}{T_N} \tag{2-42}$$

λ_T 是表征电动机运行性能的重要参数，一般电动机的过载能力 $\lambda_T = 1.8 \sim 2.2$，它反映了电动机短时过载能力的大小。

（2）异步电动机启动转矩（T_{st}）和启动转矩倍数（k_{st}）。启动转矩（T_{st}）是指异步电动机接至电源开始启动瞬间的电磁转矩。此时 $n=0$，$s=1$，则式（2-39）可变为

$$T_{em} = T_{st} = \frac{3pU_1^2 R_2^{'}}{2\pi f_1 [(R_1 + R_2^{'})^2 + (X_1 + X_2^{'})^2]} \tag{2-43}$$

由于 s_m 随 R_2 正比增大，而 T_m 基本与 R_2 无关，因此绕线转子异步电动机可以在转子回路串入适当的电阻 $R_{st}^{'}$，使 $s_m = 1$，$T_{st} = T_m$，如图 2-26 所示。

绕线转子异步电动机可以通过转子回路串电阻的方法增大启动转矩，改善启动性能。对于鼠笼式异步电动机，无法在转子回路中串电阻，启动转矩大小只能在设计时考虑，在额定电压下，T_{st} 是一个恒值。T_{st} 与 T_N 之比称为启动转矩倍数，用 k_{st} 表示，即

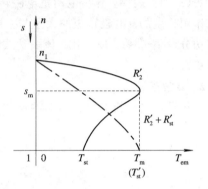

图 2-26　在异步电动机转子回路串电阻
使 $T_{st} = T_m$

$$k_{st} = \frac{T_{st}}{T_N} \tag{2-44}$$

启动转矩倍数是衡量鼠笼式异步电动机性能的另一个重要指标，它反映了电动机启动能力的大小。显然，只有当启动转矩大于负载转矩时，电动机才能启动起来。一般鼠笼式异步电动机的 k_{st} 约为 2.0。

3. 实用表达式

机械特性的参数表达式清楚地表示了转矩与转差率和参数之间的关系，用它分析各种参数对机械特性的影响很方便。但是，查找这些电动机的参数显然是困难的。因此希望能够利用电动机的技术数据和铭牌数据求得电动机的机械特性，即机械特性的实用表达式。

在忽略 R_1 的条件下，用电磁转矩公式（2-39）除以最大转矩公式（2-41），并考虑到临界转差率公式（2-40），化简后可得电动机机械特性的实用表达式

$$T_{em} = \frac{2T_m}{\dfrac{s}{s_m} + \dfrac{s_m}{s}} \tag{2-45}$$

式（2-45）中，T_m 和 s_m 可由电动机额定数据方便地求得，因此这是非常实用的机械特性表达式。

4. 三相异步电动机的机械特性曲线分析

由图 2-25 可知，三相异步电动机作为电动机运行时的机械特性曲线如图 2-27 所示。

（1）启动点 A。电动机接通电源开始启动瞬间，其工作点位于 A 点，此时 $n=0$，$s=1$，$T_{st} = T_{em}$，定子电流 $I_1 = I_{st} = (4 \sim 7)I_N$（$I_N$ 为额定电流）。当启动电磁转矩大于负载转矩时，

沿曲线 AB 转速上升为 n_m。

（2）最大转矩点 B。B 点是机械特性曲线中线性段（$D \sim B$）与非线性段（$B \sim A$）的分界点，此时 $s=s_m$，$T_{em}=T_{st}$。通常情况下，电动机在线性段上工作是稳定的，而在非线性段上工作是不稳定的，所以 B 点是电动机稳定运行的临界点，临界转差率 s_m 由此而得名。临界转差率 $s_m=0.1 \sim 0.2$。

（3）额定运行点 C。电动机额定运行时，工作点位于 C 点，此时 $n=n_N$，$s=s_N$，$T_{em}=T_N$，$I_1=I_N$。额定运行时转差率很小，一

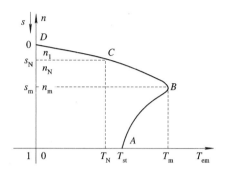

图 2-27　三相异步电动机作为电动机运行时的机械特性曲线

般 $s_N \approx 0.01 \sim 0.06$，所以电动机的额定转速 n_N 略小于同步转速 n_1，这也说明了 BD 段特性接近线性。

（4）同步转速点 D。D 点是电动机的理想空载点，即转子转速达到了同步转速。此时 $n=n_1$，$s=0$，$T_{em}=0$，转子电流 $I_2=0$。显然，如果没有外界转矩的作用，异步电动机本身不可能达到同步转速点。

上述异步电动机机械特性的三种表达式，虽然都能用来表征电动机的运行性能，但其应用场合各不相同。一般来说，物理表达式适用于对电动机的运行作定性分析；参数表达式适用于分析各种参数变化对电动机运行性能的影响；实用表达式适用于电动机机械特性的工程计算。

2.3　三相异步电动机的启动

异步电动机在接通电源后，从静止状态到稳定运行状态的过渡过程称为启动过程。表示感应电动机最初启动性能的两个主要指标是启动转矩 T_{st} 和启动电流 I_{st}。

2.3.1　三相异步电动机对启动的要求

三相异步电动机对启动有如下要求：

（1）启动转矩要大，以便加快启动过程，保证其能在一定负载下启动。

（2）启动电流要小，以避免启动电流在电网上引起较大的电压降落，影响到接在同一电网上的其他电器设备的正常工作。

（3）启动时所需的控制设备应尽量简单，力求操作和维护方便。

（4）启动过程中的能量损耗应尽量小。

实际的三相异步电动机的最初启动电流较大，启动转矩并不大。刚启动时，转子处于静止状态，旋转磁场以较大的转速切割转子导体，在转子中产生较大的电势，因而产生较大的电流。由于磁势平衡关系，定子绕组中也将流过较大的电流。刚启动时，转速 $n=0$，转差率 $s=1$，因此转子频率较高，转子电抗数值较大，转子边的功率因数很低。由电磁转矩公式（2-38）可知，最初启动时，虽然转子电流 I_2' 较大，但由于转子边的功率因数很低，因此电磁转矩并不大。

2.3.2　三相鼠笼式异步电动机的全压启动

全压启动指在额定电压下，将电动机三相定子绕组直接接到额定电压的电网上来启动电动机，因此又称直接启动。这是一种最简单的启动方式。全压启动控制线路如图 2-28 所示。

这种方法的优点是简单易行，但缺点是启动电流很大。一般鼠笼式异步电动机的最初启动电流为 $(5\sim7)$ I_{N}，最初启动转矩为 $(1.5\sim2)T_{\mathrm{N}}$。目前设计的鼠笼式异步电动机都允许采用全压启动。不过，过大的启动电流将在输电线路上产生阻抗压降，从而使电网电压降低，因此此方法多用于中、小型异步电动机。通常认为只要满足下列条件之一就可以直接启动：

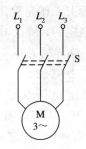

图 2-28　全压启动控制线路

(1) 容量在 7.5 kW 以下的三相异步电动机。

(2) 用户由专用变压器供电时，电动机的容量小于变压器容量的 20%。

此外，也可以用下面的经验公式来估算电动机是否可以直接启动：

$$\frac{I_{\mathrm{st}}}{I_{\mathrm{N}}} < \frac{3}{4} + \frac{P_{\mathrm{s}}}{4 \times P_{\mathrm{N}}}$$

式中，$\dfrac{I_{\mathrm{st}}}{I_{\mathrm{N}}}$ 为电动机全压启动电流倍数；P_{s} 为电源容量，即电源视在功率。

2.3.3　三相鼠笼式异步电动机定子回路串电阻器降压启动

定子回路串电阻器降压启动的线路如图 2-29 所示。图中，R_{Q} 为电阻器。启动时，首先合上开关 S_1，然后把转换开关 S_2 合在启动位置，此时启动电阻器便接入定子回路中，电机开始启动。待电动机接近额定转速时，再迅速地把转换开关 S_2 转换到运行位置，此时电网电压全部施加于定子绕组，启动过程完成。有时为了减小能量损耗，电阻也可以用电抗器代替。

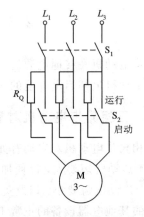

图 2-29　定子回路串电阻器降压启动

采用定子回路串电阻器降压启动时，虽然降低了启动电流，但也使启动转矩大大减小。当电动机的启动电压减少到 $1/k$ 时，由电网所供给的启动电流也减少到 $1/k$。由于启动转矩正比于电流平方，因此启动转矩便减小到 $1/k^2$。此法通常用于高压电动机。

2.3.4　三相鼠笼式异步电动机星形-三角形（Y-△）转换降压启动

Y-△转换降压启动只适用于定子绕组在正常工作时是△接法的电动机，其启动线路如图 2-30(a)所示。启动时，首先合上开关 S_1，然后将开关 S_2 合在启动位置，此时定子绕组接成 Y 接法，定子每相的电压为 $U_1/\sqrt{3}$，其中 U_1 为电网的额定线电压。待电动机接近额定转速时，再迅速地把转换开关 S_2 换接到运行位置，这时定子绕组改接成△接法，定子每相承受的电压便为 U_1，于是启动过程结束。另外，也可利用接触器、时间继电器等电器元件组成自动控制系统，实现电机的 Y-△ 转换降压启动过程。

如图 2-30(b)所示，把定子三相绕组换接成 Y 接法启动，和接成△接法直接启动相比，电动机的启动性能有下列区别：假设启动时电动机的每相阻抗为 Z，当用△接法直接启动时，每相的启动电流为 U_1/Z，则启动时的线电流为

$$I_{\text{st}\triangle} = \sqrt{3}\,\frac{U_1}{Z} \tag{2-46}$$

如果启动时把电动机的定子绕组改成 Y 接法，每相绕组上所承受的电压为 $U_1/\sqrt{3}$，此时线电流等于相电流，则最初启动电流为

$$I_{\text{st}Y} = \frac{U_1}{\sqrt{3}Z} \tag{2-47}$$

比较式(2-47)和式(2-46)，得

$$\frac{I_{\text{st}Y}}{I_{\text{st}\triangle}} = \frac{1}{3} \tag{2-48}$$

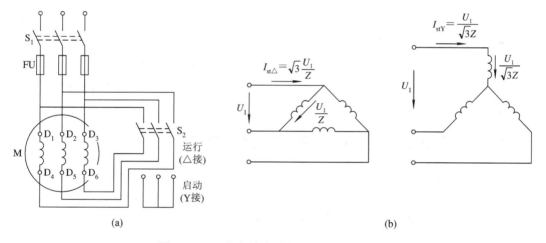

图 2-30 三相鼠笼式异步电动机 Y-△ 启动

(a) Y-△ 启动线路；(b) Y-△ 启动时的电压和电流

可见，Y 连接启动时，由电网供给的最初启动电流仅为△连接的 1/3。所以在启动过程中，把定子绕组换接成 Y 连接可以显著减小启动电流。但由于最初启动转矩与电压平方成正比，在 Y 接法启动时，每项绕组上承受的电压减小到 $U_1/\sqrt{3}$，因而启动转矩便减小为原来的 1/3。因此在要求具有高启动转矩的场合，这一方法也不适用。

由于 Y-△ 启动的设备比较简单，因此在轻载或空载启动的情况下常采用此法。此法只适用于定子绕组为△接法的电动机。

2.3.5 三相鼠笼式异步电动机延边三角形降压启动

延边三角形启动是从星形-三角形启动法演变出来的。从上面的分析可知，把原为三角形接法的定子绕组改为星形接法启动时，由于相电压降到原来的 $1/\sqrt{3}$，电网电流和启动转矩都减小为原来的 1/3，因此只能在空载或轻负载情况下启动。延边三角形接法在启动

时，把定子绕组的一部分接成三角形，剩下的一部分接成星形，如图 2-31(a)所示。从图形上看就是一个三角形三条边的延长，因此称为延边三角形。启动完毕，再把绕组改接为原来的三角形接法，如图 2-31(b)所示。

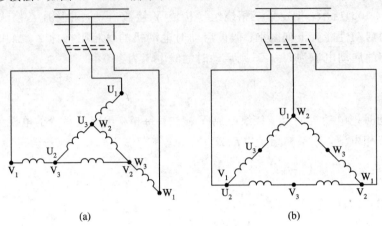

(a)　　　　　　　　　　　　(b)

图 2-31　延边三角形启动原理图

（a）启动时接法；（b）运行时接法

延边三角形接法实际上就是把星形接法和三角形接法结合在一起，因此它的每相绕组所承受的电压小于三角形接法时的线电压，大于星形接法时线电压的 $1/\sqrt{3}$，介于二者之间，而究竟是多少，则取决于每相绕组中星形部分的匝数和三角形部分的匝数之比。该启动法的缺点是定子绕组比较复杂。

2.3.6　三相鼠笼式异步电动机自耦变压器降压启动

自耦变压器降压启动是一种常用的启动方法，其启动线路如图 2-32 所示。其中，图（a）为原理图，图（b）为实际线路图。启动时，自耦变压器的高压侧接电网，低压侧接电动机。启动完毕后，电动机直接与电网相接，同时将自耦变压器切除。

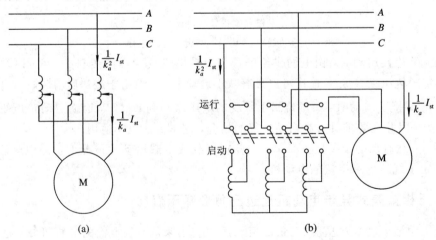

(a)　　　　　　　　　　　　(b)

图 2-32　自耦变压器降压启动

（a）原理图；（b）实际线路图

设自耦变压器的变比为 k_a，经过自耦变压器降压后，加在电动机端点上的电压便为 $\frac{1}{k_a}U_1$。此时电动机的最初启动电流 $I_{\text{st}a}$ 便与电压成比例地减小，为额定电压下直接启动时电流 I_{st} 的 $1/k_a$，即

$$I_{\text{st}a} = \frac{1}{k_a}I_{\text{st}} \qquad\qquad (2-49)$$

由于电动机接在自耦变压器的低压侧，自耦变压器的高压侧接在电网，故电网所供给的最初启动电流 $I'_{\text{st}a}$ 为

$$I'_{\text{st}a} = \frac{1}{k_a}I_{\text{st}a} = \frac{1}{k_a^2}I_{\text{st}} \qquad\qquad (2-50)$$

由此可见，自耦变压器降压启动和全压启动相比较，电动机的启动电流减小为原来的 $1/k_a$，由电网所供给的启动电流减小为原来的 $1/k_a^2$。由于启动转矩正比于电压平方，因此启动转矩也减小为原来的 $1/k_a^2$。所以在启动转矩要求高的场合，这一方法并不适用。这种方法的优点是可以按允许的启动电流和所需的启动转矩选择自耦变压器的不同抽头来实现降压启动，而且不论电动机定子绕组采用星形或三角形连接都可以使用；缺点是设备体积大，投资高，而且不能频繁启动。

2.3.7　三相绕线式异步电动机转子回路中串电阻启动

三相鼠笼式异步电动机直接启动时，启动电流大，启动转矩不大；降压启动时，虽然减小了启动电流，但启动转矩也随着减小，因此鼠笼式异步电动机只能用于空载或轻载启动。

对于绕线转子异步电动机，若转子回路串入适当的电阻，则既能限制启动电流，又能增大启动转矩，同时克服了鼠笼式异步电动机启动电流大、启动转矩不大的缺点，因此这种启动方法适用于大、中容量异步电动机重载启动。

为了在整个启动过程中得到较大的加速转矩，并使启动过程比较平滑，应在转子回路中串入多级对称电阻。启动时，随着转速的升高，逐段切除启动电阻，这与直流电动机电枢串电阻启动类似，称为电阻分级启动。图 2-33 所示为三相绕线式异步电动机转子串接对称电阻分级启动的接线图和对应三级启动时的机械特性。

启动开始时见图 2-33(a)，接触器触点 S 闭合，S_1、S_2、S_3 断开，启动电阻全部串入转子回路中，转子每相电阻为 $R_{P3} = R_2 + R_{\text{st}1} + R_{\text{st}2} + R_{\text{st}3}$，对应的机械特性如图 2-33(b)中曲线 R_{P3} 所示。启动瞬间，转速 $n = 0$，电磁转矩 $T_{\text{em}} = T_1$（T_1 称为最大加速转矩），因 T_1 大于负载转矩 T_L，于是电动机从 a 点沿曲线 R_{P3} 开始加速。随着 n 上升，T_{em} 逐渐减小，当减小到 T_2 时（对应于 b 点），触点 S_3 闭合，切除 $R_{\text{st}3}$，切换电阻时的转矩值 T_2 称为切换转矩。切除 $R_{\text{st}3}$ 后，转子每相电阻变为 $R_{P2} = R_2 + R_{\text{st}1} + R_{\text{st}2}$，对应的机械特性变为曲线 R_{P2}。切换瞬间，转速 n 不突变，电动机的运行点由 b 点跃变到 c 点，T_{em} 由 T_2 跃升为 T_1。此后 n、T_{em} 沿曲线 R_{P2} 变化，待 T_{em} 又减小到 T_2 时（对应于 d 点），触点 S_2 闭合，切除 $R_{\text{st}2}$。此后转子每相电阻变为 $R_{P1} = R_2 + R_{\text{st}1}$，电动机运行点由 d 点跃变到 e 点，工作点（n，T_{em}）沿曲线 R_{P1} 变化。最后在 f 点触点 S_1 闭合，切除 $R_{\text{st}1}$，转子绕组直接短路，电动机运行点由 f 点变到 g 点后沿固有特性加速到负载点 h 稳定运行，启动结束。

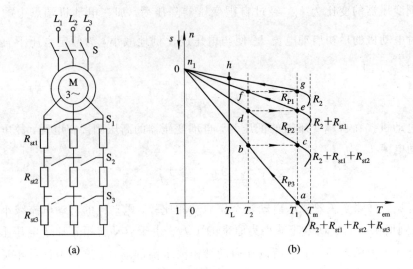

图 2 - 33　三相绕线式异步电动机转子串电阻分级启动
(a) 接线图；(b) 机械特性

　　绕线转子异步电动机不仅能在转子回路串入电阻减小启动电流，增大启动转矩，而且还可以在小范围内进行调速，因此广泛地应用于启动较困难的机械（如起重吊车、卷扬机等）。但它比鼠笼式异步电动机复杂，造价高，效率也稍低。在启动过程中，当切除电阻时，转矩突然增大，产生冲击。当电动机容量较大时，转子电流很大，启动设备也将变得庞大，操作和维护工作量大。为了克服这些缺点，目前多采用频敏变阻器作为启动电阻。

2.3.8　三相绕线式异步电动机转子串频敏变阻器启动

　　频敏变阻器是一个铁耗很大的三相电抗器，从结构上看，相当于一个没有二次绕组的三相芯式变压器，铁芯由较厚的钢板叠成，其等效电阻 R_m 随着通过其中的电流频率 f_2 的变化而自动变化，因此称为"频敏"变阻器，它相当于一种无触点的变阻器。图 2 - 34(b) 所示为频敏变阻器的等效电路。其中，R_1 为频敏变阻器绕组的电阻，X_m 为带铁芯绕组的电抗，R_m 为铁损耗的等效电阻。在电机启动过程中，它能自动、无级地减小电阻，如果参数选择适当，则可以在启动过程中保持转矩近似不变，使启动过程平稳、快速。

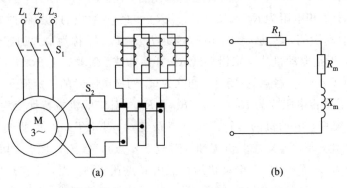

图 2 - 34　三相绕线式异步电动机转子串频敏变阻器启动
(a) 接线图；(b) 频敏变阻器一相等效电路

　　用频敏变阻器启动的过程如下：启动时见图 2-34(a)，开关 S_2 断开，转子串入频敏变阻器，当开关 S_1 闭合时，电动机接通电源开始启动。启动瞬间，$n=0$，$s=1$，转子电流频率 $f_2=sf_1=f_1$（最大），频敏变阻器的铁芯中与频率平方成正比的涡流损耗最大，即铁损耗大，反映铁损耗大小的等效电阻 R_m 大，此时相当于转子回路中串入一个较大的电阻。启动过程中，随着 n 上升，s 减小，$f_2=sf_1$ 逐渐减小，频敏变阻器的铁损耗逐渐减小，R_m 也随之减小，这相当于在启动过程中逐渐切除转子回路串入的电阻。启动结束后，触点 S_2 闭合，切除频敏变阻器，转子电路直接短路。

　　频敏变阻器的结构简单，运行可靠，使用维护方便，因此使用广泛。

2.4　三相异步电动机的调速

　　由于异步电动机结构简单，成本低，维修方便，工作可靠，因此在现代工农业生产中应用非常普遍。为了提高产品质量及生产效率，对电动机的调速性能提出了越来越高的要求，即要求调速范围大且能平滑地调节。因此，研究三相异步电动机调速问题具有重要的现实意义。

　　由异步电动机的转速公式

$$n = n_1(1-s) = \frac{60 f_1}{p}(1-s)$$

可以看出，要改变电动机的转速，可以通过以下方法来实现：

　　(1) 改变定子绕组的极对数 p，即变极调速；

　　(2) 改变电源的频率 f_1，即变频调速；

　　(3) 改变电动机的转差率 s。

　　改变转差率 s 又有很多方法，其中主要有：

　　(1) 改变定子端电压 U_1，即变压调速；

　　(2) 改变转子回路中串入的附加电阻，即串变阻器调速；

　　(3) 改变转子回路中串入的附加电势，即串极调速。

　　以下介绍目前采用得较多的变极调速、变频调速、变压调速、在转子回路中串变阻器调速及串极调速的原理。

2.4.1　变极调速

　　变极调速时，保持电源的频率不变，改变定子绕组的极对数，就改变了同步转速，从而改变了转子的转速。利用这种方法调速时，定子绕组要进行特殊设计，与普通电动机的绕组不同，要求绕组可用改变外部接线的办法来改变极对数。由于电动机的极对数一般总是成整数倍改变的，所以变极调速不可能做到转速平滑调节，是一种有级调速方法。目前我国生产的有单绕组双速和双绕组三速、四速的异步电动机。

　　变极调速方法只用于鼠笼转子的异步电动机，因为在定子绕组变极的同时，转子极数也应相应改变，这样才能产生恒定的转矩。鼠笼转子极数能随定子极数的改变而自动地改变，但绕线式转子不能。

　　改变定子极数时，通常成倍改变较方便，如 2 极变为 4 极，4 极变为 8 极，只用形式相同的一套绕组进行换接即可；如果要非成倍地改变，则定子上就需要有形式不同的多套独立绕组，这样会使电动机的绕组结构复杂，成本提高。

1. 变极调速原理

以整倍数变极比调速为例，改变定子绕组极对数的方法是将一相绕组中一半线圈的电流方向反过来，如图 2-35 所示。图中介绍的是改变"半绕组"中的电流方向，从而改变磁场极数的方法。图(a)中，当两组线圈正向串接时，形成四极磁场；在图(b)和图(c)中，一组线圈中电流改变方向(反串或并联)便构成了两个磁极。因此，只要改变电机外部定子绕组的接线，便能得到两种不同的转速。

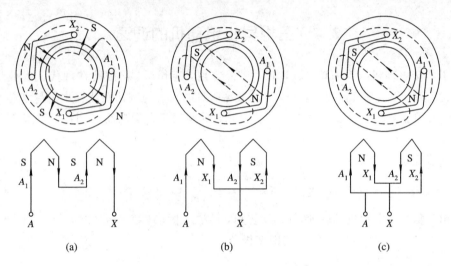

图 2-35　变极调速原理
(a) 顺串；(b) 反串；(c) 反接并联

2. 变极调速的常用接线方法

变极调速的典型方案有两种：一种是 Y/YY 方式，Y 接法是低速运行，YY 接法是高速运行，如图2-36(a)所示；另一种是△/YY 方式，△接法是低速运行，YY 接法是高速运行，如图 2-36(b) 所示。

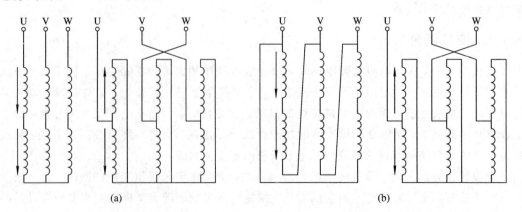

图 2-36　双速电动机常用的变极接线方式
(a) Y/YY；(b) △/YY

注意：变极时，电机旋转磁场的相序会改变，要使电动机仍保持变极前的转向，就要求改变极数的同时也改变电源的相序。例如，当采用高速接法且相邻两相之间的相位角为120°时，一旦改为低速接法，由于极数增加一倍，同样的空间位置，其相邻两相之间的相位角将变为240°，三相绕组相序改变将使旋转磁场的方向改变。欲使变极前后电动机转向不变，在改变极数的同时，必须将任意两相的出线端互换。变极调速也有非整倍数变极的，其绕组接法较为复杂。

变极调速的设备简单，只要一个转换开关或用接触器—继电器控制来实现，操作方便，工作可靠。其缺点是调速不平滑，属于有级调速方式。

2.4.2 变频调速

变频调速不但比传统的直流电机调速优越，而且也比调压调速、变极调速、串极调速等调速方式优越。它的特点是调速平滑，调速范围宽，效率高，特性好，结构简单，机械特性硬，保护功能齐全，运行平稳且安全可靠，在生产过程中能获得最佳速度参数，是一种理想的调速方式。实践证明，交流电机变频调速一般能节电 30%，目前工业发达国家已广泛采用该技术，在我国也成为了国家重点推广的节电新技术。

1. 变频调速原理

改变电源的频率 f_1，可使旋转磁场的同步转速发生变化，电动机的转速亦随之变化。电源频率提高，电动机转速提高；频率下降，则转速下降。若电源频率可以做到均匀调节，则电动机的转速就能平滑地改变。这是一种较为理想的调速方法，能满足无级调速的要求，且调速范围大，调速性能与直流电动机相近。

变频调速时，当频率增高时，如果保持电源电压不变，则主磁通 Φ_m 将减小，不会引起磁路饱和。但是，如将频率降低，则主磁通 Φ_m 增大，会引起磁路饱和，使空载电流增大很多，损耗增大，电动机甚至不能运行。因此，当 f_1 下降时总希望主磁通保持不变，这时可使端电压 U_1 随频率下降而同时下降。这是因为当略去定子漏阻抗电降时，有

$$U_1 \approx E_1 = 4.44 f_1 N_1 k_{w1} \Phi_m \qquad (2-51)$$

其中，N_1、k_{w1} 不变，如果 U_1、E_1 不变，f_1 下降，则 Φ_m 升高，如要维持 Φ_m 不变，则要求

$$\frac{U_1}{f_1} \approx \frac{E_1}{f_1} = 4.44 N_1 k_{w1} \Phi_m = 常数 \qquad (2-52)$$

即电压（或电势）与频率成正比例地变化，因此，对变频电源提出了调频的同时亦应调压的要求。

2. 变频装置简介

由变频调速原理可知，要实现异步电动机的变频调速，必须有能够同时改变电压和频率的供电电源。由于电网提供的是频率为 50 Hz 的工频电，频率无法改变，因此要得到频率可平滑调节的变频电源，必须采用专门的变频装置。

变频装置可分为间接变频和直接变频两类。间接变频装置先将工频交流电通过整流器变成直流，然后再经过逆变器将直流变成为可控频率的交流电，通常称为交—直—交变频装置。直接变频装置将工频交流电一次变换成可控频率的交流电，没有中间直流环节，也称为交—交变频装置。目前应用较多的是间接变频装置。

异步电动机变频调速的主要特点是可以实现无级调速，且可实现恒功率调速和恒转矩调速，但需要变频电源和保护装置。

2.4.3　变压调速

当改变施加于定子绕组上的端电压进行调速时，如负载转矩不变，则电动机的转速将发生变化，这可用 $T-s$ 曲线来说明。电压改变时 $T-s$ 曲线的变化如图 2-37 所示。图中，曲线 1、2、3 分别为 $U_1=U_N$、$U_2=0.8U_N$、$U_3=0.6U_N$ 时的 $T-s$ 曲线，电压变化时最大转矩发生变化，但最大转矩对应的转差率 s_m（即临界转差率）不变。如负载转矩为额定转矩且保持不变，则当在额定电压时，电动机工作在 a 点，转差率为 s_1，当电压下降为 $0.8U_N$ 时，电动机工作在 b 点，转差率为 s_2。从图上可以看出，当电压改变时，临界转差率不变，但运行转差率要改变，故转速得到调节。

对于一般异步电动机，改变电压时转速变化不大，故这种方式的调速范围小，且电压降低较多时电机可能滑到不稳定区域内，直到电动机停止转动。这是因为最大转矩与电压的平方

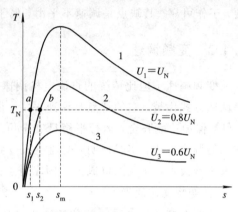

图 2-37　变压调速原理

成正比，当电压下降到 $0.7U_N$ 时，转矩下降到 $0.49T_N$，则最大转矩比额定转矩还小，电动机就没有过载能力了。如果电动机带额定负载，则电机将会停转。这种调速方法较适宜于风机、水泵一类的负载。带这种负载时，尽管转速变化不大，但功率变化较大。另外，如再结合增大鼠笼式电动机的转子电阻，则电机的 $T-s$ 曲线改变，可以得到较大的调速范围，不过电机的损耗也会增大，效率降低。

2.4.4　在转子回路中串变阻器调速

在电动机转子回路中串入电阻后，使电动机的机械特性发生变化，最大转矩不变，但最大转矩时的临界转差率 s_m 改变，如图 2-38 所示。

图 2-38 中，曲线 1 是不串电阻时的机械特性，曲线 2 是串入电阻后的机械特性。当电动机带一恒转矩负载且未串入电阻时，电动机工作在曲线 1 和曲线 3 的交点 a，其转差率为 s_1；串入电阻后，电动机工作在曲线 2 和曲线 3 的交点 b，其转差率为 s_2。显然，串入电阻后，转差率加大了，电动机转速便降低，串入电阻值越大，转速就越低。

这种方法的优点是方法简单，易于实现；缺点是调速电阻要消耗一定的能量，调速是有级的，不平滑。由于转子回路的铜耗 $P_{Cu2}=sP_{em}$，因此转速调得越低，转差率越大，铜耗就越多，效率就越低。同时转子加入电阻后，电动机的机械特性变软，于是负载变化时电动

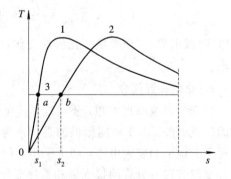

图 2-38　转子回路串电阻调速

机的转速将发生显著变化。这种方法主要用在中、小容量的异步电机中,例如交流供电的桥式起重机目前大部分采用此法进行调速。

2.4.5 串极调速

转子加入电阻来调速的主要缺点是损耗较大。为利用这部分电能,可在转子回路中接入一个转差频率的功率变换装置,使这部分电能转换为机械能加以利用;或者送回电网,这样既可达到调速目的,又可获得较高的效率。

图 2-39 表示一种异步电动机和直流电动机经半导体整流器串极连接的调速系统。

绕线式异步电动机的定子接三相电源,转子中感应的电流为转差频率的三相交流电流,经半导体整流器整流后变为直流,再将此直流电流供给一台他励直流电动机的电枢。此直流电动机的转轴与异步电动机连在一起,共同拖动机械负载。这种系统为机械串极调速系统,通常称为克拉姆系统。

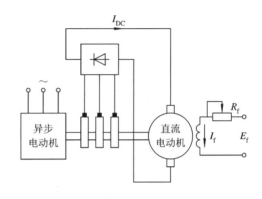

图 2-39 异步电动机和直流电动机的串极连接

若增加他励直流电动机的励磁,则直流电动机的反电动势将增加,于是直流电动机的电枢电流和异步电动机的转子电流同时减小(交、直流电流之间具有一定的比例),使两电动机的电磁转矩下降,机组减速。减速后,异步电机转子电流和直流电动机的电枢电流将重新回升,直到一个新的较低的转速,并产生一定的电磁转矩以与负载转矩相平衡。这样就把绕线转子中的部分电能转换成了机械能加以利用,达到了调速的目的。

也可以利用逆变器来代替直流电动机,如图 2-40 所示。异步电动机转子回路的转差频率交流电流仍由半导体整流器整流为直流,再经逆变器把直流变为工频交流,把能量送回到交流电网中。此时整流器和逆变器两者组成了一个从转差频率转换为工频交流的变频装置。逆变器的电压可看做是加在转子回路中的反电势,控制逆变器的逆变角,这样就可以改变逆变器的电压,即相当于改变了反电势的大小,从而达到调速的目的。

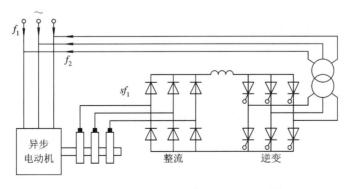

图 2-40 带逆变器的异步电动机调速系统

2.5　三相异步电动机的制动

制动是使电动机迅速停转的控制方式。很多生产过程要求电动机迅速减速、定时或定点停止。例如，电车下坡时为了行车安全，限制转速，需要制动。制动的方式分为机械制动和电磁制动。机械制动就是用机械刹车的方法使电动机按要求停下来；电磁制动就是施加于电动机的电磁转矩方向与转速方向相反，迫使电动机减速或停止转动。根据生产要求，异步电动机制动的方法有能耗制动、回馈制动和反接制动三种。

2.5.1　能耗制动

能耗制动时将电动机从电源断开后，在它的定子绕组上另加一直流电源，如图 2-41 所示，由于定子绕组通入直流电流，因此能产生一个在空间不动的磁场。此时因惯性作用，转子未停止转动，运动的转子导体切割此恒定磁场，在其中便产生感应电势。由于转子是闭合绕组，因此能产生电流，从而产生电磁转矩，此转矩与转子因惯性作用而旋转的方向相反，起制动作用，迫使转子迅速停下来。这时储存在转子中的动能转变为转子铜损耗，以达到迅速停车的目的，故称这种制动方法为能耗制动。

能耗制动在高速时效果较好，低速时由于转子中电势、电流和电磁转矩逐渐减小，因此效果较差。在实际应用中，最好是高速时采取能耗制动，待降到低速时辅以机械制动，这样便可使电动机迅速停下来。

在图 2-41 中，直流电源是从交流电源经变压器降压后再整流而取得的，此直流电源加在两相绕组中，整流变压器副边有抽头，可选择不同的电压用以调节整流输出，从而调节制动转矩的大小。

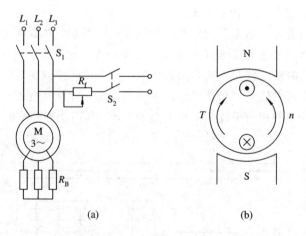

(a)　　　　　　　　　　(b)

图 2-41　三相异步电动机能耗制动

(a) 接线图；(b) 制动原理图

2.5.2　回馈制动

当转速 $n > n_1$ 时，电机由电动机状态变为发电机状态运行，电机的有功电流和电磁转矩的方向将倒转，这时电磁转矩由原来的驱动作用转为制动作用，电机转速便减慢下来。

同时，由于电流方向反向，电磁功率回送至电网，故称其为回馈制动。

回馈制动常用来限制转速。例如，当电车下坡时，重力的作用使电车转速增大，当 $n > n_1$ 时，电机自动进行回馈制动。回馈制动可以向电网回输电能，所以经济性能好，但只有在特定状态下才能实现制动，而且只能限制电动机的转速，不能停转。

2.5.3 反接制动

1. 电源反接制动

电源反接制动指利用换接开关来改变定子电流的相序，使电机气隙旋转磁场方向反转，这时的电磁转矩方向与电机惯性转矩方向相反，成为制动转矩，使电动机转速迅速下降。

如果制动的目的是迅速改变电动机的转向，则在转速降到零、惯性转矩为零以后，电机将继续向反转方向转动，在相反的方向作为电动机运行；如果制动仅是为了迅速停车，则在转速降到零以后，一般应采用速度继电器或时间继电器控制，以便电机速度为零或接近零时立即切断电源，防止电机反转。

电源反接制动时电流会很大，将影响同一供电母线上的其他用电负载。若电动机为绕线式，则可在转子回路中串电阻加以限制。

2. 倒拉反转制动

倒拉反转制动指由外力使电动机转子的转向倒转，而电源的相序不变，这时产生的电磁转矩方向亦不变，但与转子实际转向相反，故电磁转矩将使转子减速。这种制动方式主要用于以绕线式异步电动机为动力的起重机械拖动系统。其机械特性如图 2-42 所示。当起重机械提升重物时，其工作点为曲线 1 上的 a 点。如果在转子回路串入很大的电阻，则机械特性变为斜率很大的曲线 2，由于机械惯性的作用，工作点由 a 点移至 b 点。此时电磁转矩小于负载转矩，转速下降。当电机减速至 c 点时，$n = 0$。当电磁转矩仍小于负载转矩时，在位能负载的作用下，电动机反转，工作点从 c 点继续下移，电机进入制动状态，直至电磁转矩等于负载转矩，电机才稳定运行于 d 点。因这一制动过程是由于重物倒拉引起的，所以称为倒拉反转制动(或称倒拉反转运行)。

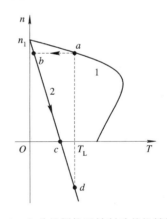

图 2-42 电动机倒拉反转制动的机械特性

2.6 特殊异步电动机

特殊异步电动机种类很多，本节主要介绍生产实践中经常应用的单相异步电动机、交流伺服电动机、交流测速发电机、步进电动机和直线电动机。

2.6.1 单相异步电动机

单相异步电动机与三相异步电动机相比，其单位容量的体积大，且效率和功率因数均较低，过载能力也较差。因此，单相异步电动机只做成微型的，功率一般在几瓦至几百瓦之间。单相异步电动机由单相电源供电，被广泛用于家用电器、医疗器械及轻工设备中。

1. 单相异步电动机的结构

图 2-43 所示为单相异步电动机的基本结构示意图。

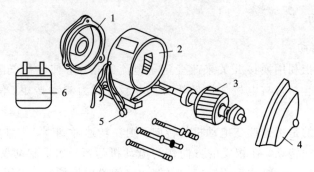

1、4—端盖；2—定子；3—转子；5—电源接线；6—电容器

图 2-43　单相异步电动机的基本结构示意图

2. 单相异步电动机的主要类型

要使单相异步电动机能够产生启动转矩，关键是如何在启动时在电动机内部形成一个旋转磁场，如图 2-44 所示。根据获得旋转磁场方式的不同，单相异步电动机可分为分相启动电动机和罩极电动机两大类型。

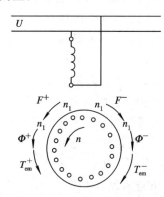

图 2-44　单相异步电动机的磁场和转矩

1）分相启动电动机

由电机旋转理论可知，只要在空间不同相的绕组中通入时间上不同相的电流，就能产生一旋转磁场，分相启动电动机就是根据这一原理设计的。

分相启动电动机包括电容启动电动机、电容电动机和电阻启动电动机。

（1）电容启动电动机。定子上有两个绕组：一个称为主绕组（或称为工作绕组），用 1 表示；另一个称为辅助绕组（或称为启动绕组），用 2 表示。两绕组在空间上相差 $90°$。在启动绕组回路中串接启动电容 C，用作电流分相，并通过离心开关 S 或继电器触点 S 与工作绕组并联在同一单相电源上，如图 2-45（a）所示。因工作绕组呈阻感性，故 $\dot{I}_1$ 滞后于 $\dot{U}$。若适当选择电容 C，使流过启动绕组的电流 $\dot{I}_{st}$ 超前 $\dot{I}_1$ $90°$，如图 2-45（b）所示，相当于在时间相位上互差 90° 的两相电流流入在空间上相差 90° 的两相绕组中，则在气隙中产生旋转磁场，并在该磁场作用下产生电磁转矩，使电动机转动。

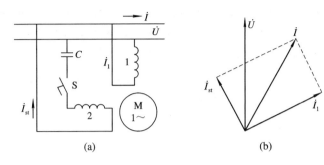

图 2 - 45　单相电容启动电动机

(a) 电路图；(b) 相量图

这种电动机的启动绕组是按短时工作设计的，所以当电动机转速达同步转速的 70%～85% 时，启动绕组和启动电容器 C 就在离心开关 S 的作用下自动退出工作，这时电动机就在工作绕组单独作用下运行。

欲改变电容启动电动机的转向，只需将工作绕组或启动绕组的两个接线端对调，也就是改变启动时旋转磁场的旋转方向即可。

(2) 电容电动机。在启动绕组中串入电容后，不仅能产生较大的启动转矩，而且运行时还能改善电动机的功率因数，提高过载能力。为了改善单相异步电动机的运行性能，电动机启动后，可不切除串有电容器的启动绕组，这种电动机称为电容电动机，如图 2 - 46 所示。

电容电动机实质上是一台两相异步电动机，启动绕组应按长期工作方式设计。由于电动机工作时比启动时所需的电容小，因此在电动机启动后，必须利用离心开关 S 把启动电容 C_{st} 切除，工作电容 C 便与工作绕组及启动绕组一起参与运行。

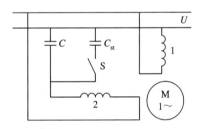

图 2 - 46　单相电容电动机

电容电动机反转的方法与电容启动电动机相同，即把工作绕组或启动绕组的两个接线端对调就可以了。

(3) 电阻启动电动机。如果电动机的启动绕组采用较细的导线绕制，则它与工作绕组的电阻值不相等，两套绕组的阻抗值也不相等，流经这两套绕组的电流也就存在着一定的相位差，从而达到了分相启动的目的。其启动转矩较小，只适用于空载或轻载启动场合。

欲使电阻启动的电机反转，只要将任意一套绕组的两个接线端对调即可。

2) 罩极电动机

罩极电动机的定子一般都采用凸极式的，工作绕组集中绕制，套在定子磁极上。在极靴表面的 $\frac{1}{3}\sim\frac{1}{4}$ 处开有一个小槽，并用短路铜环把这部分磁极罩起来，短路铜环起启动绕组的作用，称为启动绕组。罩极电动机的转子仍做成鼠笼式，其结构如图 2 - 47(a) 所示。

如图 2-47 所示，在工作绕组中通入单相交流电流后，将产生脉动磁通，其中一部分磁通 $\dot{\Phi}_1$ 不穿过短路铜环，另一部磁通 $\dot{\Phi}_2$ 则穿过短路铜环。由于 $\dot{\Phi}_1$ 与 $\dot{\Phi}_2$ 都是由工作绕组中的电流产生的，故 $\dot{\Phi}_1$ 与 $\dot{\Phi}_2$ 同相位并且 $\dot{\Phi}_1 > \dot{\Phi}_2$。脉动磁通 $\dot{\Phi}_2$ 在短路环中产生的感应电动势 $\dot{E}_2$ 滞后 $\dot{\Phi}_2$ 90°。由于短路铜环闭合，因此在短路铜环中就有滞后于 $\dot{E}_2$ φ 角的电流 $\dot{I}_2$ 产生，$\dot{I}_2$ 又产生与自己同相的磁通 $\dot{\Phi}'_2$，$\dot{\Phi}'_2$ 也穿链于短路环，因此罩极部分穿链的总磁通为 $\dot{\Phi}_3 = \dot{\Phi}_2 + \dot{\Phi}'_2$，如图2-47(b)所示。由此可见，未罩极部分磁通 $\dot{\Phi}_1$ 与被罩极部分磁通 $\dot{\Phi}_3$ 不仅在空间而且在时间上均有相位差，因此它们的合成磁场将是一个由超前相转向滞后相的旋转磁场（即由未罩极部分转向罩极部分），由此产生电磁转矩。

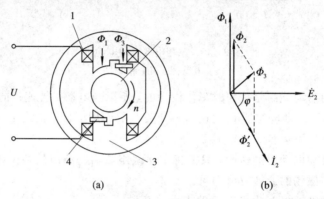

1—定子绕组；2—转子；3—凸极式铁芯；4—短路环

图 2-47 罩极电动机
(a) 绕组接线图；(b) 相量图

3. 单相异步电动机的调速

由于单相异步电动机有一系列的优点，因此它的使用领域越来越广泛。在常用单相交流电风扇中，一般使用单相罩极异步电动机和单相电容运转异步电动机。

单相异步电动机的调速法有变极调速、降压调速（又分为串联电抗器、串联电容器、自耦变压器和串联晶闸管调压调速等方法）、抽头调速等。电风扇用电动机的调速方法目前常用的有串电抗器调速法和电动机绕组抽头调速法。

1）串电抗器调速法

串电抗器调速法将电抗器与电动机定子绕组串联，其接线如图2-48所示。通电时，利用在电抗器上产生的电压降使加到电动机定子绕组上的电压低于电源电压，从而达到降压调速的目的。因此，当采用串电抗器调速法时，电动机的转速只能由额定转速向低调速。这种调速方法的优点是线路简单，操作方便；缺点是电压降低后，电动机的输出转矩和功率明显降低，因此只适用于转矩及功率都允许随转速降低而降低的场合。

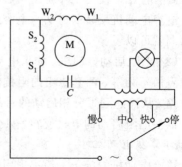

图 2-48 单相异步电动机串电抗器
调速电路

2）电动机绕组抽头调速法

电容运转电动机在调速范围不大时，普遍采用定子绕组抽头调速。此时定子槽中嵌有工作绕组 W_1W_2、启动绕组 S_1S_2 和调速绕组（又称中间绕组）D_1D_2。这种调速法通过改变调速绕组与工作绕组、启动绕组的连接方式，调节气隙磁场大小及椭圆度来实现调速的目的。这种调速方法通常有 L 形接法和 T 形接法两种，如图 2-49 所示。

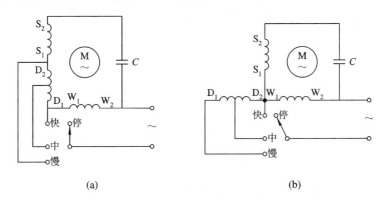

(a)   (b)

图 2-49　单相异步电动机绕组抽头调速电路

(a) L 形接法；(b) T 形接法

与串电抗器调速法相比，用绕组内部抽头调速不需电抗器，故节省材料，耗电量少，但绕组嵌线和接线比较复杂。

2.6.2　交流伺服电动机

交流伺服电动机又称为执行电机，可把输入的电压信号变换成电机轴上的角位移和角速度等机械信号输出。它广泛应用于自动控制系统中。

对伺服电动机的要求是：反应要灵敏，可控性好，稳定运行区域宽；接收信号后能立即快速动作，因此要求它的转动惯量必须很小；信号消失后能立即停止；同时还要求在 $s=0\sim1$ 范围内能稳定运行。

1. 结构

伺服电动机与单相异步电动机相似。在定子上有两相绕组，它们在空间上互差 $90°$，励磁绕组接到电源上，用来产生磁通，控制绕组用来接受控制信号 $\dot{U}_k$，如图 2-50 所示。

如图 2-51 所示，交流伺服电动机的转子有两种形式：一种是普通鼠笼型，为减少转动惯量，外形设计得细而长；另一种是空心杯型转子（如图 2-51 所示），定子由内定子和外定子构成，外定子上有励磁

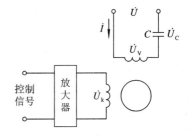

图 2-50　交流伺服电动机接线图

绕组，杯型转子由铝合金或铜合金制成空心薄壁圆筒，以便减小转动惯量，无噪音，反应灵敏。此外，空心杯型转子内放置固定的内定子，目的是减小磁路的磁阻。但由于它不导磁，因此使气隙增大，励磁电流大，功率因数和效率均低，且体积大。

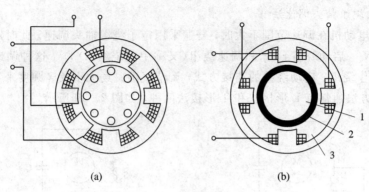

1—内定子；2—杯型转子；3—外定子

图 2-51　交流伺服电动机结构图

(a) 鼠笼型转子；(b) 空心杯型转子

2. 工作原理及控制方式

当励磁绕组和控制绕组都有电流流过时，形成一旋转磁场，使转子转动起来。若控制绕组无电流，只有励磁绕组产生的脉动磁场，则无电磁转矩产生，电机不会转动。由于两相绕组中流过的电流并不一定满足对称(大小相等，相位差 $90°$ 电角度)条件，因此伺服电机实际上处于不对称运行状态，电机中存在着正向旋转磁场和反向旋转磁场，只要改变控制电压的大小和相位，就可以改变正向和反向两个旋转磁场的比值，从而改变正向电磁转矩和反向电磁转矩的比值，以达到最终改变伺服电动机合成转矩及转速的目的。具体的控制方法有三种。

(1) 幅值控制：仅改变控制电压 $\dot{U}_k$ 振幅的大小，而 $\dot{U}_k$ 相位保持不变。

(2) 相位控制：仅改变控制电压 $\dot{U}_k$ 的相位，而 $\dot{U}_k$ 幅值不变。

(3) 幅相控制：同时改变控制电压的大小和相位。

励磁绕组串接电容，同单相异步电动机分相原理相同，用于产生两相旋转磁场。

3. 机械特性

交流伺服电动机的机械特性曲线如图 2-52 所示。由图可见，在一定负载转矩 T_L 下，控制电压 $\dot{U}_k$ 越大，则转速 n 也越高；在一定控制电压下，负载转矩加大，转速下降。另外，特性曲线的斜率也随控制电压的大小不同而变化，表现为机械特性较软。这一点对以交流伺服电动机为执行元件的控制系统的稳定是不利的。交流伺服电动机的输出功率一般在 $0.1 \sim 100$ W 之间，电源频率有 50 Hz 和 400 Hz 之分。

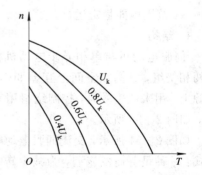

图 2-52　交流伺服电动机的机械特性

2.6.3　交流测速发电机

交流测速发电机广泛应用于自动控制系统中，用以检测转速信号，便于自动控制。其结构与两相伺服电机相同。目前应用较多的是空心杯型转子测速发电机，它的定子绕组也是两相的，即励磁绕组 m 和输出绕组 k，它们在空间上互差 90°，如图 2-53 所示。

工作原理如下：

当 $n=0$，即转子不动时，如果在励磁绕组上施加一频率为 f_1 的交流电压 $\dot U_{\mathrm m}$，励磁绕组中便有电流 $\dot I_{\mathrm m}$ 流过，并产生脉动磁场 $\dot\Phi_{\mathrm m}$。$\dot\Phi_{\mathrm m}$ 的轴线与 m 绕组轴线重合，与 k 绕组轴线垂直。当 $\dot\Phi_{\mathrm m}$ 交变时，输出绕组 k 并不会产生变压器电势，故测速发电机无输出。

当转子以转速 n 旋转时，转子导体就要切割磁通 $\dot\Phi_{\mathrm m}$，感应出运动电势 $\dot E_{\mathrm R}$。在图 2-53 所示的转向及磁通方向下，转子导体感应电动势的方向上半圆为 ⊙，下半圆为 ⊗。由于转子是闭合绕组，因此有电流

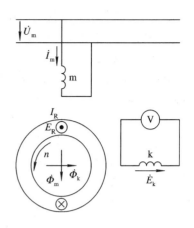

图 2-53　测速发电机的接线图和工作原理

产生，其方向与电势方向一致。转子电流产生的磁通按右手螺旋定则确定，如图中 $\dot\Phi_{\mathrm k}$ 箭头所示。$\dot\Phi_{\mathrm k}$ 方向与 k 绕组轴线相重合，且 $\dot\Phi_{\mathrm k}$ 是交变的，故在绕组 k 中感应产生电势 $\dot E_{\mathrm k}$，$\dot E_{\mathrm k}$ 的大小与电机转速 n 呈线性关系。因为产生 $\dot E_{\mathrm k}$ 的磁通 $\dot\Phi_{\mathrm k}$ 的大小是与 $\dot I_{\mathrm R}$ 的大小成正比的，$\dot I_{\mathrm R}$ 的大小又取决于运行电势 $\dot E_{\mathrm R}$ 的大小，而 $\dot E_{\mathrm R}$ 的大小与转速 n 成正比，所以 $\dot E_{\mathrm k}$ 的大小与转速 n 成正比，即测速发电机的输出电压与电机转速呈直线关系，可从电压表读数直观地反映电机的转速。

2.6.4　步进电动机

步进电动机又称脉冲马达，是将电脉冲信号转换为线位移或角位移的电动机。近年来，随着电子技术和计算机技术的迅速发展，步进电动机的应用日益广泛。例如，数控机床、绘图机、自动记录仪表和数/模变换装置中，都使用了步进电动机，尤其在数字控制系统中，步进电动机的应用日益广泛。

1. 步进电动机的分类和结构

步进电动机分为永磁式、感应永磁式和反应式步进电动机。目前应用最多的是反应式步进电动机。

六极反应式步进电动机的结构如图 2-54 所示。它分为定子和转子两部分。它的定子具有分布均匀的六个磁极，磁极上装有绕组，两个相对的磁极组成一相，绕组的连接如图 2-54 所示。转子具有均匀分布的四个齿。

反应式步进电动机定子相数用 m 表示，一般定子相数 $m=2，3，4，5，6$，则定子磁极的个数就为 $2m$，每两个相对的磁极套着该相绕组。转子齿数用 $Z_{\mathrm r}$ 表示。图 2-54 中，转子齿数为 $Z_{\mathrm r}=4$。

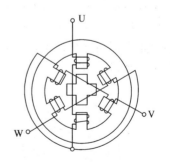

图 2-54　反应式步进电动机的结构示意图

2. 步进电动机的工作原理

下面以三相六极反应式步进电动机为例，介绍其工作原理。

反应式步进电动机按其相电流通电的顺序不同使它作旋转运动，有三种工作方式，即单三拍，单、双六拍和双三拍工作方式。

1）单三拍方式

如图 2-55 所示，设三相步进电动机 U 相首先通电，V、W 相不通电，则产生 AA' 轴线方向的磁通，并通过转子形成闭合回路，形成 AA' 极的电磁铁。在磁场作用下，由矩角特性，转子力图使 θ 角为零，即转到转子齿与 AA' 轴线对齐的位置。接着 V 相通电，U、W 两相不通电，转子又顺时针转过 $30°$，使 2、4 齿与 BB' 极对齐。随后 W 相通电，U、V 相不通电，转子又顺时针转过 $30°$，使齿 3、1 与 CC' 极对齐。当电脉冲信号以一定频率，按 U—V—W—U 的顺序轮流通电时，不难理解，电动机转子便按顺时针方向一步一步地转动起来。每步的转角为 $30°$（称为步距角 θ_b），相电流换接三次，磁场旋转一周，转子前进一个步距角，即 $3×30°=90°$。步进电动机的步距角可按下式计算：

$$\theta_b = \frac{360°}{mZ_rC} \tag{2-53}$$

式中，m 为步进电机的相数；Z_r 为步进电机转子的齿数；单拍或双拍方式工作时 $C=1$，单、双拍混合方式工作时 $C=2$。

如果三相电流脉冲的通电顺序改为 U—W—V—U，则电机转子便按逆时针方向转动。

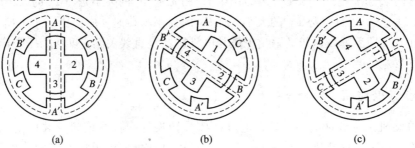

图 2-55　单三拍方式时转子的位置

(a) U 相通电；(b) V 相通电；(c) W 相通电

2）双三拍方式

上面讨论的是三相六极步进电动机单三拍方式。每改变一次通电方式叫一拍，三拍是指改变三次通电方式为一个通电循环。"单"是指每拍只有一相定子绕组通电。双三拍方式是指每拍有两相绕组通电，通电顺序为 UV—VW—WU—UV 或 UW—WV—VU—UW，三拍为一个通电循环。双三拍工作方式时转子的位置如图 2-56 所示。

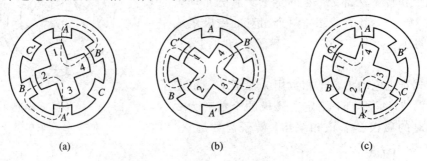

图 2-56　三相双三拍方式时转子的位置

(a) U、V 相通电；(b) V、W 相通电；(c) W、U 相通电

双三拍方式步矩角 $\theta_b = \dfrac{360^\circ}{3 \times 4} = 30^\circ$，与单三拍方式相同。但是，双三拍方式中，在每一步的平衡点，转子受到两个相反方向的转矩而平衡，因而其稳定性优于单三拍方式。

3）三相单、双六拍方式

单、双六拍工作方式也称六拍方式。设 U 相首先通电，转子齿1、3稳定于 AA' 磁极轴线，见图 2-57(a)，然后在 U 相继续通电的情况下，接通 V 相。这时定子 BB' 磁极对转子齿2、4产生拉力，使转子顺时针转动，但此时 AA' 极继续拉住齿1、3，转子转到两个磁拉力平衡为止，转子位置如图 2-57(b)所示。从图中可以看到，转子从 A 位置顺时针转过了15°角。接着，U 相断电，V 相继续通电，这时转子齿2、4又和 BB' 磁极对齐而平衡，转子从图(b)位置又转过了15°角，如图 2-57(c)所示。在 V 相通电的情况下，W 相又通电，这时 BB' 和 CC' 共同作用使转子又转过了15°角，其位置如图 2-57(d)所示。依此规律，按 U—UV—V—VW—W—WU—U 的顺序循环通电，则转子便顺时针一步一步地转动。电流换接六次，磁场旋转一周，其步距角 $\theta_b = 15^\circ$。如果按 U—UW—W—WV—V—VU—U 的顺序通电，则电机逆时针方向转动。六拍方式的步距角 $\theta_b = 15^\circ$，其运行稳定性比前两种方式更好。

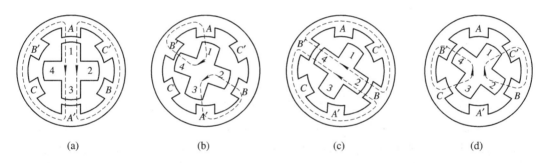

(a)　　　　　　(b)　　　　　　(c)　　　　　　(d)

图 2-57　三相单、双六拍方式时转子的位置

(a) U 相通电；(b) UV 相通电；(c) V 相通电；(d) VW 相通电

3. 步进电动机的转速

步进电动机的转速可以通过下式计算：

$$n = \frac{60f}{mZ_rC} \qquad (2-54)$$

式中，f 为步进电机的通电脉冲频率；m 为步进电机的相数；Z_r 为步进电机转子的齿数；单拍或双拍方式工作时 $C=1$，单双拍混合方式工作时 $C=2$。

实际的步进电动机，步距角做得很小。国内常见的反应式步进电动机的步距角有 $1.2^\circ/0.6^\circ$、$1.5^\circ/0.75^\circ$、$1.8^\circ/0.9^\circ$、$2^\circ/1^\circ$、$3^\circ/1.5^\circ$、$4.5^\circ/2.25^\circ$ 等。步进电动机一般采用专用驱动电源进行调速控制，驱动电源主要由脉冲分配器和脉冲功率放大器两部分组成。

2.6.5　直线电动机

直线电动机就是把电能转换成直线运动的机械能的电动机。对于做直线运动的生产机械，使用直线电动机可以省却一套将旋转运动转换成直线运动的连杆转换机构，因而可使系统结构简单，运行效率和传动精度均较高。

与旋转电动机对应，直线电动机也可分为直线异步电动机、直线同步电动机、直线直流电动机和特种直线电动机。其中以直线异步电动机应用最广泛，在此主要介绍直线异步电动机。

1. 直线异步电动机的分类和结构

直线异步电动机主要有平板型、圆筒型和圆盘型三种形式。

1）平板型直线异步电动机

平板型直线电动机可以看成是从旋转电动机演变而来的。可以设想，有一极数很多的三相异步电动机，其定子半径相当大，定子内表面的某一段可以认为是直线，则这一段便是直线电动机。也可以认为把旋转电动机的定子和转子沿径向剖开，并展成平面，就得到了最简单的平板型直线电动机，如图2-58所示。

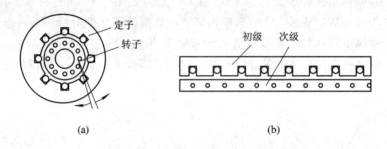

(a)　　　　　　　　　　　(b)

图2-58　直线电动机的形成

(a) 旋转电动机；(b) 直线异步电动机

旋转电动机的定子和转子，在直线电动机中称为初级和次级。直线电动机的运行方式可以是固定初级，让次级运动，此时称为动次级；相反，也可以固定次级而让初级运动，此时称为动初级。为了在运动过程中始终保持初级和次级耦合，初级和次级的长度不应相同，可以使初级长于次级，称为短次级；也可以使次级长于初级，称为短初级，如图2-59所示。由于短初级结构比较简单，制造和运行成本较低，故一般常用短初级。

(a)　　　　　　　　　　　　　(b)

图2-59　平板型直线电动机(单边型)

(a) 短初级；(b) 短次级

图2-59所示的平板型直线电动机仅在次级的一边具有初级，这种结构形式称为单边型。

单边型除了产生切向力外，还会在初、次级间产生较大的法向力，这在某些应用中是不希望的。为了更充分地利用次级和消除法向力，可以在次级的两侧都装上初级，这种结构称为双边型，如图2-60所示。

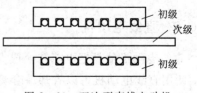

图2-60　双边型直线电动机

平板型直线异步电动机的初级铁芯由硅钢片叠成，表面开有齿槽，槽中安放着三相、两相或单相绕组。它的次级形式较多，有类似鼠笼型转子的结构，即在钢板上（或铁芯叠片里）开槽，槽中放入铜条或铝条，然后用铜带或铝带在两侧端部短接，但由于其工艺和结构较复杂，因此在短初级直线电动机中很少采用。最常用的次级有三种：第一种用整块钢板制成，称为钢次级或磁性次级，这时，钢既起导磁作用，又起导电作用；第二种为钢板上覆合一层铜板或铝板，称为覆合次级，钢主要用于导磁，而铜或铝用于导电；第三种是单纯的铜板或铝板，称为铜（铝）次级或非磁性次级，这种次级一般用于双边型电机中。

2）圆筒型（或称管型）直线异步电动机

若将平板型直线异步电动机沿着与移动方向相垂直的方向卷成圆筒，即成为圆筒型直线异步电动机，如图 2 – 61 所示。

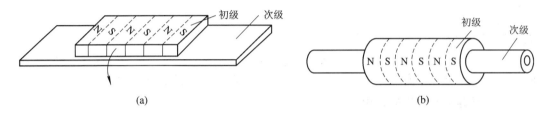

图 2 – 61　圆筒型直线异步电动机

(a) 平板型；(b) 圆筒型

3）圆盘型直线异步电动机

若将平板型直线异步电动机的次级制成圆盘型结构，并能绕经过圆心的轴自由转动，使初级放在圆盘的两侧，使圆盘在电磁力作用下自由转动，便成为圆盘型直线电动机，如图 2 – 62 所示。

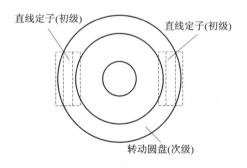

图 2 – 62　圆盘型异步电动机

2. 直线异步电动机的工作原理

由上所述，直线电动机是由旋转电动机演变而来的，因而在初级的多相绕组中通入多相电流后，也会产生一个气隙基波磁场，但这个磁场不是旋转的，而是沿直线移动的，称为行波磁场。行波磁场在空间作正弦分布，如图 2 – 63 所示。它的移动速度为

$$v_1 = 2p\tau \frac{n_1}{60} = 2\tau \frac{pn_1}{60} = 2\tau f_1 (\text{cm/s}) \qquad (2-55)$$

式中，τ 为极距（cm）；f_1 为电流频率（Hz）。

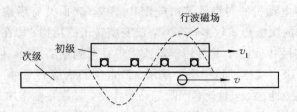

图 2-63 直线异步电动机的工作原理

行波磁场切割次级导条，将在其中感应出电动势并产生电流，该感应电流与行波磁场相互作用，产生电磁力，使次级跟随行波磁场移动。若次级的运动速度为 v，则直线异步电动机的转差率为

$$s = \frac{v_1 - v}{v_1} \tag{2-56}$$

将式（2-56）代入式（2-55），则得

$$v = 2\tau f_1(1 - s) \tag{2-57}$$

由式（2-57）可知，改变极距 τ 和电源频率 f_1，均可改变次级的移动速度。

3. 直线异步电动机的应用

直线异步电动机主要应用在各种工业直线传动的电力拖动系统中，如自动搬运装置、传送带、带锯、直线打桩机及磁悬浮高速列车等，也用于自控系统中，如液态金属电磁泵、门阀、开关自动关闭装置及自动生产线机械手等。

直线异步电动机与磁悬浮技术相结合应用于高速列车上，可使列车达到高速而无振动噪声行驶，并使其成为一种最先进的地面交通工具。

本 章 小 结

三相异步电动机由于结构简单、运行可靠、制造容易、成本较低、效率较高、坚固耐用等优点，在工农业生产中应用非常广泛。本章从电机的结构和工作原理、运行特性、启动、调速、制动、特殊电机等六个方面研究三相异步电动机。

（1）绕组是三相异步电动机结构的主要组成部分，其连接方法有绕组展开图法、绕组接线图法、接线原理简图法、引出端子接线图法等，掌握其中一种即可清楚电机绕组的接线关系。

（2）三相异步电动机靠电磁感应作用来工作，其转子电流是感应产生的，所以异步电动机又叫感应电动机。三相异步电动机定子绕组通入三相交流电，在定子中产生旋转磁场，从而带动转子旋转。定子旋转磁场的转速为同步转速，其大小为 $n_1 = \frac{60f}{p}$。转子的转速为 $n = \frac{60f}{p}(1-s)$。

单相异步电动机只加单相交流电，定子绕组中产生脉动磁场，若要单相电机启动，则必须有启动绕组与其定子绕组共同产生旋转磁场使电机旋转。

（3）三相异步电动机靠电磁转矩将电能转换成机械能输出，有三个表达式。

物理表达式：$T_{em} = C_T \Phi_0 I_2' \cos\varphi_2$。

参数表达式：$T_{em} = \dfrac{m_1 p U_1^2 \dfrac{R_2'}{s}}{2\pi f_1 \left[\left(R_1 + \dfrac{R_2'}{s} \right)^2 + (X_1 + X_2')^2 \right]}$。

实用表达式：$T_{em} = \dfrac{2T_m}{\dfrac{s}{s_m} + \dfrac{s_m}{s}}$。

异步电动机机械特性的三种表达式虽然都能用来表征电动机的运行性能，但其应用场合各有不同。一般来说，物理表达式适用于对电动机的运行作定性分析；参数表达式适用于分析各种参数变化对电动机运行性能的影响；实用表达式适用于电动机机械特性的工程计算。

（4）三相异步电动机的启动。

启动要求：启动转矩大，启动电流小。

启动方法有：① 三相鼠笼式异步电动机的全压启动；② 三相鼠笼式异步电动机定子回路串电阻器降压启动；③ 三相鼠笼式异步电动机星形-三角形（Y-△）转换降压启动；④ 三相鼠笼式异步电动机延边三角形降压启动；⑤ 三相鼠笼式异步电动机自耦变压器降压启动；⑥ 三相绕线式异步电动机转子回路中串入电阻启动；⑦ 三相绕线式异步电动机转子串频敏变阻器启动。

（5）三相异步电动机的调速方法有：① 变极调速；② 变频调速；③ 变压调速；④ 串变阻器调速；⑤ 串极调速。其中，变频调速性能与直流电动机性能接近，是发展趋势。随着变频器的出现，三相异步电动机的变频调速在工业生产中的应用越来越普遍。

（6）三相异步电动机的制动方法有：① 能耗制动；② 回馈制动；③ 反接制动。

（7）特殊电机的应用很广泛，应对其结构和工作原理有一定了解。

思 考 题

2-1 三相异步电动机是由哪几部分组成的？各部分的作用是什么？

2-2 三相异步电动机是怎样旋转起来的？它的转数为什么永远小于旋转磁场的速度？三相圆形旋转磁动势的特点有哪些？

2-3 运行中的三相异步电动机一相电源断线，电动机还可以继续转动，如果把电动机停下来，则无法再启动，为什么？

2-4 异步电动机定子绕组有几种连接方法？若电动机的额定电压为 380 V/660 V，接入三相电源的线电压为 380 V，则电动机定子绕组应采用何种接法？如果改变接法，则电动机每相绕组的电压如何变化？

2-5 什么是极距？什么是节距？长节距绕组和短节距绕组有什么区别？试举例说明。

2-6 单层绕组和双层绕组都有几种结构形式？分析它们的优、缺点。

2-7 画出三相四极 36 槽电动机单层交叉式绕组的展开图，并分析其接线及嵌线规律。

2-8 电动机绕组在接线时线头很多，怎样才能不接错？

2-9　三相异步电动机为什么会旋转？怎样改变它的方向？

2-10　什么是异步电动机的转差率？如何根据转差率来判断异步电动机的运行状态？

2-11　在三相绕线式异步电动机中，如将定子三相绕组短接，并且通过滑环向转子绕组通入三相交流电流，转子旋转磁场若为顺时针方向，这时电动机能转吗？如能旋转，其转向如何？

2-12　异步电动机为什么又称感应电动机？

2-13　一台三相单层绕组电机，极数 $2p=4$，定子槽数 $Z_1=36$，每相并联支路数 $a=2$，试列出 $60°$ 带的分相情况，并画出三相单层交叉式绕组展开图。

2-14　交流电机一相绕组电动势的频率、波形、大小与哪些因素有关？其中哪些由结构决定？哪些由运行条件决定？

2-15　交流电机三相绕组合成基波圆形旋转磁场的幅值大小、空间位置、转速和转向各与哪些因素有关？其中哪些因素由结构决定？哪些由运行条件决定？

2-16　异步电动机在启动及空载运行时，为什么功率因数较低？当满载运行时，功率因数为什么会较高？

2-17　当异步电动机运行时，设外加电源的频率为 f_1，电机运行时转差率为 s，问：定子电动势的频率是多少？转子电动势的频率是多少？由定子电流所产生的旋转磁动势以什么速度截切定子？又以什么速度截切转子？由转子电流产生的旋转磁动势以什么速度截切转子？又以什么速度截切定子？

2-18　试说明异步电动机转轴上机械负载增加时，电动机的转速 n、定子电流 I_1 和转子电流 I_2 如何变化？为什么？

2-19　三相异步电动机带额定负载运行时，如果负载转矩不变，当电源电压降低时，电动机的 n、I_1、I_2 和 Φ_0 如何变化？为什么？

2-20　一台异步电动机额定运行时，通过气隙传递的电磁功率约有 3% 转化为转子铜损耗，这时电动机的转差率是多少？有多少转化为总机械功率？

2-21　一台 $P_N=4.5$ kW、Y-△ 连接、380/220 V、$\cos\varphi_N=0.8$、$\eta_N=0.8$、$n_N=1450$ r/min 的三相异步电动机，试求：

(1) 接成 Y 连接及 △ 连接时的额定电流；

(2) 同步转速 n_1 及定子磁极对数 p；

(3) 带额定负载时的转差率 s_N。

2-22　一台六极异步电动机，额定功率 $P_N=28$ kW，额定电压 $U_N=380$ V，频率为 50 Hz，额定转速 $n_N=950$ r/min，额定负载时 $\cos\varphi_N=0.88$，$P_{Cu1}+P_{Fe}=2.2$ kW，$P_{mec}=1.1$ kW，$P_{ad}=0$。试计算在额定负载时的 s_N、P_{Cu2}、η_N、I_1 和 f_2。

2-23　一台三相四极 Y 连接的异步电动机，$P_N=10$ kW，$U_N=380$ V，$I_N=11.6$ A，额定运行时，$P_{Cu1}=560$ W，$P_{Cu2}=310$ W，$P_{Fe}=270$ W，$P_{mec}=70$ W，$P_{ad}=200$ W。试求额定运行时的额定转速 n_N、空载转矩 T_0、输出转矩 T_2 和电磁转矩 T_{em}。

2-24　已知一台三相异步电动机定子输入功率为 60 kW，定子铜损耗为 600 W，铁损耗为 400 W，转差率为 0.03，试求电磁功率 P_{em}、总机械功率 P_{mec} 和转子铜损耗 P_{Cu2}。

2-25　一台 $P_N=5.5$ kW、$U_N=380$ V、$f_1=50$ Hz 的三相四极异步电动机，在某运行情况下，自定子方面输入的功率为 6.32 kW，$P_{Cu1}=341$ W，$P_{Cu2}=237.5$ W，$P_{Fe}=167.5$ W，

$P_{mec}=45$ W，$P_{ad}=29$ W。试绘出该电动机的功率流程图，并计算在该运行情况下电动机的效率、转差率、转速、空载转矩、输出转矩和电磁转矩。

2-26 有一台四极异步电动机，$P_N=10$ kW，$U_N=380$ V，$f_1=50$ Hz，转子铜损耗 $P_{Cu2}=314$ W，附加损耗 $P_{ad}=102$ W。机械损耗 $P_{mec}=175$ W。求电动机的额定转速及额定电磁转矩。

2-27 异步电动机的定子、转子电路之间并无电的直接联系，当负载增加时，为什么定子电流和输入功率会自动增加？

2-28 已知一台三相 50 Hz 绕线式异步电动机，额定数据为：$P_N=100$ kW，$U_N=380$ V，$f_1=50$ Hz，$n_N=950$ r/min，在额定转速下运行时，机械损耗 $P_{mec}=0.7$ kW，附加损耗 $P_{ad}=0.3$ kW。求额定运行时：

(1) 额定转差率 s_N；

(2) 电磁功率 P_{em}；

(3) 转子铜损耗 P_{Cu2}；

(4) 输出转矩 T_2；

(5) 空载转矩 T_0；

(6) 电磁转矩 T_{em}。

2-29 三相异步电动机的定子电压、转子电阻及定、转子漏电抗对最大转矩、临界转差率及启动转矩有何影响？

2-30 一台额定频率为 60 Hz 的三相异步电动机，用在频率为 50 Hz 的电源上（电压大小不变），电动机的最大转矩和启动转矩有何变化？

2-31 为什么通常把三相异步电动机机械特性的直线段认为是稳定运行段，而把机械特性的曲线段认为是不稳定运行段？曲线段是否有稳定运行点？

2-32 三相异步电动机直接启动时，为什么启动电流很大，而启动转矩却不大？

2-33 三相鼠笼式异步电动机在什么条件下可以直接启动？不能直接启动时，应采用什么方法？

2-34 三相鼠笼式异步电动机采用自耦变压器降压启动时，启动电流和启动转矩与自耦变压器的变比有什么关系？

2-35 什么是三相异步电动机的 Y-△ 降压启动？它与直接启动相比，启动转矩和启动电流有何变化？

2-36 三相绕线式异步电动机转子回路串接适当的电阻时，为什么启动电流减小，而启动转矩增大？如果串接电抗器，会有同样的结果吗？为什么？

2-37 为使三相异步电动机快速停车，可采用哪几种制动方法？如何改变制动的强弱？试用机械特性说明其制动过程。

2-38 当三相异步电动机拖动位能性负载时，为了限制负载下降时的速度，可采用哪几种制动方法？如何改变制动运行时的速度？制动运行时的能量关系如何？

2-39 三相异步电动机怎样实现变极调速？变极调速时为什么要改变定子电源的相序？

2-40 三相异步电动机变频调速时，其机械特性有何变化？

2-41 三相异步电动机在基频以下和基频以上变频调速时，应按什么规律来控制定子电压？为什么？

2-42　三相绕线式异步电动机转子串接电抗能否实现调速？这时的机械特性有何变化？

2-43　一台三相异步电动机的额定数据为 $P_N = 7.5 \ \text{kW}$，额定电压 $U_N = 380 \ \text{V}$，频率为 50 Hz，额定转速 $n_N = 1440$，$\lambda_T = 2.2$。

(1) 试求临界转差率 s_m。

(2) 试求机械特性实用表达式。

(3) 电磁转矩为多大时电动机的转速为 1300 r/min？

(4) 绘制出电动机的固有机械特性曲线。

2-44　一台三相绕线式异步电动机的数据为 $P_N = 11 \ \text{kW}$，$n_N = 715 \ \text{r/min}$，$E_{2N} = 163 \ \text{V}$，$I_{2N} = 47.2 \ \text{A}$，启动时的最大转矩与额定转矩之比为 $T_1/T_N = 1.8$，负载转矩 $T_L = 98 \ \text{N} \cdot \text{m}$，求三级启动时的每级启动电阻。

2-45　一台三相绕线式异步电动机的数据为 $P_N = 75 \ \text{kW}$，$U_N = 380 \ \text{V}$，$n_N = 970 \ \text{r/min}$，$\lambda_T = 2.05$，$E_{2N} = 238 \ \text{V}$，$I_{2N} = 210 \ \text{A}$，定、转子绕组均为 Y 连接。拖动额定恒转矩负载运行时，若在转子回路中串接三相对称电阻 $R = 0.8 \ \Omega$，则电动机的稳定转速为多少？运行于什么状态？

2-46　某三相绕线式异步电动机的数据为 $P_N = 5 \ \text{kW}$，$U_N = 380 \ \text{V}$，$n_N = 960 \ \text{r/min}$，$\lambda_T = 2.3$，$E_{2N} = 164 \ \text{V}$，$I_{2N} = 20.6 \ \text{A}$，拖动 $T_L = 0.75 T_N$ 的恒转矩负载运行，现采用电源反接制动进行停车，要求最大制动转矩为 $1.8 T_N$，求转子每相应串接多大的制动电阻。

2-47　假如有一台星形连接的三相异步电动机，在运行中突然切断三相电流，并同时将任意两相定子绕组（如 U、V 相）立即接入直流电源，这时异步电动机的工作状态如何？试画图分析。

第 3 章 变 压 器

学 习 目 标

◇ 熟悉变压器的作用、基本结构及工作原理。
◇ 掌握变压器的运行原理、等效电路及平衡方程式。
◇ 熟悉变压器空载和短路试验的目的、线路、方法和技巧。
◇ 掌握变压器同名端的判定方法和三相变压器连接组别。
◇ 掌握自耦变压器、电流互感器、电压互感器的特点及其注意事项。

变压器是一种静止的电气设备,它利用电磁感应原理,把一种电压等级的交流电转换成同一频率的另一种电压等级的交流电。变压器是电力系统中的重要设备,它不仅在电能的传输、安全使用上有重要作用,而且广泛应用于电气控制系统、电子技术领域、焊接技术领域等。

3.1 变压器的工作原理

3.1.1 变压器的结构和分类

1. 变压器的基本结构

变压器的主要组成部分是铁芯和原、副绕组。大、中容量的电力变压器为了散热的需要,将变压器的铁芯和绕组浸入封闭的油箱中,对外线路的连接由绝缘套管引出。因此,电力变压器还有绝缘套管、油箱及其他附件。图 3-1 所示是一台油浸式电力变压器的外形结构图。

1)铁芯

铁芯是变压器的磁路系统,同时又是绕组的支撑骨架。铁芯由铁芯柱和铁轭两部分组成,如图 3-2 所示。铁芯柱上套绕组,铁轭将铁芯柱连接起来形成闭合磁路。对铁芯的要求是导磁性能好,磁滞损耗和涡流损耗要尽量小,因此均采用硅钢片制成。目前国产低损耗节能变压器均采用有取向的冷轧硅钢片,其铁损耗低,且铁芯叠装系数高。随着科学技术的进步,目前采用铁基、铁镍基等非晶体材料来制作变压器的铁芯,这种铁芯具有体积小、效率高、节能等优点,极有发展前途。

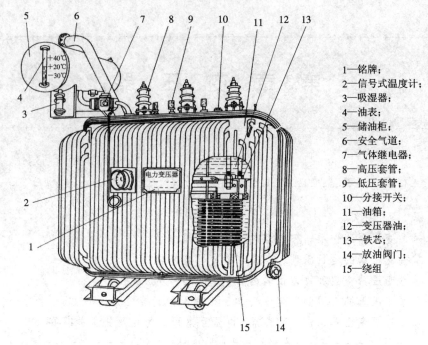

1—铭牌；
2—信号式温度计；
3—吸湿器；
4—油表；
5—储油柜；
6—安全气道；
7—气体继电器；
8—高压套管；
9—低压套管；
10—分接开关；
11—油箱；
12—变压器油；
13—铁芯；
14—放油阀门；
15—绕组

图 3-1　油浸式电力变压器的外形结构图

变压器的铁芯结构有心式和壳式两类。心式结构的特点是铁芯柱被绕组包围，如图3-3(b)所示；壳式结构的特点是铁芯包围绕组的顶面、底面和侧面，如图3-3(a)所示。心式铁芯结构简单，绕组装配和绝缘比较容易；壳式铁芯机械强度好，但制造复杂，铁芯所用材料较多。电力变压器中的铁芯主要采用心式结构。

根据变压器制作工艺的不同，铁芯可分为叠片式和卷心式两种。

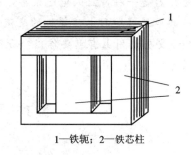

1—铁轭；2—铁芯柱

图 3-2　变压器铁芯

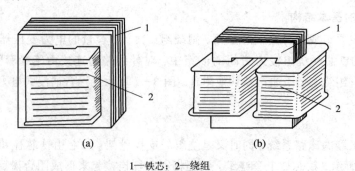

(a)　　　　　　　　　　(b)

1—铁芯；2—绕组

图 3-3　单相变压器结构

(a) 壳式变压器；(b) 心式变压器

心式变压器的叠片一般用"口"字形或斜"口"字形硅钢片交叉叠成；壳式变压器的叠片一般用 E 形或 F 形硅钢片交叉叠成，如图 3-4 所示。为了减小铁芯磁路的磁阻，要求铁芯在装配时，接缝处的气隙越小越好。

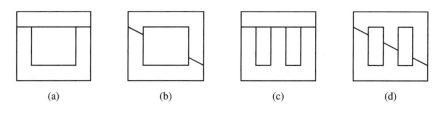

图 3-4 常见变压器铁芯形式

（a）心式口形；（b）心式斜口形；（c）壳式 E 形；（d）壳式 F 形

2）绕组

变压器的绕圈通常称为绕组，它是变压器的电路部分，由铜或铝绝缘导线绕制而成，容量稍大的变压器则用扁铜线或扁铝线绕制而成。

在变压器中，接到高压电网的绕组称为高压绕组，接到低压电网的绕组称为低压绕组。按照高压绕组和低压绕组的相互位置和形状的不同，绕组可以分为同心式和交叠式两种。同心式绕组的高、低压绕组同心地套在铁芯柱上，如图 3-5(a)所示。小容量单相变压器一般采用此种结构。为了便于绝缘，低压绕组靠近铁芯柱，高压绕组套在低压绕组的外面，两个绕组之间留有油道。交叠式绕组的高、低压绕组交叠放置在铁芯上，如图 3-5(b)所示。为了减小绝缘距离，通常低压绕组靠近铁轭。同心式绕组的结构简单，制造方便，故电力变压器多采用这种方式；交叠式绕组机械强度好，引出线布置方便，多用于低电压大电流的电焊、电炉变压器及壳式变压器。

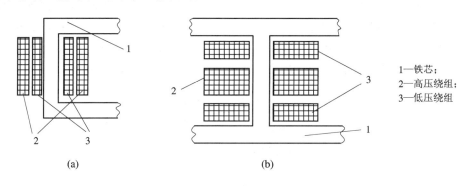

1—铁芯；
2—高压绕组；
3—低压绕组

图 3-5 变压器的绕组

（a）同心式绕组；（b）交叠式绕组

变压器在工作时，绕组和铁芯都要发热，故要考虑冷却问题。小容量的变压器可以采用空气自冷方式，即通过绕组和铁芯直接将热量散失到周围的空气中；大容量的变压器则需采用专门的冷却措施，常用的是将绕组和铁芯放在盛满变压器油的油箱中，热量通过油箱中的油散失到周围的空气中，油箱的外壁装有散热片或油管，这种方式称为油浸自冷式。此外，还有强迫通风或强迫油循环等冷却方式。

2. 变压器的分类

变压器的种类很多，可以按用途、结构、相数、冷却方式等来进行分类。

按用途不同，可以分为电力变压器（主要用在输配电系统中，又分为升压变压器、降压变压器和配电变压器)和特种变压器(如仪用变压器、试验变压器、电炉变压器、电焊变压器等)。

按绕组数不同,可分为单绕组(自耦)变压器、双绕组变压器、三绕组变压器和多绕组变压器等。

按相数的不同,可分为单相变压器、三相变压器和多相变压器。

按铁芯结构的不同,可分为心式变压器和壳式变压器。

按冷却介质和冷却方式的不同,可分为空气自冷式(或称为干式)变压器、油浸式变压器和充气式变压器。

电力变压器按容量大小通常分为小型变压器(容量为 $10\sim630$ kV·A)、中型变压器(容量为 $800\sim6300$ kV·A)、大型变压器(容量为 $8000\sim63\,000$ kV·A)和特大型变压器(容量在 $90\,000$ kV·A 及以上)。

3.1.2　变压器的工作原理

由于变压器是在交流电源上工作的,因此通过变压器的电压、电流、磁通及电动势的大小和方向都随时间不断地变化。为了正确表达它们之间的相位关系,必须规定它们的参考方向。参考方向原则上可以任意规定,但为了统一起见,习惯上都按照"电工惯例"来规定参考方向:

(1) 同一支路中,电压的参考方向和电流的参考方向一致。

(2) 磁通的参考方向和电流的参考方向之间符合右手螺旋定则。

(3) 由交变磁通 Φ 产生的感应电动势 e,其参考方向与产生该磁通的电流方向一致。

图 3-6 所示是变压器的电路原理图。工作时,接电源的绕组为一次绕组,接负载的绕组为二次绕组。实际的变压器的两个绕组是同心地套在铁芯上的,为了分析问题方便,将两个绕组分别画在铁芯的左、右两边。N_1 和 N_2 分别为一、二次绕组的匝数。

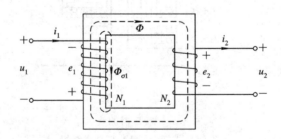

图 3-6　变压器的电路原理图

1. 理想变压器

变压器一次绕组接额定交流电压,而二次绕组开路,即 $i_2=0$ 的工作方式,称为变压器的空载运行。空载时在外加交流电压 u_1 的作用下,一次绕组中通过的电流称为空载电流 i_0。在电流 i_0 的作用下,铁芯中产生交变磁通,一部分通过铁芯磁路闭合形成主磁通 Φ,另一部分通过空气等非磁性物质构成漏磁通 $\Phi_{\sigma1}$。Φ 和 $\Phi_{\sigma1}$ 形成总磁通,其中 $\Phi_{\sigma1}$ 只是总磁通中很小的一部分,即 $\Phi\gg\Phi_{\sigma1}$。为了分析问题方便,不计漏磁通 $\Phi_{\sigma1}$,也不计一次绕组的电阻 r_1 及铁芯的损耗,这种变压器为理想变压器。主磁通 Φ 同时穿过一、二次绕组,分别在其中产生感应电动势 e_1 和 e_2。由电磁感应定律可知:

$$e = -\frac{\mathrm{d}\varphi}{\mathrm{d}t} = -N\frac{\mathrm{d}\Phi}{\mathrm{d}t} \tag{3-1}$$

假设 $\Phi = \Phi_\mathrm{m}\sin\omega t$，则感应电动势为

$$e_1 = -N_1\frac{\mathrm{d}}{\mathrm{d}t}(\Phi_\mathrm{m}\sin\omega t) = -\omega N_1\Phi_\mathrm{m}\cos\omega t$$

$$= 2\pi f N_1\Phi_\mathrm{m}\sin(\omega t - 90°) = E_{\mathrm{m}1}\sin(\omega t - 90°) \tag{3-2}$$

可见，在相位上，e_1 滞后于 Φ 90°。

同理，可得

$$e_2 = 2\pi f N_2\Phi_\mathrm{m}\sin(\omega t - 90°) = E_{\mathrm{m}2}\sin(\omega t - 90°)$$

$$E_1 = \frac{E_{\mathrm{m}1}}{\sqrt{2}} = \frac{2\pi N_1 f\Phi_\mathrm{m}}{\sqrt{2}} = 4.44N_1 f\Phi_\mathrm{m} \tag{3-3}$$

$$E_2 = \frac{E_{\mathrm{m}2}}{\sqrt{2}} = \frac{2\pi N_2 f\Phi_\mathrm{m}}{\sqrt{2}} = 4.44N_2 f\Phi_\mathrm{m} \tag{3-4}$$

其中，Φ_m 是交变磁通的最大值，单位为 Wb；N_1 为一次绕组的匝数；N_2 为二次绕组的匝数；f 为交流电的频率，单位为 Hz。

由式(3-3)和式(3-4)可知：

$$\frac{E_1}{E_2} = \frac{N_1}{N_2}$$

由于空载电流 i_0 很小，且不计一次绕组中的电阻 r_1 及铁芯损耗，因此

$$U_1 \approx E_1$$

空载时，二次绕组开路，故

$$U_2 = E_2$$

则得

$$\frac{U_1}{U_2} \approx \frac{E_1}{E_2} = \frac{N_1}{N_2} = K \tag{3-5}$$

式中，K 称为变压器的变比，是变压器中最重要的参数之一。由式(3-5)可见，变压器的变比等于一、二次绕组的匝数之比。当 $K > 1$ 时，是降压变压器；当 $K < 1$ 时，是升压变压器。

例 3-1 低压照明变压器一次绕组匝数 $N_1 = 1210$ 匝，一次绕组电压 $U_1 = 220$ V，现要求二次绕组输出电压 $U_2 = 36$ V，求二次绕组匝数 N_2 及变比 K。

解 由式(3-5)可知：

$$N_2 = \frac{U_2}{U_1}N_1 = \frac{36}{220} \times 1210 = 198 \text{ 匝}$$

$$K = \frac{N_1}{N_2} = \frac{1210}{198} = 6.1$$

2. 实际变压器

实际变压器的一次绕组有很小的电阻 r_1，空载电流流过它要产生电压降 $r_1\dot{I}_0$，它和感应电动势 $\dot{E}_1$、漏抗电动势 $\dot{E}_{\sigma 1}$ 一起为电源电压 $\dot{U}_1$ 所平衡，故电动势的平衡方程为

$$\dot{U} = -\dot{E}_1 - \dot{E}_{\sigma 1} + r_1\dot{I}_0 = -\dot{E}_1 + jX_{\sigma 1}\dot{I}_0 + r_1\dot{I}_0$$

$$= -\dot{E}_1 + \dot{Z}_{\sigma 1}\dot{I}_0 \tag{3-6}$$

式中：

$$\dot{E}_{\sigma 1} = -j\omega L_{\sigma 1}\dot{I}_0 = -jX_{\sigma 1}\dot{I}_0 \qquad (3-7)$$

$\dot{Z}_{\sigma 1} = r_1 + jX_{\sigma 1}$ 称为变压器的漏阻抗。由于 r_1、$X_{\sigma 1}$ 的值均很小，因此对于电力变压器，空载时原绕组的漏阻抗压降很小，其数值不超过 U_1 的 0.2%，可将其忽略，则式（3-6）变成

$$\dot{U}_1 = -\dot{E}_1 \qquad 或 \qquad U_1 = E_1$$

在二次绕组中，由于 $\dot{I}_2 = 0$，因此感应电动势 $\dot{E}_1$ 等于空载电压 $\dot{U}_2$，即

$$\dot{U}_2 = \dot{E}_2 \qquad 或 \qquad U_2 = E_2$$

3. 变压器的负载运行

变压器一次绕组接额定交流电源，二次绕组接负载的运行方式称为变压器的负载运行，如图 3-7 所示。

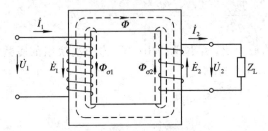

图 3-7 变压器负载运行原理图

1）负载运行情况

由前面分析可知，变压器空载运行时，二次绕组上的电流及其产生的磁通为零，二次绕组电路对一次绕组电路没有影响。在二次绕组接上负载以后，二次绕组便通过负载形成闭合回路，产生电流 $\dot{I}_2$，并产生磁通势 $N_2\dot{I}_2$，它也作用在变压器的主磁路上，从而改变原来的磁通势平衡。这时一次绕组中的电流由 $\dot{I}_0$ 增加为 $\dot{I}_1$，以抵消二次绕组电流产生的磁通势的影响。由此可知，磁通势平衡方程为

$$N_1\dot{I}_1 + N_2\dot{I}_2 = N_1\dot{I}_0 \qquad （\dot{I}_0 \text{ 为空载时次绕组中的电流}） \qquad (3-8)$$

将式（3-8）化简后为

$$\dot{I}_1 = \dot{I}_0 + \left(-\frac{N_2}{N_1}\dot{I}_2\right) = \dot{I}_0 + \left(-\frac{\dot{I}_2}{K}\right) \qquad (3-9)$$

通常变压器空载运行时 $\dot{I}_0$ 很小，因此由式（3-9）可以得到

$$\dot{I}_1 \approx -\frac{N_2}{N_1}\dot{I}_2 \qquad (3-10)$$

式（3-10）表明，$\dot{I}_1$ 和 $\dot{I}_2$ 在相位上相差 180°，其大小为

$$\frac{I_1}{I_2} \approx \frac{N_2}{N_1} \qquad (3-11)$$

结合式（3-5），可以得到

$$\frac{U_1}{U_2} \approx \frac{I_2}{I_1} \approx \frac{N_1}{N_2} = K \qquad (3-12)$$

式（3-12）是变压器最基本的公式。由式（3-12）可知，变压器的高压绕组匝数多，而通过的电流小，因此绕组所用的导线细；低压绕组匝数少，通过的电流大，所用的导线较粗。

2) 电动势平衡方程

变压器负载运行时, 一次绕组的电动势平衡方程为

$$\dot{U}_1 = -\dot{E}_1 + \mathrm{j}X_{\sigma 1}\dot{I}_1 + r_1\dot{I}_1 = -\dot{E}_1 + Z_{\sigma 1}\dot{I}_1 \tag{3-13}$$

式中, $Z_{\sigma 1} = r_1 + \mathrm{j}X_{\sigma 1}$ 为一次绕组中的漏阻抗; r_1、$X_{\sigma 1}$ 分别为一次绕组中的电阻和漏电抗。

同样, 二次绕组中也有电阻 r_2 存在, 同时二次绕组中也存在漏磁通 $\Phi_{\sigma 2}$, 如图 3-7 所示。故二次绕组中的电动势平衡方程为

$$\dot{U}_2 = \dot{E}_2 + \dot{E}_{\sigma 2} - r_2\dot{I}_2 = \dot{E}_2 - (r_2 + \mathrm{j}X_{\sigma 2})\dot{I}_2$$
$$= \dot{E}_2 - Z_{\sigma 2}\dot{I}_2 \tag{3-14}$$

式中, $Z_{\sigma 2} = r_2 + \mathrm{j}X_{\sigma 2}$ 为二次绕组中的漏阻抗; r_2、$X_{\sigma 2}$ 分别为二次绕组中的电阻和漏电抗。

4. 变压器的阻抗变换

变压器除了以上介绍的变电压、变电流的作用外, 还具有阻抗变换作用, 如图 3-8 所示。

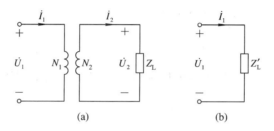

图 3-8 变压器的阻抗变换

(a) 等效前电路; (b) 等效后电路

在变压器的二次绕组接有阻抗为 Z_L 的负载后, 如果一、二次绕组的漏阻抗可以忽略不计, 则

$$Z_L = \frac{U_2}{I_2} = \frac{\dfrac{N_2}{N_1}U_1}{\dfrac{N_1}{N_2}I_1} = \left(\frac{N_2}{N_1}\right)^2 \frac{U_1}{I_1} = \frac{1}{K^2} \cdot Z'_L \tag{3-15}$$

式中, $Z'_L = \dfrac{U_1}{I_1}$ 相当于直接在一次绕组上的等效阻抗, 故

$$Z'_L = K^2 Z_L \tag{3-16}$$

可见, 负载通过变压器接电源时, 相当于阻抗增加到 Z_L 的 K^2 倍。在电子技术中, 经常利用变压器这一阻抗变换作用来实现 "阻抗匹配"。

例 3-2 一只电阻为 8 Ω 的扬声器, 需要把电阻提高到 800 Ω 才可以接到半导体收音机的输出端, 问利用电压比为多大的变压器才能实现这一阻抗匹配?

解 由式(3-16)得

$$K = \sqrt{\frac{Z'_L}{Z_L}} = \sqrt{\frac{800}{8}} = 10$$

3.1.3 变压器的损耗和效率

变压器利用电磁感应原理, 把输入的交流电变成频率相同而电压不同的交流电输出。

它能实现电能的传递。在传递的过程中，实际的损耗总是存在的。

1. 变压器的损耗

变压器的损耗包括铁损耗和铜损耗两部分。

1）铁损耗

当铁芯中的磁通交变时，在铁芯中要产生磁滞损耗和涡流损耗，这两项统称为铁损耗。磁滞损耗是磁性物质被交变磁化时要损耗的能量。涡流损耗是在交变磁场的作用下，铁芯中产生感应电动势，从而在垂直磁通方向的铁芯平面内产生旋涡状的感应电流，由此产生的功率损耗。当电源的电压一定时，铁损耗基本上是恒定的，因此也可以将铁损耗称为不变损耗，它与负载电流的大小和性质无关。

2）铜损耗

变压器中一、二次绕组中都有一定的电阻，当电流流过绕组时，就要发热并产生损耗，这种损耗就是铜损耗。变压器铜损耗取决于负载电流的大小和绕组的电阻值。

在一定的负载下，变压器的铜损耗为

$$P_{Cu} = r_1 I_1^2 + r_2 I_2^2 = r_1 \left(\frac{N_2}{N_1} I_2\right)^2 + r_2 I_2^2 = \left(\frac{r_1}{K^2} + r_2\right) I_2^2 \tag{3-17}$$

一般情况下，已知变压器的负载系数为 β，它是任意负载下副绕组的电流 I_2 与副绕组的额定电流 I_{2N} 的比值，即

$$\beta = \frac{I_2}{I_{2N}} \tag{3-18}$$

在短路试验中，副绕组流过额定电流 I_{2N}，原绕组流过额定电流 I_{1N}，那么这时的铜损耗可以认为是变压器额定负载时的铜损耗，即额定铜损耗：

$$P_{CuN} = r_1 I_{1N}^2 + r_2 I_{2N}^2 = \left(\frac{r_1}{K^2} + r_2\right) I_{2N}^2 \tag{3-19}$$

由式（3-17）和式（3-19），可得

$$P_{Cu} = \left(\frac{I_2}{I_{2N}}\right)^2 P_{CuN} = \beta^2 P_{CuN} \tag{3-20}$$

这说明，在某一负载下变压器的铜损耗等于变压器负载系数的平方与其额定铜损耗的乘积。

2. 变压器的效率

变压器在工作时存在两种基本损耗，即铜损耗和铁损耗，因此变压器的输入功率 P_1 大于输出功率 P_2，它们两者之差就是变压器的功率损耗。我们将输出功率 P_2 和输入功率 P_1 的比值定义为变压器的效率：

$$\eta = \frac{P_2}{P_1} \times 100\% = \left(1 - \frac{P_{Fe} + P_{Cu}}{P_2 + P_{Fe} + P_{Cu}}\right) \times 100\% \tag{3-21}$$

对于单相变压器，有

$$P_2 = U_2 I_2 \cos\varphi_2 = U_{2N} I_{2N} \beta \cos\varphi_2 = \beta S_N \cos\varphi_2 \tag{3-22}$$

式中，$U_2 = U_{2N}$；$S_N = U_{2N} I_{2N}$ 是变压器的容量。将铜损耗及铁损耗和式（3-22）代入式（3-21）可得

$$\eta = \left(1 - \frac{P_{Fe} + P_{Cu}}{P_2 + P_{Fe} + P_{Cu}}\right) \times 100\% = \left(1 - \frac{P_{Fe} + \beta^2 P_{CuN}}{\beta S_N \cos\varphi_2 + P_{Fe} + \beta^2 P_{CuN}}\right) \times 100\%$$

$$= \left(\frac{\beta S_N \cos\varphi_2}{\beta S_N \cos\varphi_2 + P_{Fe} + \beta^2 P_{CuN}}\right) \times 100\% \tag{3-23}$$

这是一个很实用的公式。一个实际的变压器 P_{Fe} 和 P_{Cu} 是一定的。由空载试验和短路试验可以测出，当负载的功率因数一定时，效率 η 只与负载系数 β 有关，即 $\eta = f(\beta)$，这个曲线称为变压器的效率曲线，如图 3-9 所示。

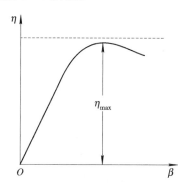

图 3-9　变压器的效率曲线

可以证明，当变压器的铜损耗等于铁损耗时，变压器的效率最高。中、小型变压器的效率在 95% 以上，大型变压器的效率可达 99% 以上。通常变压器的最高效率位于 $\beta = 0.5 \sim 0.6$ 之间，即

$$P_{Fe} = \beta^2 P_{CuN} = P_{Cu}, \quad \beta_m = \sqrt{\frac{P_{Fe}}{P_{CuN}}} \tag{3-24}$$

例 3-3　一台三相变压器，$S_N = 100$ kV·A，$P_0 = 600$ W，$P_{CuN} = 2400$ W，试计算：

(1) $\cos\varphi_2 = 0.8$ 且额定负载时的效率 η_N；

(2) 最高效率时的负载系数 β_m 和最高效率 η_{max}。

解　(1) $\beta = 1$ 时，得

$$\eta_N = \left(1 - \frac{P_{Fe} + \beta^2 P_{CuN}}{\beta S_N \cos\varphi_2 + P_{Fe} + \beta^2 P_{CuN}}\right) \times 100\%$$

$$= \left(1 - \frac{600 + 2400}{1 \times 100 \times 10^3 \times 0.8 + 600 + 1^2 \times 2400}\right) \times 100\%$$

$$= 96.39\%$$

(2)
$$\beta_m = \sqrt{\frac{P_{Fe}}{P_{CuN}}} = \sqrt{\frac{600}{2400}} = 0.5$$

$$\eta_{max} = \left(1 - \frac{P_{Fe} + P_{Cu}}{P_2 + P_{Fe} + P_{Cu}}\right) \times 100\% = \left(1 - \frac{2P_{Fe}}{P_2 + 2P_{Fe}}\right) \times 100\%$$

$$= \left(1 - \frac{2P_{Fe}}{\beta_m S_N \cos\varphi_2 + 2P_{Fe}}\right) \times 100\%$$

$$= \left(1 - \frac{2 \times 600}{0.5 \times 100 \times 10^3 \times 0.8 + 2 \times 600}\right) \times 100\%$$

$$= 97.09\%$$

3.1.4　变压器的空载试验和短路试验

1. 变压器的空载试验

变压器的空载试验是变压器的基本试验之一，其目的是测量变压器在空载运行时的变比、空载电流、空载损耗功率和励磁阻抗等，其试验线路如图 3-10 所示。

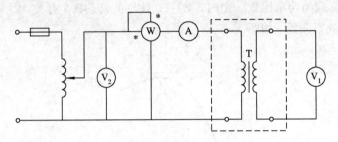

图 3-10　变压器的空载试验电路

空载试验在高压侧或低压侧进行都可以，为了安全起见，通常在低压侧进行，而将高压侧空载。由于变压器空载运行时的空载电流很小，功率因数很低，因此所用的功率表应为低功率因数功率表，并将电压表接在功率表的前面，从而减小误差。

1）测变比

在变压器的空载试验中，将变压器的高压侧接电压表，试验时调节变压器使低压侧达到额定电压 U_{2N}，这时高压侧的空载电压也是额定值，即 $U_{1N}=U_{10}$，则变比为

$$K = \frac{U_{1N}}{U_{2N}} = \frac{N_1}{N_2} \tag{3-25}$$

2）测空载电流和空载损耗

在变压器的空载试验中，调节变压器，使低压侧电压达到额定值 U_{2N}，则安培表所测电流即为空载电流 I_{20}。由于高压侧开路，没有电流流过，所以没有铜损耗；低压侧电流 I_{20} 也很小，铜损耗可以忽略不计，因此低压侧的输入功率 P_0 就是变压器的铁芯损耗 P_{Fe}（即变压器的空载损耗）：

$$P_0 = P_{Fe} \tag{3-26}$$

P_0 越小，说明变压器的铁芯和绕组的质量越好。

3）测励磁阻抗

在空载试验中，根据以上数据，可以求出励磁阻抗或空载阻抗

$$Z_m = \frac{U_{2N}}{I_{20}} \tag{3-27}$$

4）测励磁电阻

在空载试验中，根据以上数据，可以求出励磁电阻抗

$$r_m = \frac{P_0}{I_{20}^2} \tag{3-28}$$

2. 变压器的短路试验

变压器的短路试验其目的是测出变压器的铜损耗 P_{Cu}、短路电压 U_{SC}、短路阻抗 Z_{SC} 等数据。短路试验电路如图 3-11 所示。短路试验可在任意一侧加压进行，但因短路电流较

大，因此一般在高压侧加电压，低压侧短接。

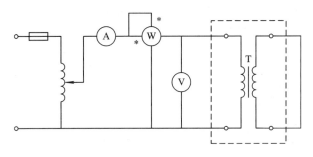

图 3 - 11　变压器的短路试验电路

1）铜损耗

短路试验是在低压侧短接的条件下运行的。首先调节调压变压器，使所加电压逐渐升高，直到高压侧电流达到额定值为止，这时功率表的读数就是短路试验的铜损耗：

$$P_{\mathrm{Cu}} = P_{\mathrm{SC}} \tag{3-29}$$

因为在短路试验中，低压侧短接，不对外输出功率，高压侧达到额定电流时所需的电压很小，磁通很少，故铁损耗可以忽略不计，变压器的全部输入功率都消耗在一、二次绕组的电阻上，近似认为短路功率就等于一、二次绕组的铜损耗。

2）短路电压

短路试验中，使高压侧电流等于额定电流时的电压称为短路电压，用 U_{SC} 表示。此时电压表的读数就是短路电压。短路电压约为额定电压的百分之几。一般电力变压器的短路电压只有额定电压的 $5\% \sim 10\%$。

3）短路阻抗

在短路试验中，由电流表的读数 I_{SC} 和电压表的读数 U_{SC} 来确定短路阻抗：

$$Z_{\mathrm{SC}} = \frac{U_{\mathrm{SC}}}{I_{\mathrm{SC}}} \tag{3-30}$$

4）短路电阻

在短路试验中，一次绕组的电阻为 r_1，铜损耗为 $r_1 I_{1\mathrm{N}}^2$；二次绕组的电阻为 r_2，铜损耗为 $r_2 I_{2\mathrm{N}}^2$。因此短路电阻 r_{SC} 为

$$r_{\mathrm{SC}} = \frac{P_{\mathrm{SC}}}{I_{1\mathrm{N}}^2} = \frac{r_1 I_{1\mathrm{N}}^2 + r_2 I_{2\mathrm{N}}^2}{I_{1\mathrm{N}}^2} = \frac{r_1 I_{1\mathrm{N}}^2 + K^2 r_2 I_{1\mathrm{N}}^2}{I_{1\mathrm{N}}^2} = r_1 + K^2 r_2 \tag{3-31}$$

短路电阻的数值随温度的变化而变化，试验所得的电阻值常常换算成工作温度时的数值。一般油浸式变压器的工作温度为 75℃，换算公式为

$$r_{\mathrm{SC}}(75℃) = \frac{234.5 + 75}{234.5 + \theta} \cdot r_{\mathrm{SC}} \tag{3-32}$$

式中，θ 为试验时的室温。

3.1.5　变压器的铭牌

为了使变压器安全、经济、合理地运行，在每台变压器上都安装有一块铭牌，上面标明了变压器的型号及各种额定数据，作为正确使用变压器的依据。

图 3-12 所示的电力变压器是配电站用的降压变压器。该变压器将 10 kV 的高压降为 400 V 的低压,供三相负载使用。铭牌中的参数说明如下所述。

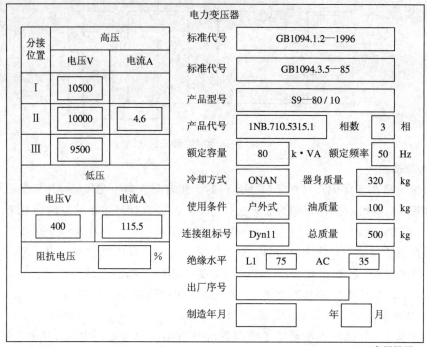

图 3-12　电力变压器铭牌

1. 产品型号

2. 额定容量 S_N

额定容量是指变压器在额定工作状态下二次绕组的视在功率,其单位为 kV·A。对于单相变压器而言,额定容量即变压器二次绕组的额定电压 U_{2N} 与额定电流 I_{2N} 的乘积:

$$S_N = \frac{U_{2N} I_{2N}}{1000} \text{ kV·A} \tag{3-33}$$

三相变压器的额定容量为

$$S_N = \frac{\sqrt{3} U_{2N} I_{2N}}{1000} \text{ kV·A} \tag{3-34}$$

3. 额定电压 U_{1N} 和 U_{2N}

额定电压 U_{1N} 是指变压器在额定运行情况下,加在一次绕组上的正常工作电压。它是根据变压器绝缘等级和允许温升等条件规定的。额定电压 U_{2N} 是指在一次绕组上加额定电压后,二次绕组空载时的电压值。

4. 短路电压 U_D

短路电压也称阻抗电压，即一个绕组短路、另一个绕组流过额定电流时的电压值，可以在变压器短路试验中测得，通常用额定电压 U_{1N} 的百分比表示。

5. 额定电流 I_{1N} 和 I_{2N}

额定电流是指变压器允许长期通过的电流，它是根据变压器发热的条件而规定的满载电流值。

6. 连接组标号

连接组标号是指三相变压器一、二次绕组的连接方式。Y 指高压绕组作星形连接，y 指低压绕组作星形连接，D 指高压绕组作三角形连接，d 指低压绕组作三角形连接，N 指高压绕组作星形连接时的中性线，n 指低压绕组作星形连接时的中性线。

例 3 - 4　一台单相变压器额定容量 $S_N = 180$ kV·A，一、二次绕组的额定电压 $U_{1N}/U_{2N} = 6000/220$ V，一、二次绕组的额定电流 I_{1N}、I_{2N} 各为多大？这台变压器的二次绕组能否接入 150 kW、功率因数为 0.75 的感性负载？

解　一次绕组的电流是

$$I_{1N} = \frac{S_N}{U_{1N}} = \frac{180 \times 10^3}{6000} = 30 \text{ A}$$

二次绕组的电流是

$$I_{2N} = \frac{S_N}{U_{2N}} = \frac{180 \times 10^3}{220} = 818 \text{ A}$$

150 kW 的感性负载流过的电流为

$$I_2 = \frac{P}{U_{2N} \cos\varphi} = \frac{150 \times 10^3}{220 \times 0.75} = 909 \text{ A}$$

由于 $I_2 > I_{2N}$，所以不能接入。

3.2　三相变压器

在电力系统中，输/配电都采用三相制，三相变压器应用最广泛。从运行原理上看，三相变压器在对称负载下运行时，各相的电流和电压大小相等，相位相差 120°。单相变压器的一些基本结论对三相变压器也是适用的，但三相变压器又有自身的特点。

3.2.1　三相变压器的磁路结构

1. 三相变压器组的磁路

三相变压器可以由三台单相变压器组成，称为三相变压器组。这种变压器组的各相磁路是相互独立、彼此无关的。当原绕组上加三相交流电压时，三相绕组的主磁通 $\dot{\Phi}_U$、$\dot{\Phi}_V$、$\dot{\Phi}_W$ 也是对称的。

按需要可以将一次绕组及二次绕组分别接成星形或三角形连接。图 3 - 13 所示为一、二次绕组均为星形连接的三相变压器组。

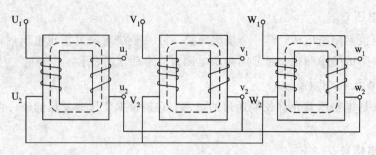

图 3-13　三相变压器组

2. 三相心式变压器的磁路

三相变压器的另一种结构形式是把三个单相变压器分成一个三铁芯柱的结构形式，称为三相心式变压器。如图 3-14(a)所示，当绕组流过三相交流电时，通过中间铁芯柱的磁通是 U、V、W 三个铁芯柱磁通量的总和。当外电压对称时，$\dot{\Phi}_U + \dot{\Phi}_V + \dot{\Phi}_W = 0$，因此中间的铁芯柱可以省去，变成了如图 3-14(b)所示的形式。为了进一步节省材料，可以将三相铁芯布置在同一平面内，即演变成常用的三相心式变压器铁芯。

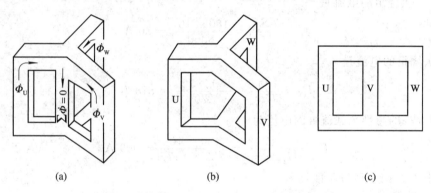

图 3-14　三相心式变压器磁路

(a) 有中间铁芯柱；(b) 无中间铁芯柱；(c) 常用的三相心式变压器铁芯

常用三相心式变压器铁芯结构如图 3-14(c)所示，两边两相磁路的磁阻比中间相的大。当外加的电压对称时，各相磁通相等，但空载电流不等，中间相空载电流较小。

3.2.2　变压器的绕组极性

变压器绕组的极性是指变压器一、二次绕组中的感应电动势的相位关系。当一台变压器单独运行时，它的极性对于运行情况没有任何影响，但作为三相变压器运行时，就要考虑变压器绕组的极性问题了。

1. 单相变压器绕组的极性

因为变压器的一、二次绕组在同一个铁芯上，因此都被磁通 Φ 交链。当磁通变化时，在两个绕组中的感应电动势也有一定的方向性。当一次绕组的某一端点瞬时电位为正时，二次绕组也必有一电位为正的对应点，这两个对应的端点称为同极性端或同名端，用符号"·"表示。

对两个绕向已知的绕组，我们可以从电流的流向和它们所产生的磁通方向判断其同名端。如图 3-15(a)所示，已知一、二次绕组的方向，当电流从 1 端和 3 端流入时，它们所产生的磁通方向相同，因此 1、3 端为同名端，同样，2、4 端也为同名端。同理可以知道，图 3-15(b) 中 1、4 端为同名端。

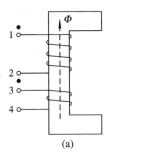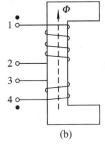

图 3-15 变压器的同名端

2. 单相变压器绕组极性的判别

大部分情况下，我们并不知道变压器绕组的方向，因此同名端不可能通过观察分析知道，而只能通过试验的方法得到。

(1) 交流法。如图 3-16 所示，将一、二次绕组各取一个接线端连接在一起，如图中 2 端和 4 端，并在 N_2N_1 绕组上加上适当的交流电 u_{12}，再用交流电压表测量 u_{12}、u_{13}、u_{34} 各值。如果测量结果为 $u_{13} = u_{12} - u_{34}$，则 1、3 端为同名端；如果 $u_{13} = u_{12} + u_{34}$，则 1、4 端为同名端。

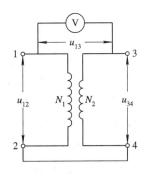

图 3-16 测定同名端的交流法

(2) 直流法。将 1.5 V 或 3 V 的直流电源，按图 3-17 所示电路连接。直流电源接在高压绕组上，灵敏电流计接在低压绕组两端，正接线柱接 3 端，负接线柱接 4 端。在开关合上的一瞬间，如果电流计指针向右偏转，则 1、3 端为同名端；如果电流计指针向左偏转，则 1、4 端为同名端。因为一般灵敏电流从"＋"接线柱流入时，指针向右偏转，从"－"接线柱流入时，指针向左偏转。

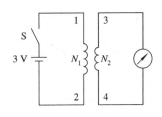

图 3-17 测定同名端的直流法

3.2.3 三相变压器绕组的连接

三相电力变压器高、低压绕组的出线端都分别作了标记，其首、末端如表 3-1 所示。

表 3-1 电力变压器首、末端的标记

绕组名称	单相变压器		三相变压器						中性点
	首端	末端	首端			末端			
高压绕组	U_1	U_2	U_1	V_1	W_1	U_2	V_2	W_2	N
低压绕组	u_1	u_2	u_1	v_1	w_1	u_2	v_2	w_2	n

一般三相电力变压器中不论是高压绕组，还是低压绕组，均采用星形连接和三角形连接两种方式。在旧的国家标准中分别用 Y 和 △ 表示。新的国家标准规定：高压绕组星形连接用 Y 表示，三角形连接用 D 表示，中性线用 N 表示，低压绕组星形连接用 y 表示，三角形连接用 d 表示，中性线用 n 表示。

星形连接将三相绕组的末端 U_2、V_2、W_2（或 u_2、v_2、w_2）连接在一起，构成中性点 N，而将它们的首端 U_1、V_1、W_1（或 u_1、v_1、w_1）用导线引出，接到三相电源上，如图3-18(a)所示。

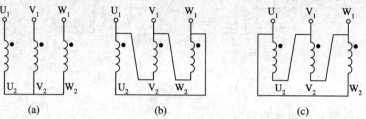

图 3-18　三相绕组的连接方法
(a) 星形连接；(b) 三角形连接(逆序)；(c) 三角形连接(顺序)

三角形连接把一相的末端和另一相的首端连接起来，形成一个闭合回路。它有两种连接方式：一种是如图 3-18(b)所示的逆序方式，另一种是如图 3-18(c)所示的顺序方式。在对称的三相系统中，当绕组为星形接法(Y，y)时，线电流和相电流相等，而线电压是相电压的 $\sqrt{3}$ 倍；当绕组为三角形接法(D，d)时，线电压和相电压相等，而线电流为相电流的 $\sqrt{3}$ 倍。

三相变压器的连接组（即高、低压绕组）的不同接法组合有：(Y，y)、(YN，d)、(Y，d)、(Y，yn)、(D，y)、(D，d)等。其中，最常用的有三种，即(Y，yn)、(YN，d)和(Y，d)。不同的组合形式，各有优、缺点。一般大容量的变压器采用(Y，d)或(YN，d)连接，而容量不太大且需要中性线的变压器，则广泛采用(Y，yn)连接。

3.2.4　三相变压器的并联运行

三相变压器的并联运行是指将两台或多台变压器高、低压绕组分别接在公共母线上，同时向负载供电的运行方式，如图 3-19 所示。

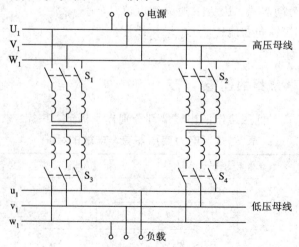

图 3-19　变压器的并联运行

并联运行的优点是：可提高供电的可靠性，当某台变压器发生故障或需要检修时，可以将它从电网中切除，启用备用的变压器，以便连续供电；可提高变压器的运行效率，根据负载的变化情况，调整投入并联运行的变压器台数；可减少初期投资，随着用电量的增加分批次地安装新的变压器。

当然，并联变压器的台数也不宜太多。在总容量相同的情况下，并联运行变压器的台数太多也不经济，因为一台大容量变压器的造价、基建投资、占地面积都比多台的少。

变压器并联运行的理想情况是：

(1) 空载运行时，各变压器绕组之间无环流。

(2) 负载时，各变压器所分担的负载电流与其容量成正比，使每台的容量得到充分发挥。

(3) 带上负载后，各变压器分担的电流与总的负载电流同相位，当总的负载电流一定时，各变压器所负担的电流最小。

为了使并联的多台变压器能够安全可靠地运行，各并联运行的变压器必须满足以下条件：

(1) 一、二次绕组的额定电压分别相等，即各变压器的变比相等。

(2) 各变压器的连接组别相同。

(3) 短路阻抗(即短路电压)的标幺值应相等。

上述三个条件中，并联变压器变比允许有微小差别，实用中变压器变比相差一般不宜超过 0.5%。短路电压可以有较小差别，一般短路电压相差不超过 10%。连接组别必须保证相同。如果连接组别不同的变压器的一次绕组接到同一电源上，其二次绕组的线电压相位不同，则在变压器内部会造成较大的环流，可能烧坏变压器。

1. 变比不等时的并联运行

设两台同容量的变压器 T_1 和 T_2，连接组别相同，短路阻抗标幺值相等，但变比不同，并联运行，如图 3-20(a)所示(由于三相对称，因此图中仅画出其中一相)。

其一次绕组接在同一电源 U_1 下，由于变比不同，二次绕组的电动势也有些差别，若 K_2 略大于 K_1，则 $E_1 > E_2$，电动势差值 $\Delta \dot{E} = \dot{E}_1 - \dot{E}_2$ 会在二次绕组之间形成环流 $\dot{I}_c$，这个电流称为平衡电流，其值与两台变压器的短路阻抗 Z_{S1} 和 Z_{S2} 有关，等效电路如图 3-20(b)所示，则

$$I_c = \frac{\Delta E}{Z_{S1} + Z_{S2}} \tag{3-35}$$

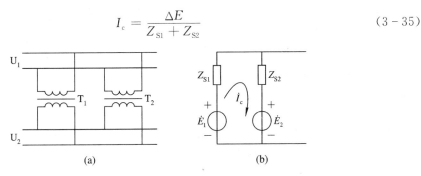

图 3-20 变比不等的变压器并联运行

(a) 变比不等的变压器连接图；(b) 变比不等的变压器等效电路

由于变压器的短路阻抗一般较小，因此不大的 ΔE 也会产生很大的平衡电流。平衡电流对变压器的并联运行是不利的。空载时平衡电流通过二次绕组，增大了空载损耗。平衡电流越大，空载损耗越大。有负载时，由于存在平衡电流，因此若负载电流达到两台额定值之和，则二次绕组电动势高的那台变压器输出电流增大，另一台输入电流减小，从而使二次绕组电动势高的输出电流超过其额定值而过载，而另一台处于低负载运行。因此在有关变压器的标准中规定，并联运行的变压器，其变比误差不允许超过 $\pm0.5\%$，计算公式为

$$\Delta K = \frac{K_1 - K_2}{\sqrt{K_1 K_2}} \times 100\% \qquad (3-36)$$

2. 连接组别不同时变压器的并联运行

如果两台变压器的变比和短路阻抗均相等，但连接组别不同，则其并联运行的后果是十分严重的。图 3-21 中，(Y, y0) 和 (Y, d11) 两台变压器并联运行，二次绕组的线电压大小相同，但由于组别不同，二次绕组线电压之间的相位相差至少为 $30°$，则会在它们中间产生电压差 $\Delta \dot{U}_2$，其大小为

$$\Delta U_2 = 2U_{2N} \sin15° = 0.518U_{2N} \qquad (3-37)$$

这样大的电压差作用在变压器二次绕组所构成的回路上必然产生很大的环流，将变压器组烧坏。因此，组别不同的变压器绝对不允许并联运行。

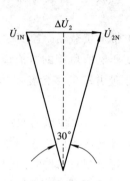

图 3-21 (Y, y0) 和 (y, d11) 两台变压器并联运行时的电压差

3. 短路阻抗（短路电压）的标幺值不等时变压器的并联运行

两台变压器容量相同，连接组别相同，变比相等，但短路阻抗有些差别，设 $Z_{S1} > Z_{S2}$，其并联运行的简化等效电路如图 3-22 所示。当两台变压器一次绕组接在同一电源下，变压器的变比及连接组别相同，短路阻抗不同，空载时二次绕组的感应电动势及输出电压均应相等。但在变压器负载运行时，由于短路阻抗不等，因此外特性就不同。由图 3-22 可知，$Z_{S1}\dot{I}_1 = Z_{S2}\dot{I}_2$。这表明短路阻抗不相等变压器并联运行时，负载电流的分配与各台变压器的短路阻抗成反比，即短路阻抗小的变压器输出的电流大，短路阻抗大的输出电流较小，从而造成容量小的变压器可能过载，容量大的变压器得不到充分利用。因此，国家标准规定：并联运行的变压器其短路阻抗相差不应超过 10%。

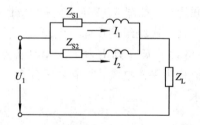

图 3-22 短路阻抗不等时变压器并联运行简化等效电路图

变压器的并联运行还存在一个容量问题。容量的差别越大，短路阻抗的差别也越大，因此要求并联运行的变压器最大容量和最小容量的比值不能超过 3:1。

例 3-5 有两台变压器并联运行，它们的额定电流分别为 $I_{2NA} = 80$ A，$I_{2NB} = 40$ A，它们的短路阻抗 $Z_{S1} = Z_{S2} = 0.2$ Ω，总负载电流 $I = 120$ A，求各台变压器的实际负载电流。

解 根据公式：

$$Z_{S1}\dot{I}_A = Z_{S2}\dot{I}_B$$

得

$$\frac{I_A}{I_B} = \frac{Z_{S2}}{Z_{S1}} = \frac{0.2}{0.2} = 1$$

即

$$I_A = I_B$$

因为总电流

$$I = I_A + I_B = 2I_A = 2I_B$$

$$I_A = I_B = \frac{1}{2}I = 60 \text{ A}$$

故变压器 A 轻载，而变压器 B 过载。

3.3 特殊变压器

3.3.1 仪用互感器

电工仪表中的交流电流表可以直接测量 10 A 以下的电流，交流电压表可以直接测量 450 V 以下的电压，而电力系统中的高电压、大电流不便于直接测量，通常用特殊的变压器把高电压、大电流变成低电压、小电流再进行测量，这就要用到电流互感器和电压互感器。使用互感器的优点是：测量电路同高压隔离，保证了测量人员的人身安全；扩大了仪表的测量范围；同时还减少了测量中的能量损耗，提高了测量的准确度。

1. 电流互感器

电流互感器的结构、工作原理同单相变压器相似。它由铁芯和一、二次绕组两个主要部分组成。一次绕组的匝数较少，一般只有一匝到几匝，用粗导线绕制而成，使用时串联在被测电路中，流过被测电流；二次绕组匝数很多，用较细的导线绕制而成，一般接电流表或功率表的电流线圈，它的阻抗很小，负载近似为零。图 3 - 23 所示为电流互感器的原理图。根据变压器的电流比公式 $I_1 N_1 = I_2 N_2$ 可知：

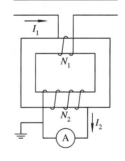

图 3 - 23 电流互感器的原理图

$$I_1 = \frac{N_2}{N_1}I_2 = K_i I_2 \qquad (3 - 38)$$

其中，K_i 称为电流互感器的额定电流比，标在电流互感器的铭牌上。在电流互感器中，二次绕组电流与电流比的乘积等于一次绕组电流（即被测电流）。例如，若电流表的读数为 4 A，电流比为 40/5，则被测电流为 $I_1 = K_i I_2 = \frac{40}{5} \times 4 = 32$ A。在实际应用中，与电流互感器配套使用的电流表中的电流已换算成一次绕组的电流，可以直接读出测量数据，不必再进行换算。

电流互感器一次绕组的额定电流可设计在 0~15 000 A 之间或 10~25 000 A 之间，而电流互感器二次绕组的额定电流通常采用 5 A。其符号如图 3 - 24 所示。

实际上，由于励磁电流和漏阻抗的影响，电流互感器也存在着误差，其相对误差为

$$\Delta I = \frac{K_i I_2 - I_1}{I_1} \times 100\% \qquad (3-39)$$

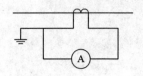

图 3-24　电流互感器的符号

为了减少误差，电流互感器的铁芯采用高导磁性能的材料制成，而且要求二次绕组所接仪表的总阻抗不大于规定的阻抗。根据误差大小，电流互感器分为 0.2、0.5、1.0、3.0 和 10.0 五个等级。级数越大，误差也越大。

使用电流互感器时必须注意：

(1) 使用过程中电流互感器二次绕组绝对不能开路。因为二次绕组开路时，互感器处于空载运行状态，此时一次绕组中流过的被测电流全部为励磁电流，使铁芯中的磁通急剧增大，造成铁芯过热，烧坏绕组。同时二次绕组匝数多，将感应出很高的电压，危及测量人员和设备的安全。所以在电流互感器工作时，检修或拆装电流表或功率表的电流线圈，应先将二次绕组短路。

(2) 电流互感器的铁芯和二次绕组应可靠接地，以防止绝缘击穿后，高电压危及人员和设备的安全。

(3) 二次绕组回路阻抗不应超过规定值，以免增加误差。

2. 电压互感器

电压互感器的结构和工作原理与单相变压器相同。它实质上就是一个降压变压器，是由铁芯和一、二次绕组两个主要部分组成的。一次绕组匝数多，并联在被测电路中；二次绕组匝数少，接在高阻抗的仪表上，如接在电压表、功率表或电度表的电压线圈上。因此二次绕组的电流很小，正常运行时，近似空载运行。图 3-25 所示为电压互感器的工作原理，根据变压器的电压比公式

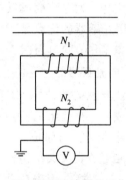

图 3-25　电压互感器的工作原理

$$\frac{U_1}{U_2} = \frac{N_1}{N_2} = K_u$$

可知

$$U_1 = K_u U_2 \qquad (3-40)$$

其中，K_u 是电压互感器的变换系数，也称电压互感器的变换倍率。K_u 一般标在电压互感器的铭牌上，只要读出二次绕组的电压，一次绕组的电压可以由式 (3-40) 求出。在实际应用中，与电压互感器配套使用的电压表中的电压已换算成一次绕组的电压，可以直接读出测量数据，不必再进行换算。一般电压互感器二次绕组的额定电压为 100 V。常用的电压互感器变比有 3000/100、6000/100 等。电压互感器有干式、油浸式、浇注绝缘式等，其符号如图 3-26 所示。

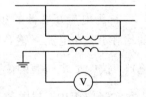

图 3-26　电压互感器的符号

由于励磁电流和漏阻抗的存在，电压互感器存在着误差。为了减小误差，应尽量减小空载电流和一、二次绕组的漏抗，以得到准确的变比。根据误差大小，电压互感器可分为 0.2、0.5、1.0、3.0 等四级，级数越大，误差也越大。

使用电压互感器时应注意以下事项：

（1）电压互感器运行时，二次绕组绝不允许短路，否则将产生很大的短路电流，导致互感器烧坏。

（2）为了保证设备和人员的安全，电压互感器的铁芯和二次绕组必须可靠接地。

（3）电压互感器有一定的额定容量，二次绕组回路不宜接入过多仪表，以免影响测量精度。

例 3 - 6 用变压比为 10000/100 的电压互感器，变流比为 100/5 的电流互感器扩大量程，其电流表读数为 2.5 A，电压表读数为 90 V，试求被测电路的电流、电压各为多少。

解 由式（3 - 38）知：

$$I_1 = \frac{N_2}{N_1}I_2 = K_i I_2 = \frac{100}{5} \times 2.5 = 50 \text{ A}$$

由式（3 - 40）知：

$$U_1 = \frac{N_1}{N_2}U_2 = K_u U_2 = \frac{10\ 000}{100} \times 90 = 9000 \text{ V}$$

即被测电路的电流为 50 A，电压为 9000 V。

3.3.2 自耦变压器

1. 自耦变压器的结构

自耦变压器是单绕组变压器，一、二次绕组共用一个线圈，绕在闭合的铁芯上，二次绕组是一次绕组的一部分。按输出电压是否可以调节，自耦变压器又可分为可调式和固定式两种。自耦变压器的工作原理如图 3 - 27 所示。自耦变压器的一、二次绕组之间除了有磁的耦合外，还有电的直接联系。自耦变压器可以节省铜和铁的消耗量，从而减小变压器的体积、重量，降低制造成本。

若自耦变压器的抽头做成可滑动触点，则可以构成一个电压可调的自耦变压器，通常也叫自耦调压器，其电路原理如图 3 - 28 所示。它的铁芯做成圆环形，将绕组均匀地绕在上面，滑动接触点一般用碳刷构成。触头与手柄相连，可以根据需要旋转手柄以改变输出电压。例如，试验室中常用的单相调压器，一次绕组输入电压 $U_1 = 220$ V，二次绕组输出电压 $U_2 = 0 \sim 250$ V。自耦调压器在接电源之前，必须把手柄转到零位，使输出电压为零，以后慢慢顺时针转动手柄，使输出电压逐步上升。

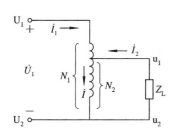

图 3 - 27 自耦变压器的工作原理

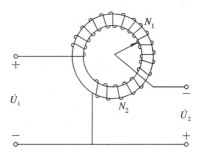

图 3 - 28 自耦调压器电路原理

2. 自耦变压器的原理

自耦变压器也是利用电磁感应原理工作的。如图 3-27 所示，当一次绕组两端加电压 U_1 时，铁芯中产生交变磁通，并分别在一次绕组及二次绕组中产生感应电动势 $\dot{E}_1$ 及 $\dot{E}_2$，有如下关系：

$$\dot{U}_1 \approx \dot{E}_1 = 4.44 f N_1 \dot{\Phi}_m$$

$$\dot{U}_2 \approx \dot{E}_2 = 4.44 f N_2 \dot{\Phi}_m$$

自耦变压器的变比 K 为

$$K = \frac{E_1}{E_2} = \frac{N_1}{N_2} = \frac{U_1}{U_2} \tag{3-41}$$

负载时，假定一次绕组电流为 $\dot{I}_1$，负载电流为 $\dot{I}_2$，则二次绕组的电流 $\dot{I} = \dot{I}_1 + \dot{I}_2$。有磁势平衡关系

$$\dot{I}_1(N_1 - N_2) + \dot{I} N_2 = \dot{I}_0 N_1 \tag{3-42}$$

因为空载电流 I_0 很小，可以忽略，即 $I_0 = 0$，所以有

$$\dot{I}_1(N_1 - N_2) + \dot{I} N_2 = 0 \tag{3-43}$$

将 $\dot{I}_1 + \dot{I}_2 = \dot{I}$ 代入式(3-43)得

$$\dot{I}_1 N_1 - \dot{I}_1 N_2 + \dot{I}_1 N_2 + \dot{I}_2 N_2 = 0$$

$$\dot{I}_1 N_1 + \dot{I}_2 N_2 = 0$$

即

$$\dot{I}_1 = -\frac{N_2}{N_1} \dot{I}_2 = -\frac{\dot{I}_2}{K} \tag{3-44}$$

式(3-44)说明自耦变压器一、二次绕组中的电流大小与匝数成反比，且在相位上互差 180°。因此流经公共绕组中的电流 I 的大小为一、二次绕组的电流之差，即 $I = I_2 - I_1$。当变比 K 接近于 1 时，公共部分的电流很小，因此这部分可以用较细的导线绕成，以减小变压器的体积和重量。

自耦变压器输出的视在功率为

$$S_2 = U_2 I_2$$

由于 $I = I_2 - I_1$，因此有

$$S_2 = U_2(I + I_1) = U_2 I + U_2 I_1 \tag{3-45}$$

从式(3-45)可以看出，自耦变压器的输出功率由两部分组成：$U_2 I$ 部分是依据电磁感应原理从一次绕组传递到二次绕组的视在功率，称为电磁功率；$U_2 I_1$ 则是通过电路联系从一次绕组直接传递到二次绕组的视在功率，称为传导功率，传递这部分功率不需增加绕组容量，这就是自耦变压器绕组容量小于其额定容量的原因。

例 3-7　在一台容量为 15 kV·A 的自耦变压器中，已知 $U_1 = 220$ V，$N_1 = 330$ 匝，

(1) 如果要使输出电压 $U_1 = 209$ V，那么应该在绕组的什么地方抽出线头？满负载时，I_1、I_2 各为多少安培？绕组公共部分的电流为多少安培？

(2) 如果输出电压 $U_2 = 110$ V，那么公共部分电流又为多少安培？

解　(1) 由公式 $\dfrac{U_1}{U_2} = \dfrac{N_1}{N_2}$ 可知：

$$N_2 = \frac{U_2}{U_1} N_1 = \frac{209}{220} \times 330 \approx 313 \text{ 匝}$$

即从公共点开始数 313 匝处开始抽头。

由于自耦变压器的效率高，可忽略损耗，认为

$$S = U_2 I_2 = U_1 I_1$$

因此满载时的电流为

$$I_1 = \frac{S}{U_1} = \frac{15\ 000}{220} = 68.2\ A$$

$$I_2 = \frac{S}{U_2} = \frac{15\ 000}{209} = 71.8\ A$$

绕组公共部分的电流为

$$I = I_2 - I_1 = 71.8 - 68.2 = 3.6\ A$$

（2）如果输出电压 $U_2 = 110\ V$，则

$$I_2 = \frac{S}{U_2} = \frac{15\ 000}{110} = 136.4\ A$$

$$I = 136.4 - 68.2 = 68.2\ A$$

3. 自耦变压器的特点

（1）单位容量消耗的材料少，变压器体积小。由于损耗小，因而效率高，特别是 K 越接近于 1，其优点越突出。因此电力系统中使用的自耦变压器，其变比一般为 1.2～2.0。

（2）由于一、二次绕组之间有电的联系，因此要加强变压器内部绝缘与过电压保护措施。

3.3.3　电焊变压器

电焊变压器实质上是一台特殊的降压变压器。它因结构简单，成本低廉，容易制造和维护方便而被广泛采用。

电弧焊是靠电弧放电的热量来熔化金属的。电焊变压器空载时应有一定的空载电压，通常 $U_0 = 60～75\ V$，最高不宜超过 85 V；负载时电压降至 30～35 V；短路（即焊条碰上工件）时电流 I_{SC} 也不应过大。为了满足不同焊接要求，焊接电流应在较大范围内进行调节。

为了满足上述条件，电焊变压器必须具有较大的漏抗，而且可以进行调节。因此，电焊变压器具有铁芯气隙比较大，一、二次绕组分装在不同的铁芯柱上的特点。图 3-29 所示为电焊变压器的外特性曲线。其中，U_0 为空载电压，I_{SC} 为短路电流，I_N、U_N 为曲线上任意一点的焊接电流与电压。从图中可以看出，电压随电流的增大而急剧下降，即有陡降的外特性。

工业上使用的交流弧焊机的类型很多，如可动铁芯式、可动线圈式和综合式等，都是依据上述要求制造的。

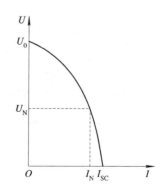

图 3-29　电焊变压器的外特性曲线

下面我们以磁分路电焊变压器为例，简述其基本原理。如图 3－30 所示，变压器有三只铁芯柱，两边是主铁芯，中间是动铁芯（即磁分路铁芯）。变压器的一次绕组绕在一个主铁芯柱上；二次绕组分为两部分，一部分绕在一次绕组的外层，另一部分绕在另一铁芯柱上。动铁芯装在固定铁芯中间的螺杆上，螺杆转动时，活动铁芯就沿着螺杆在固定铁芯中间移动，从而方便地改变变压器

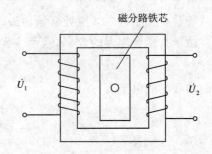

图 3－30　磁分路电焊变压器的铁芯及绕组

的漏抗。当铁芯处于全部推进位置时，漏磁通增多，输出电压随输出电流下降较快；当铁芯处于全部抽出位置时，漏磁通减少，输出电压随输出电流的增大而下降较慢。这样调节铁芯的位置就可以获得满意的外特性曲线。焊接电流的粗调是靠变换二次绕组接线板上的连接片来实现的，即改变二次绕组的匝数；焊接电流的细调节则是通过调整动铁芯的位置从而改变漏抗来实现的。

3.4　电　磁　铁

电磁铁是利用通电的铁芯线圈所产生的电磁力来吸引铁磁物质——衔铁的一种电器。衔铁的动作可使其他机械装置发生联动。当电源断开时，电磁铁的磁性随即消失，衔铁或其他零件被释放。

由于电磁铁具有动作迅速、灵敏、容易控制等优点，因此在生产上应用极为普遍。在自动化、半自动化装置中，常用它来实现各种控制、保护作用。

电磁铁在电气控制系统中是执行元件。在自动电器中广泛应用它的电磁力来牵引或操纵某种机械装置，如启闭液压或气压系统的电磁阀门，带动自动电器触头的闭合或分断，对转轴抱闸制动等。它还应用在吸持工件或钢铁材料中。

电磁铁的结构形式多种多样，图 3－31 所示的是常见的几种形式。它们都是由线圈、铁芯和衔铁三个主要部分组成的。线圈通入电流产生磁场，因为线圈被称为励磁线圈，所以通入的电流被称为励磁电流。铁芯通常是固定不动的，而衔铁是活动的。在线圈通电后，衔铁即被吸向铁芯。

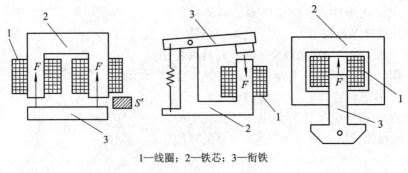

1—线圈；2—铁芯；3—衔铁

图 3－31　电磁铁的形式

电磁铁按线圈通入的励磁电流的种类不同，可分为直流电磁铁和交流电磁铁两类。

3.4.1 直流电磁铁

直流电磁铁的励磁电流是大小和方向不随时间变化的恒稳电流,因而,在一定的空气隙下,它所产生的磁通也是大小和方向都不随时间变化的恒稳磁通。直流电磁铁的铁芯用整块的铸钢、软钢制成,为了加工方便,套有线圈部分的铁芯常被做成圆柱形,线圈也绕成圆形。

线圈通电后,衔铁将受到电磁吸力的作用。因此电磁吸力是电磁铁的主要参数之一,那么这个电磁吸力有多大?与哪些因素有关呢?

电磁铁电磁吸力的大小与两个磁极的磁性强弱有关,而每个磁极的磁性强弱则和磁极间的磁感应强度成正比,因此,衔铁所受到的吸力 F 的大小和磁极间的磁感应强度 B 的平方成正比。另外,在 B 为定值的情况下,电磁力还与磁极的截面积 S 成正比,所以 $F \propto B^2 S$。

经过计算,作用在衔铁上的电磁吸力为

$$F = \frac{10^7}{8\pi} B^2 S \qquad\qquad (3-46)$$

式中,F 的单位为 N,B 的单位为 T,S 的单位是 m^2。

直流电磁铁的吸力 F 与空气隙的关系,即 $F = f_1(\delta)$,以及电磁铁的励磁电流 I 与空气隙的关系,即 $I = f_2(\delta)$,称为直流电磁铁的工作特性,如图 3-32 所示。

由图 3-32 可以看出,直流电磁铁的励磁电流 I 的大小与空气隙无关,即与衔铁的运动过程无关。这是因为励磁电流 I 仅取决于线圈的电阻 R 及加在线圈上的电压 U。

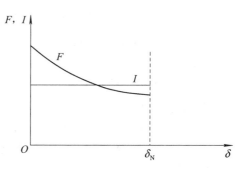

图 3-32　直流电磁铁的工作特性

作用在衔铁上的吸力 F 与空气隙有关,即与衔铁的位置有关。当电磁铁刚启动时,衔铁与铁芯之间的空气隙最大,此时磁路中磁阻最大,因磁动势不变,磁通小,$\Phi = IN/(R_{m气} + R_{m铁})$,磁感应强度亦小,故吸力最小;当衔铁完全吸合后,$\delta = 0$,$R_{m气} = 0$,磁路中磁阻最小,此时吸力最大。

电磁铁的主要技术数据如下:

(1) 额定行程 δ_N:指刚启动时衔铁与铁芯之间的距离。

(2) 额定吸力 F_N:指衔铁处在额定行程时受到的吸力。

(3) 额定电压 U_N:指励磁线圈上规定应加的电压值。

例如,型号为 MFJ1—2.5 的直流电磁铁,其 $F_N = 2.5$ kg,$\delta_N = 5$ mm,$U_N = 24$ V 或 110 V。型号中,M 表示电磁铁,F 表示阀用,J 表示直流,数字 1 表示设计序号。

3.4.2 交流电磁铁

交流电磁铁的励磁电流是大小和方向随时间变化的交变电流,它所产生的磁场是交变磁场。交变磁场会在铁芯和衔铁内产生能量损耗(铁损耗是由磁滞和涡流产生的)而使之发热。因此,交流电磁铁的铁芯和衔铁不像直流电磁铁用整块的铁磁材料做成,而是用彼此绝缘的硅钢片叠加而成的,以此来减小铁损耗。

1. 交流电磁铁的电磁吸力

交流电磁铁由于磁通是交变的，因此电磁吸力的大小是随时间而变化的。

假设主磁通 $\Phi = \Phi_m \sin\omega t$，则磁感应强度为

$$B_0 = B_m \sin\omega t$$

由式(3-46)得电磁吸力的瞬时值为

$$f = \frac{10^7}{8\pi} B_m^2 S_0 \sin^2\omega t$$

$$= \frac{10^7}{8\pi} B_m^2 S_0 \left(\frac{1-\cos2\omega t}{2}\right)$$

$$= F_m \left(\frac{1-\cos2\omega t}{2}\right)$$

$$= \frac{1}{2}F_m - \frac{1}{2}F_m \cos2\omega t$$

式中：

$$F_m = \frac{10^7}{8\pi} B_m^2 S_0 \qquad (3-47)$$

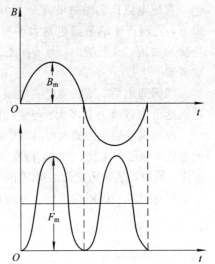

图 3-33　交流电磁铁的吸力

是电磁吸力的最大值。我们在计算时只考虑电磁吸力的平均值。交流电磁铁的吸力如图 3-33 所示。

由式(3-47)及图 3-33 可知，交流电磁铁的电磁吸力是在零与最大值之间脉动的。

2. 交流电磁铁的短路环

由于电磁铁吸力是脉动的，使得衔铁以两倍电源频率振动，这样既会引起噪声，又会使电器结构松散、寿命降低，且触头接触不良容易被电弧火花熔焊和蚀损。因此，必须采取有效措施，使线圈在交流电变小或为零时，仍有一定的电磁吸引以消除衔铁的振动。

为此，在磁极的部分端面上嵌入一个铜环——短路环或分磁环，如图 3-34 所示。当磁极主磁通 Φ_2 发生变化时，在短路环中产生的感应电流和磁通 Φ_1 阻碍 Φ_2 的变化，使得在磁极两部分中的磁通 Φ_2 与 Φ_1 之间产生一相位差，因此磁极各部分磁力就不会同时降为零，磁极总是具有一定的电磁吸引力，这就消除了衔铁的振动和噪声。

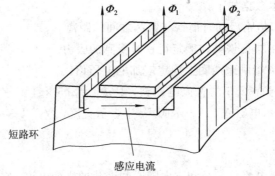

图 3-34　交流电磁铁的短路环

3. 交流电磁铁的工作特性

交流电磁铁的工作特性如图 3-35 所示。

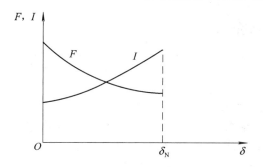

图 3 - 35 交流电磁铁的工作特性

在直流电磁铁中，励磁电流仅与线圈电阻有关，不因气隙的大小而变化。但在交流电磁铁的吸合过程中，线圈中的电流(有效值)变化很大。因为其电流与线圈电阻有关，而主要的还是与线圈感抗有关。

交流电磁铁刚启动时，气隙 δ_N 最大，磁阻 R_m 最大，由 $L = N^2/R_m$ 可知，这时的电感和感抗为最小，因而这时的电流为最大。在吸合过程中，随着气隙和磁阻的减小，线圈电感和感抗增大，因而电流逐渐减小。当衔铁完全吸合后，电流为最小。

电磁铁在启动时线圈的电流为最大，这时的磁阻可增大到几百倍，但是由于线圈的电流受到漏阻抗的限制，而不能增加相应的倍数。因此，电磁铁启动时磁动势的增加小于磁阻的增加，于是磁通、磁感应强度减小，吸力减小。当衔铁吸合后，磁阻减小较多，而磁动势减小较少，于是磁通、磁感应强度增大，吸力增加。

综上所述，交流电磁铁工作时衔铁与铁芯之间一定要吸合好。如果由于某种机械故障，衔铁或机械可动部分被卡住，通电后衔铁吸合不上，线圈中流过超过额定值的较大电流，则将使线圈严重发热，甚至烧坏。

例 3 - 8 U 形交流电磁铁励磁线圈的额定电压 $U_N = 380$ V，$f = 50$ Hz，匝数 $N = 8650$，铁芯截面积 $S = 2.5$ mm^2，试估算电磁吸力的最大值和平均值。

解 电磁铁线圈与变压器线圈相似，其感应电动势的有效值由式(3 - 3)

$$E = 4.44 fN\Phi_m$$

可知，由于励磁线圈的电阻和漏电抗上的电压降很小，因此忽略不计，则在数值上

$$U \approx E = 4.44 fN\Phi_m$$

故主磁通的最大值近似为

$$\Phi_m \approx \frac{U}{4.44 fN} = \frac{380}{4.44 \times 50 \times 8650} \text{Wb} = 0.0002 \text{ Wb}$$

空气隙磁感应强度的最大值为

$$B_m = \frac{\Phi_m}{S} = \frac{0.0002}{2.5 \times 10^{-4}} \text{ T} = 0.8 \text{ T}$$

电磁吸力的最大值为

$$F_m = \frac{10^7}{8\pi} B_m^2 S \times 2 = \frac{10^7}{8\pi} \times 0.8^2 \times 2.5 \times 10^{-4} \times 2 \text{ N} = 127 \text{ N}$$

式中乘 2 是因为 U 形磁铁有两个磁极。

电磁吸力的平均值为

$$F = \frac{1}{2} F_m = \frac{1}{2} \times 127 \text{ N} = 63.5 \text{ N}$$

3.4.3　专用电磁铁简介

电磁铁应用很广泛，以下简单介绍在生产机械上常用的几种专用电磁铁。

1. 电磁工作台

电磁工作台又称电磁吸盘，主要用在磨床上，是利用电磁吸力吸持住铁磁材料的工件。它吸持工件迅速，效率高，且一次能吸持多个工件；不会使工件变形或磨损，加工中会使工件发热，可自由伸缩；能吸持一般机械夹具不便于夹紧的小而薄的工件。电磁工作台的吸引力不如机械夹具的夹紧力大，而且不易调节，因此加工中应避免因电压过低、吸力太小而产生事故。其结构如图 3-36 所示。

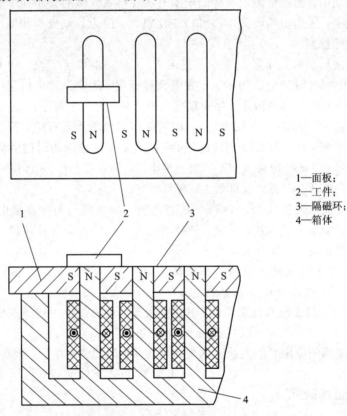

1—面板；
2—工件；
3—隔磁环；
4—箱体

图 3-36　电磁工作台的结构示意图

电磁工作台有长方形和圆形两种，其磁极之间用铅锡合金等非磁性材料制成的隔磁环隔开。电磁工作台的外形为一钢质箱体，箱内装有一排凸起的铁芯，铁芯上绕有励磁线圈，上表面为钢制面板。当线圈通入直流电后，磁通穿过工件和箱壁而成为闭合回路，将工件吸牢。隔磁环使绝大部分磁通穿过工件，而不致通过面板从磁极直接回去，以免削弱对工件的吸力。

切断电源后，由于工件留有一些剩磁，而使其不易取下。要取下工件，必须退磁，即向线圈通以较短时间的反电源。电磁工作台必须使用直流电，而不能使用交流电，这是因为交流电产生的磁通是交变的，在变小或为零时，工件会因吸力过小而振动，而且反复磁化会使工件发热。

电磁工作台的额定直流电压有 24 V、40 V、110 V、220 V 等；吸力为 20～130 N/cm² ；各个励磁绕组一般为串联，但也有并联的情况；所耗功率一般为 100～300 W。

2. 阀用电磁铁

阀用电磁铁用来操作各种液压阀、气压阀以自动控制液压、气压的分配。阀用电磁铁的结构如图 3－37 所示，它为螺管直动式电磁铁，可制成交流和直流两种。阀用电磁铁的外部具有保护外壳，衔铁本身没有复位弹簧。线圈通电时，衔铁被吸入线圈内腔，经推杆使阀心移动，改变液压、气压的通道，这时阀体弹簧被压缩；线圈断电时，阀心、推杆及衔铁靠阀体弹簧复位。

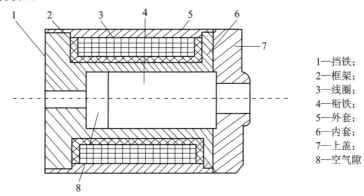

1—挡铁；
2—框架；
3—线圈；
4—衔铁；
5—外套；
6—内套；
7—上盖；
8—空气隙

图 3－37　阀用电磁铁的结构图

常用的阀用电磁铁有 MFZ1/MFJ1 系列。其中，M 表示电磁铁，F 表示阀用，Z 表示直流，J 表示交流。

3. 牵引电磁铁

牵引电磁铁用来牵引其他机械设备动作来实现自动控制。

图 3－38 所示为 MQ1 型（M 表示电磁铁，Q 表示牵引）交流牵引电磁铁的结构。它一般具有装甲螺管式结构，这种结构吸力特性较平坦，能在长行程中获得较大的吸力。牵引电磁铁有推动式和拖式两种形式。

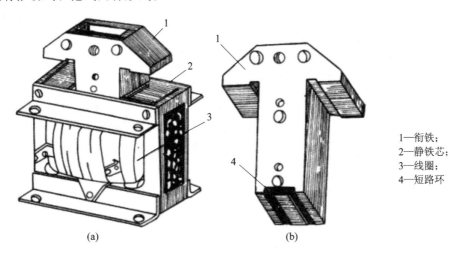

1—衔铁；
2—静铁芯；
3—线圈；
4—短路环

(a)　　　　　　　　　(b)

图 3－38　牵引电磁铁的结构图

牵引电磁铁由线圈、静铁芯、短路环、衔铁组成。为了减少铁损,铁芯和衔铁都用硅钢片叠成。衔铁没有复位装置,它与被控制的机械设备相连,依靠机械设备的回复而复位。由于衔铁是直线运动且启动电流很大,因此有可能导致衔铁被卡住,运动受阻,不能与静铁芯很好地吸合,时间一长,线圈会烧坏。

4. 制动电磁铁

制动电磁铁是制动器的主要部件,用在电力拖动装置中,对电动机或机械运动部件进行机械制动,以达到及时停止的目的,特别在电磁制动设备中,是必不可少的。以下介绍摩擦片式电磁制动器及电磁抱闸。

(1) 摩擦片式电磁制动器。图 3-39 所示为摩擦片式电磁制动器的结构图。线圈通入直流电时,电磁吸力使衔铁吸合而压缩弹簧,摩擦片出于自由状态互不接触,电动机轴可自由转动;线圈断电后,电磁吸力消失,衔铁在弹簧力作用下将摩擦片压紧,依靠摩擦片的摩擦力将电动机轴制动。

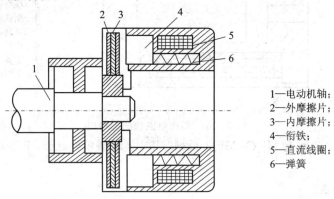

1—电动机轴;
2—外摩擦片;
3—内摩擦片;
4—衔铁;
5—直流线圈;
6—弹簧

图 3-39　摩擦片式电磁制动器的结构图

制动器一般应比所控制的电动机先行通电,至少应同时通电,但必须同时断电。

(2) 电磁抱闸。制动电磁铁与瓦式制动器配套,通常称为电磁抱闸。图 3-40 是其结构图,图 3-41 是其控制电路图。

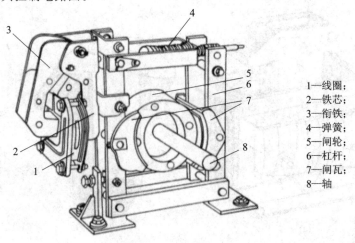

1—线圈;
2—铁芯;
3—衔铁;
4—弹簧;
5—闸轮;
6—杠杆;
7—闸瓦;
8—轴

图 3-40　电磁抱闸的结构图

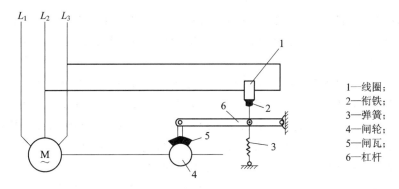

图 3-41 电磁抱闸的控制电路

1—线圈；
2—衔铁；
3—弹簧；
4—闸轮；
5—闸瓦；
6—杠杆

电磁抱闸是应用普遍的制动装置，它具有较大的制动力，能准确、及时地使制动的对象停止运动。特别在起重机械的提升机构中，如果没有制动器，则万一吊起的重物因自重而自动高速下降，会造成设备及人身事故。

电磁抱闸的工作原理是：电磁铁线圈一般与电动机定子绕组并联，它们同时通电，同时断电（也可以电磁铁线圈先行通电，后断电）。当线圈获电后，衔铁被吸引，利用电磁吸力克服弹簧弹力，杠杆上移，使紧抱在电动机轴上闸轮的闸瓦松开，电动机自由转动；当线圈失电后，电磁吸力消失，在弹簧力的作用下，使闸瓦紧紧抱住闸轮，电动机被制动迅速停止转动。

常用的电磁抱闸有单相交流短行程制动电磁制动器 MJD1 型和三相交流长行程制动电磁制动器 MJS1 型。MJD1 配用于 JCM 系列或 TJ2 系列闸式制动器上。

本 章 小 结

（1）变压器是利用电磁感应原理对交流电进行变换的一种常用电气设备，广泛应用在输/配电方面，以及电工测量、电子技术领域中。

（2）变压器对交流电的电压和电流都有变换作用，而且还有对阻抗的变换作用。

（3）变压器最基本的组成是铁芯和绕组。铁芯由硅钢片叠装而成，构成变压器的磁路部分。绕组分为一次绕组和二次绕组。铁芯和绕组之间有良好的绝缘。

（4）变压器的一、二次绕组匝数之比称为变压器的变比，其表达式为

$$K = \frac{U_1}{U_2} = \frac{I_2}{I_1} = \frac{N_1}{N_2}$$

（5）变压器在传输电能时是有损耗的，这种损耗分为铁损耗和铜损耗。其输出功率和输入功率的比值称为变压器的效率：

$$\eta = \frac{P_2}{P_1} \times 100\% = \frac{P_2}{P_2 + P_{Fe} + P_{Cu}} \times 100\%$$

（6）一般为了测出变压器的铁损耗、变比、空载电流和励磁阻抗以及变压器的额定铜损耗、短路电流和短路阻抗，可以通过进行变压器的空载试验和短路试验来获取变压器的特性。

（7）三相变压器一、二次绕组可以采用星形连接和三角形连接，但在连接时要注意绕

组的首、末端不能接错。三相变压器并联运行时必须具备一定的条件：第一，变比必须相等；第二，短路电压也要相同；第三，变压器的连接组别必须相同；第四，变压器的容量之比不能大于3∶1。

(8) 一、二次绕组共用一个绕组的变压器称为自耦变压器。它的结构比较简单，两边之间既有磁的联系，又有电的直接联系。其结构简单，操作方便，在试验室中广泛使用。

(9) 在各种交流电路的测量中会大量用到互感器。互感器分为电压互感器和电流互感器两大类，主要用于扩大交流电压表和交流电流表的测量范围。使用电压互感器时，二次绕组不可短路；使用电流互感器时，二次绕组不能开路。

(10) 电焊变压器的最大特点是具有陡降的外特性，以满足电弧焊的要求。

(11) 直流电磁铁衔铁吸合后，由于空气隙消失，磁路中的磁通比吸合前大得多，因而电磁吸力比吸合前要大得多。但吸合前后的励磁电流及产生的电磁吸力是不会变化的，衔铁吸合后较稳定。交流电磁铁的励磁电流是交变的，磁通也是交变的，因此电磁吸力的大小是随时间变化的，即在零与最大值之间脉动，从而使衔铁发生振动。为避免衔铁振动，通常在电磁铁磁极嵌入一个短路环。

思 考 题

3-1 变压器是根据什么原理进行电压变换的？变压器的主要用途有哪些？

3-2 变压器有哪些主要部件？各部件的作用是什么？

3-3 一台变压器一次绕组的电压为 220 V，二次绕组电压为 36 V，该变压器的变比是多少？

3-4 变压器在运行中有哪些损耗？它们与哪些因素有关？

3-5 何谓变压器的效率？它与哪些主要因素有关？

3-6 一台额定电压为 220 V/36 V 的变压器，若误将低压侧接在 220 V 的交流电源上，将会发生什么后果？

3-7 有一台单相照明变压器，铭牌上标明容量为 10 kV·A，电压为 3300 V/220 V，如果要求变压器在额定负载下运行，可以接多少盏 220 V、60 W 的白炽灯？试求出一、二次绕组的额定电流(不计损耗)。

3-8 变压器带负载时，若二次绕组电流加大，为什么一次绕组电流也加大？

3-9 简述变压器短路试验的目的，并说明为什么短路试验可以确定变压器的铜损耗。

3-10 什么叫变压器的电压变化率？电力变压器的电压变化率控制在什么范围内为好？

3-11 三相电力变压器并联运行的条件有哪些？

3-12 对于三相电力变压器，如果连接组不同，变比不同，则会出现什么情况？

3-13 判断变压器绕组极性的常用方法有哪几种？

3-14 一台三相变压器的 $S_N = 300$ kV·A，$U_1 = 10$ kV，$U_2 = 0.4$ kV，(Y, yn)连接，求 I_1 及 I_2。

3-15 自耦变压器的结构特点是什么？它有哪些优、缺点？

3-16 为什么电流互感器运行时二次绕组禁止开路，而电压互感器运行时二次绕组禁止短路？

3-17 电压互感器变比为 6000/100，电流互感器变比为 100/5，其对应的电压表读数为 96 V，电流表读数为 3.5 A，求被测电路的电压、电流各为多少？

3-18 一台单相自耦变压器的 $U_1 = 220$ V，$U_2 = 180$ V，$\cos\varphi_2 = 1$，$I_2 = 200$ A。

(1) 流过该变压器一、二次绕组及绕组公共部分的电流各为多少？

(2) 借助于电磁感应传递到二次侧绕组的视在功率是多少？

3-19 电焊变压器的外特性与普通变压器有什么不同？电焊变压器在结构上有什么特点？

3-20 如果把交流电磁铁误接到电压相等的直流电源上，将会产生什么后果？相反地，如果把直流电磁铁误接到电压相等的交流电源上，又将产生什么后果？

3-21 一直流电磁铁吸合后的电磁吸力与一交流电磁铁吸合后的平均吸力相等。

(1) 将它们的励磁线圈的匝数都减去一半，这时它们的吸力是否仍然相等？

(2) 将它们的电压都降低一半，这时它们的吸力是否仍然相等？

3-22 额定电压为 127 V 的 MQ1—5131 交流电磁铁，启动功率(指开始吸合衔铁时的视在功率)为 2200 V·A，工作功率(指衔铁吸合后的视在功率)为 130 V·A，开始吸合衔铁的电流比吸合后的电流大多少倍？

第4章　常用低压电器

学 习 目 标

◇ 掌握各种常用低压电器的名称、用途、规格、基本结构、工作原理、图形符号与文字符号。

◇ 熟悉常用低压电器的灭弧装置的构造与灭弧方法。

◇ 了解其他低压电器的有关知识。

4.1　低压电器的基础知识

低压电器通常是指工作在交流电压小于 1200 V、直流电压小于 1500 V 的电路中起通断、保护、控制或调节作用的电器设备。

4.1.1　低压电器的分类

低压电器的用途广泛,品种规格繁多,结构原理各异,可以从用途和动作方式等方面进行分类。

1. 按用途分类

(1) 低压配电电器。这类电器包括刀开关、转换开关、熔断器和自动开关,主要用于低压配电系统中,完成对系统的控制与保护,在系统发生故障的情况下动作准确,工作可靠。当系统中出现短路电流时,其热效应不会损坏电器。

(2) 低压控制电器。这类电器包括接触器、控制继电器及各种主令电器等,主要用于设备电气控制系统。一般要求其寿命长,体积小,重量轻,工作可靠。

2. 按动作方式分类

(1) 自动切换电器。这类电器依靠电器本身参数的变化或外来信号(如电流、电压、温度、压力、速度、热量等)自动完成接通、分断或使电机启动、反向及停止等,如接触器、继电器等。

(2) 手控电器。这类电器依靠外力(人力)直接操作来进行切换等动作,如按钮、刀开关等。

低压电器按其执行功能还可分为有触点电器和无触点电器。

低压电器一般有两个基本部分。一个是感受部分,它感受外界的信号,作出有规律的反应。在自动切换电器中,感受部分大多由电磁结构组成;在手控电器中,感受部分通常为操作手柄等。另一个是执行部分,如触点连同灭弧系统,它根据指令执行电路接通、切断等任务。对自动开关类低压电器,还具有中间(传递)部分,它的任务是把感受部分和执行部分联系起来,使它们协同一致,按一定的规律动作。

4.1.2　电磁式低压电器基本结构及灭弧

电磁机构的作用是将电磁能转换成机械能并带动触点闭合或断开。

1. 结构形式

电磁机构通常采用电磁铁的形式,由吸引线圈、铁芯(又称静铁芯或磁轭)和衔铁(也称动铁芯)三部分组成,如图 4-1 所示。其工作原理如下:

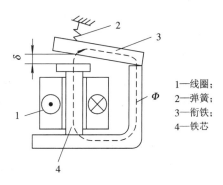

1—线圈;
2—弹簧;
3—衔铁;
4—铁芯

图 4-1　电磁机构示意图

线圈通入电流后,磁通 Φ 通过铁芯,衔铁和工作气隙形成闭合回路,如图中虚线所示。因衔铁受到电磁力,便吸向铁芯,但衔铁的运动受到反作用弹簧的拉力,故只有当电磁力大于弹簧反作用力时,衔铁才能可靠地被铁芯吸住。电磁吸力应大于弹簧反作用力,以便吸牢,但吸力也不宜过大,过大会在吸合时使衔铁和铁芯产生严重撞击。

电磁铁有各种结构形式,铁芯有 E 形和 U 形,动作方式有直动式和转动式。它们各有不同的机电性能,适用于不同的场合。图 4-2 列出了几种电磁铁芯的结构形式。

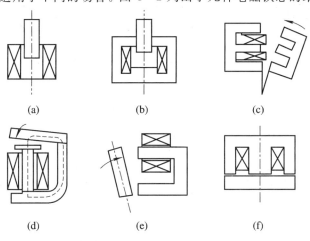

图 4-2　电磁铁芯的结构形式

直流励磁的电磁铁和交流励磁的电磁铁在结构上也有不同。直流电磁铁在稳定状态下通过恒定磁通,铁芯中没有磁滞损耗和涡流损耗,也就不产生热量,只有线圈是产生热量的热源。因此,直流线圈通常没有骨架,且呈细长形,以增加它和铁芯直接接触的面积,从而使线圈产生的热量通过铁芯散发出去。交流铁芯中因为通过交变磁通,铁芯中有磁滞损耗和涡流损耗,所以产生热量。为此,一方面铁芯用硅钢片叠成,以减少铁芯损耗;另一方面将线圈制成短粗形,并由线圈骨架把它和铁芯分开,以免铁芯的热量传给线圈,使其过热损坏。

　　大多数电磁铁的线圈跨接在电源电压两端，获得额定电压吸合，称为电压线圈。其电流值由电路电压和线圈本身的电阻或阻抗所决定。由于电压线圈匝数多、导线细、电流小且匝间电压高，因此一般用绝缘性能好的漆包线绕制。当需要反映主电路电流值时，常采用电磁线圈串入主电路的接法。当主电路电流超过或低于某一规定值时，铁芯动作，故称其为电流线圈。通过电流线圈的电流不由线圈本身的电阻或阻抗决定，而由电路负载的大小决定。由于主电路电流比较大，因而线圈比较粗，匝数比较少，常用较粗的紫铜条或铜线绕制。

　　交流电磁机构工作时，其线圈电流是由线圈本身的阻抗决定的，该阻抗受铁芯磁路的影响。当线圈通电，衔铁未吸合时，阻抗小，电流大；衔铁吸合后，阻抗大，电流小，故电磁机构吸合瞬间存在一个类似电动机的"启动电流"。如果通、断电过于频繁，则会使线圈过热，一旦衔铁被卡住吸合不上，铁芯线圈还有被烧毁的危险。直流电磁机构的线圈电流是由其本身的纯电阻决定的，与铁芯磁路无关，所以工作时即使衔铁被卡住，也不会影响线圈电流。因此，直流电磁铁运行可靠、平稳、无噪声，一般用于较重要的控制场合。

2. 交流电磁铁的分磁环

　　对单相交流电磁机构，一般在铁芯端面上安置一个铜制的分磁环（也称短路环），以便改善工作状况，如图 4-3 所示。

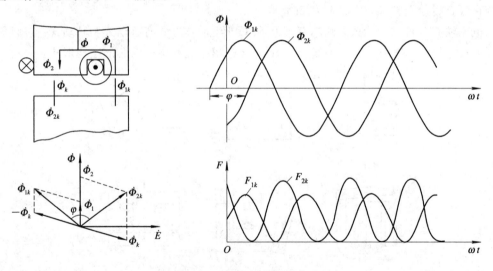

图 4-3　交流电磁铁分磁环

　　因为电磁机构的磁通是交变的，而电磁吸力与磁通的平方成正比，所以当磁通为零时，吸力也为零，这时衔铁在弹簧反力作用下被拉开，磁通大于零后，吸力增大，当吸力大于反作用力时，衔铁又吸合，在如此反复循环的过程中，衔铁产生强烈的振动和噪声。振动会使电器寿命缩短，使触点接触不良、磨损或熔焊。所以为了消除振动，单相交流电磁机构必须加分磁环。在铁芯端面安置了分磁环后，将气隙磁通 $\dot{\Phi}$ 分成了 $\dot{\Phi}_1$ 和 $\dot{\Phi}_2$ 两部分，其中 $\dot{\Phi}_2$ 穿过分磁环，在环内产生感应电动势、感应电流，产生磁通 $\dot{\Phi}_k$，$\dot{\Phi}_k$ 分别与 $\dot{\Phi}_1$、$\dot{\Phi}_2$ 相量相加，使穿过气隙的磁通成为 $\dot{\Phi}_{1k}$、$\dot{\Phi}_{2k}$，它们不仅相位不同，而且幅值也不一样。这样两个磁通产生的电磁力不同时通过零点。若分磁环设计得较理想，使 $\varphi=90°$，且电磁力近乎相等，这时合成磁力相当平坦，只要最小吸力大于弹簧反力，衔铁就会被牢牢吸住，不会产生振动和噪声。

3. 灭弧装置

各种有触点电器都是通过触点的闭合、断开来通、断电路的。触点接通电路时，存在接触电阻，引起触点升温；触点分断电路时，由于热电子发射和强电场的作用使气体游离，从而在分断瞬间产生电弧。开关电器在分断电路时产生的电弧，一方面使电路仍旧保持导通状态，延迟了电路的开断；另一方面会烧损触点，缩短电器的使用寿命，所以不少电器采用了灭弧措施。灭弧措施主要有以下几种：

（1）依靠触点的分开，机械地拉长电弧，如图 4-4(a)、(b)所示。

（2）利用导电回路或特制线圈的电流在弧区产生磁场，使电弧受力迅速移动并拉长电弧（瓷吹灭弧），如图 4-4(a)、(b)、(c)、(d)所示。

（3）将电弧分隔成许多串联的短弧，如图 4-4(c)、(f)所示。

（4）依靠磁场作用，将电弧驱入用耐弧材料制成的狭缝中，以加快电弧的冷却，如图 4-4(e)、(g)所示。

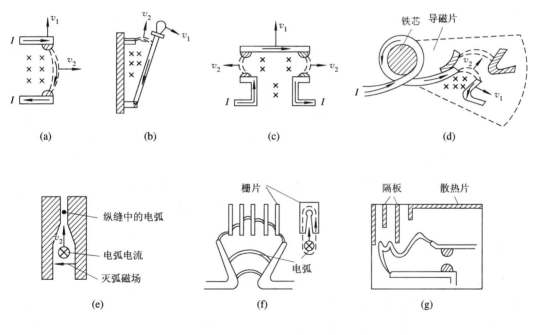

图 4-4　灭弧措施

（5）在封闭的灭弧室中，利用电弧自身能量分解固体材料产生气体，提高灭弧室中的压力，或利用产生的气体进行吹弧。

不同电器采用不同的灭弧措施，如石英砂熔断器的熔片用纯银片冲成变截面的形状，密封在管内，管内充满石英砂，如图 4-5 所示。当出现短路电流时，熔片狭颈处熔断并气化，形成几个串联的短弧。熔片气化后，体积受石英砂限制，不能自由膨胀，产生很高的压力，该压力推动弧隙中的游离气体迅速向周围石英砂中扩散，并受到石英砂的冷却作用，从而具有较强的灭弧能力。

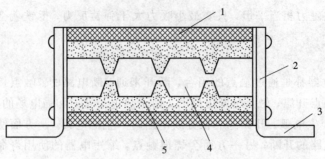

1—瓷套；2—熔断指示器；3—连接导电板；4—熔片；5—石英砂填料

图 4-5　熔断器的灭弧措施

4.2　低 压 开 关

低压开关主要包括刀开关、组合开关、空气断路器等，属于控制电器。它们在控制电路中执行发布命令、改变系统工作状态等任务。

4.2.1　刀开关

刀开关的种类很多，是结构最简单且应用最广泛的一种低压电器。它由操作手柄、触刀、静插座和绝缘地板组成。为保证刀开关合闸时触刀与插座良好接触，触刀与插座之间应有一定的接触应力。

刀开关按极数可分为单极、双极和三极；按刀的转换方向可分为单掷和双掷；按灭弧情况可分为有灭弧罩和无灭弧罩等。常用的刀开关有胶盖刀开关和铁壳开关。

1. 胶盖刀开关

胶盖刀开关又称开启式负荷开关，由瓷底座、静触点、触刀、瓷柄和胶盖等构成。其结构简单，价格低廉，常用作照明电路的电源开关，也可用来控制 5.5 kW 以下异步电动机的启动与停止。因其无专门的灭弧装置，故不宜频繁分、合电路。图 4-6(a)所示为 HK 系列负荷开关的结构，图(b)所示为其图形符号。

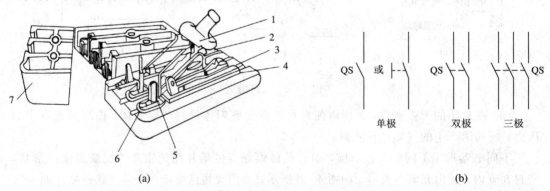

1—瓷柄；2—触刀；3—出线座；4—瓷底座；5—静触点；6—进出线；7—胶盖

图 4-6　HK 系列负荷开关

(a)内部结构；(b)图形符号

对于照明电路和电热性负载，可选用额定电压 220 V 或 250 V，额定电流大于所有负载额定电流之和的开关。对于电动机的控制，可选用额定电流大于电动机额定电流 3 倍的开关。

胶盖刀开关的型号（HK 2—□/□）含义为

安装和使用胶盖刀开关时应注意下列事项：

（1）电源进线应接在静触点一边的进线端（进线座应在上方），用电设备应接在动触点一边的出线端。这样，当开关断开时，闸刀和熔体均不带电，以保证更换熔体时的安全。

（2）安装时，刀开关在合闸状态下手柄应该向上，不能倒装和平装，以防止闸刀松动落下时误合闸。

常用 HK 系列负荷开关的主要技术数据见表 4 - 1。

表 4 - 1　HK 系列负荷开关的主要技术数据

型号	额定电流/A	极数	额定电压/V	可控制电动机最大容量/kW	配用熔体线径/mm
HK1	15	2	220	1.5	1.45～1.59
	30	2	220	3.0	2.30～2.52
	60	2	220	4.5	3.36～4.00
	15	3	380	2.2	1.45～1.59
	30	3	380	4.0	2.30～2.52
	60	3	380	5.5	3.36～4.00
HK2	10	2	250	1.1	0.25
	15	2	250	1.5	0.41
	30	2	250	3.0	0.56
	10	3	380	2.2	0.45
	15	3	380	4.0	0.71
	30	3	380	5.5	1.12

2. 铁壳开关

铁壳开关又称封闭式负荷开关，由触刀、熔断器、操作机构和铁外壳等构成。图 4 - 7 所示为 HH 系列封闭式负荷开关的结构图。

从图 4 - 7 中可以看到，三把触刀固定于一根绝缘的轴上，由手柄操作。为保证安全，铁壳与操作机构装有机械联锁，即盖子打开时开关不能闭合，开关闭合时盖子不能打开。操作机构中，在手柄转轴与底座之间装有速断弹簧，能使开关快速接通与断开，而开关的通断速度与手柄操作速度无关，这样有利于迅速灭弧。

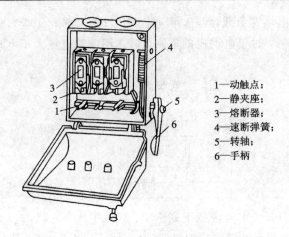

1—动触点；
2—静夹座；
3—熔断器；
4—速断弹簧；
5—转轴；
6—手柄

图 4-7　HH 系列封闭式负荷开关

封闭式负荷开关的型号含义为

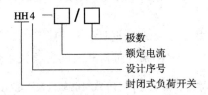

极数
额定电流
设计序号
封闭式负荷开关

使用铁壳开关应注意下列事项：

（1）对于照明电路和电热性负载电路，铁壳开关可以根据额定电流选择；对于电动机，开关额定电流可选为电动机额定电流的 1.5 倍。

（2）外壳应可靠接地，以防止意外漏电造成触电事故。

4.2.2　组合开关

组合开关又称转换开关，由分别装在多层绝缘件内的动、静触点组成。动触点装在附有手柄的绝缘方轴上，手柄沿任一方向每转动 90°，触点便轮流接通或分断。为了使开关在切断电路时能迅速灭弧，在开关转轴上装有扭簧储能机构，使开关能快速接通与断开，从而提高了开关的通断能力。图 4-8 所示为 HZ10 系列组合开关的外形和内部结构。

组合开关适用于交流 50 Hz、电压 380 V 以下和直流电压 220 V 以下的电路中，供手动不频繁地接通和断开

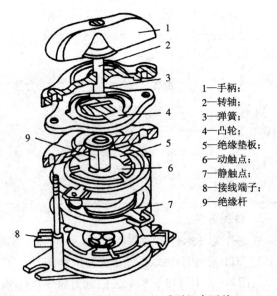

1—手柄；
2—转轴；
3—弹簧；
4—凸轮；
5—绝缘垫板；
6—动触点；
7—静触点；
8—接线端子；
9—绝缘杆

图 4-8　HZ10—10/3 系列组合开关

电源，以及控制 5 kW 以下异步电动机的直接启动、停止和正反转。使用时根据电源的种类、电压等级、额定电流和触点数进行选用。

HZ 系列转换开关的型号含义为

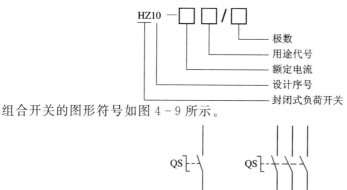

组合开关的图形符号如图 4-9 所示。

图 4-9　组合开关的图形符号

（a）单极；（b）三极

4.2.3　空气断路器

　　空气断路器又叫自动空气开关或低压断路器。它相当于刀开关、熔断器、热继电器、过电流继电器和欠压继电器的组合，是一种既有手动开关作用又能自动进行欠压、失压、过载和短路保护的电器。

　　空气断路器主要由触点系统、操作机构和保护元件三部分组成，其主要参数是额定电压、额定电流和允许切断的极限电流。选择时空气断路器的允许切断极限电流应略大于线路最大短路电流。图 4-10 为空气断路器的内部结构。

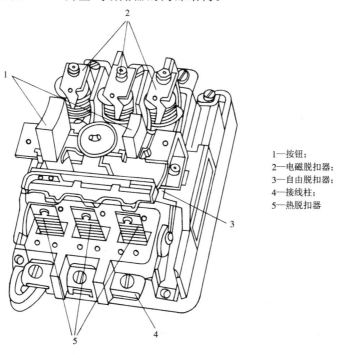

1—按钮；
2—电磁脱扣器；
3—自由脱扣器；
4—接线柱；
5—热脱扣器

图 4-10　DZ5—20 型低压断路器结构

空气断路器的工作原理如图 4-11 所示，电磁脱扣器的线圈和热脱扣器的电阻丝与电路串联，分离脱扣器和失压脱扣器的线圈与电路并联。电路正常工作时，脱扣器线圈电流所产生的磁力不能将衔铁吸合；当电路发生短路或有较大过电流时，磁力增加，将衔铁吸合，撞击杠杆，搭钩松开，触点分断；当电路电压下降较多或失去电压时，失压脱扣器磁力减小或失去，衔铁被弹簧拉开，撞击杠杆，顶上搭钩，触点分断；当电路发生过载时，双金属片发生弯曲，撞击杠杆，顶开搭钩，触点分断。

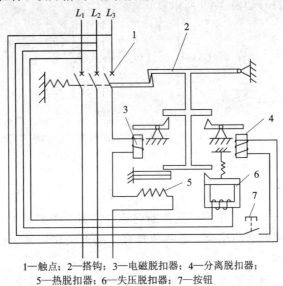

1—触点；2—搭钩；3—电磁脱扣器；4—分离脱扣器；
5—热脱扣器；6—失压脱扣器；7—按钮

图 4-11　低压断路器的工作原理

空气断路器具有体积小、安装方便、操作安全、工作可靠、分断能力高等特点。脱扣时将三相电源同时切断，可避免电动机断相运行。空气断路器在短路故障排除后可重复使用，而不像熔断器需更换新熔体。空气断路器有塑料外壳式与万能式两种，常用的塑料外壳式有 DZ 系列，万能式有 DW 系列。空气断路器的图形符号如图 4-12 所示。

图 4-12　低压断路器的图形符号

空气断路器的型号含义为：

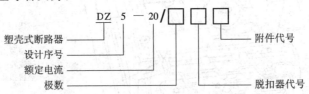

4.3　熔　断　器

熔断器是一种广泛应用的最简单有效的保护电器之一，在低压配电线路和用电设备中主要作为短路保护之用。使用时熔断器串接在被保护的电路中，当流过它的电流超过规定值时，熔体产生的热量使自身熔化而切断电路。由于熔断器具有结构简单、使用方便、价格低廉、可靠性高等优点，因而其应用极为广泛。

4.3.1　常用熔断器

1. 熔断器的分类和结构原理

熔断器按结构可分为开启式、半封闭式和封闭式。封闭式熔断器又分为有填料、无填料管式和有填料螺旋式等。按用途分为工业用熔断器、保护半导体器件熔断器、具有两段保护特性的快慢动作熔断器、自复式熔断器等。其图形符号如图 4 - 13 所示。

熔断器主要由熔体、安装熔体的熔管和绝缘底座三部分组成。熔体是用低熔点的金属丝或金属薄片做成的。熔体材料基本上分为两类：一类由铅、锌、锡铅合

图 4 - 13　熔断器的图形符号

金等低熔点金属制成，主要用于小电流电路；另一类由银和铜等高熔点金属制成，用于大电流电路。

熔断器接入电路时，熔体串联在电路中，负载电流流过熔体，由于电流热效应而使温度上升。当电路正常工作时，其发热温度低于熔化温度，故长期不熔断。当电路发生短路或过载时，电流大于熔体允许的正常发热电流，使熔体温度急剧上升，超过其熔点而熔断，分断电路，以保护电路和设备。

2. 熔断器的主要技术参数

选择熔断器时，应考虑以下 4 个主要技术参数。

（1）额定电压：从灭弧角度出发，保证熔断器能长期正常工作的电压。如果熔断器的实际工作电压超过额定电压，则一旦熔体熔断，可能发生电弧不能及时熄灭的现象。

（2）熔体额定电流：指在规定的工作条件下，电流长时间通过熔体而熔体不熔断的最大电流。

（3）熔断器额定电流：指保证熔断器能长期正常工作的电流，是由熔断器各部分长期工作时所允许的温升决定的。该额定电流应不小于所选熔体的额定电流，且在额定电流范围内不同规格的熔体可装入同一熔壳内。

（4）极限分断能力：指熔断器在额定电压下所能分断的最大短路电流值。它取决于熔断器的灭弧能力，与熔体的额定电流大小无关。一般有填料的熔断器分断能力较高，可大至数十到数百千安。较重要的负载或距离变压器较近时，应选用分断能力较大的熔断器。

熔断器的型号及含义如下：

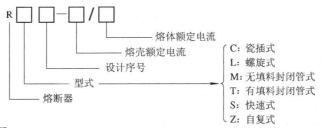

3. 常用熔断器

（1）瓷插式熔断器。常用的瓷插式熔断器为 RC1A 系列，它由瓷盖、瓷底座、静触点、动触点和熔体组成，其结构如图 4 - 14 所示。静触点在瓷底座两端，中间有一空腔，它与瓷盖的凸起部分共同形成灭弧室。额定电流在 60 A 以上的，灭弧室中还有帮助灭弧的编织

石棉带。动触点在瓷盖两端，熔体沿凸起部分跨接在两个动触点上。瓷插式熔断器一般用于交流 50 Hz、额定电压 380 V 及以下、额定电流 200 A 以下的电路末端，用于电气设备的短路保护和照明电路的保护。

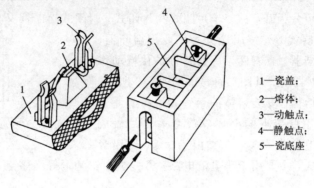

1—瓷盖；

2—熔体；

3—动触点；

4—静触点；

5—瓷底座

图 4-14　瓷插式熔断器

（2）有填料螺旋式熔断器。它由瓷帽、熔管、瓷套及瓷座等组成。熔管是一个瓷管，内装熔体和灭弧介质石英砂，熔体的两端焊在熔管两端的金属盖上，其一端标有不同颜色的熔断指示器，当熔体熔断时指示器弹出，便于发现并更换同型号的熔管。有填料螺旋式熔断器的外形和结构如图 4-15 所示。

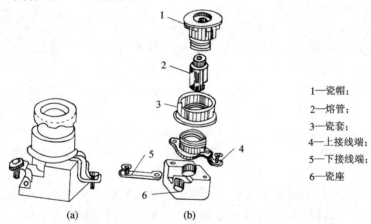

1—瓷帽；

2—熔管；

3—瓷套；

4—上接线端；

5—下接线端；

6—瓷座

（a）　　　　　　　（b）

图 4-15　有填料螺旋式熔断器

（a）外形；（b）结构

这种熔断器的特点是其熔管内充满了石英砂填料，以增强熔断器的灭弧能力。因为石英砂具有很大的热惯性与较高的绝缘性能，且为颗粒状，同电弧接触面大，能大量吸收电弧的能量，使电弧很快冷却，所以它加快了电弧熄灭过程。

该熔断器的优点是体积小，灭弧能力强，有熔断指示，工作安全可靠。因此，在交流额定电压 500 V、额定电流 200 A 及以下的配电和机电设备中大量使用。

（3）无填料封闭管式熔断器。这种熔断器由熔管、熔体和插座组成，熔体被封闭在不充填料的熔管内，其结构如图 4-16 所示。15 A 以上熔断器的熔管由钢纸管、黄铜套管和黄铜帽等构成，新产品中熔管用耐电弧的玻璃钢制成。常用的无填料封闭管式熔断器有 RM7 和 RM10 系列。

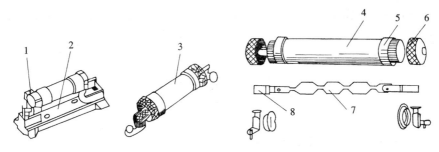

1—插座；2—底座；3—熔管；4—钢纸管；5—黄铜套管；6—黄铜帽；7—熔体；8—触刀

图 4-16　无填料封闭式熔断器

这种熔断器有两个特点：一是采用变截面锌片作熔体。当电路过载或短路时，变截面锌片狭窄部分的温度急剧升高并首先熔断，特别是在短路时，熔体的几个狭窄部分同时熔断，形成较大空隙，灭弧更容易；二是采用钢纸管或三聚氰胺玻璃作熔管，当熔体熔断时，熔管在电弧作用下，分解大量气体，使管内压力迅速增大，促使电弧迅速熄灭。

这种熔断器的优点是灭弧能力强，熔体更换方便，被广泛用于发电厂、变电所和电动机的保护。

（4）自复式熔断器。常用的熔断器中，熔体一旦熔断，就需要更换新的熔体才能使电路重新接通。在某种意义上说，这样既不方便，也不能及时恢复供电。自复式熔断器可以解决该问题，它是应用非线性电阻元件（金属钠等）在高温下电阻特性突变的原理制成的。

自复式熔断器由金属钠制成熔丝，它在常温下具有高电导率（略次于铜），短路电流产生的高温能使钠汽化，气压增高，高温高压下气态钠的电阻迅速增大，呈高电阻状态，从而限制了短路电流。短路电流消失后，温度下降，气态钠又变为固态钠，恢复原来良好的导电性能，故自复式熔断器可重复使用。因其只能限流，不能分断电路，故常与断路器串联使用，以提高分断能力。目前，自复式熔断器有 RZ1 系列熔断器，适用于交流 380 V 的电路中与断路器配合使用。

4.3.2　熔断器的选择

1. 熔断器的选择

熔断器的额定电压和额定电流应不小于线路的额定电压和所装熔体的额定电流，其类型根据线路要求和安装条件而定。熔断器的分断能力必须大于电路中可能出现的最大故障电流。

2. 熔体额定电流的选择

（1）对于电炉和照明等电阻性负载，可作过载保护和短路保护，熔体的额定电流应稍大于或等于负载的额定电流。

（2）电动机的启动电流很大，熔体的额定电流应考虑启动时熔体不能熔断而选得较大一些，因此对电动机只宜作短路保护，而不能作过载保护。

对单台电动机，熔体的额定电流（I_{fN}）应不小于电动机额定电流（I_N）的 1.5～2.5 倍，即

$$I_{fN} \geqslant (1.5 \sim 2.5)I_N \qquad\qquad (4-1)$$

轻载启动或启动时间较短时,系数可取 1.5;带负载启动、启动时间较长或启动较频繁时,系数可取 2.5。

对多台电动机的短路保护,熔体的额定电流(I_{fN})应不小于最大一台电动机额定电流(I_{Nmax})的 1.5～2.5 倍加上同时使用的其他电动机额定电流之和($\sum I_N$),即

$$I_{fN} \geqslant (1.5 \sim 2.5)I_{Nmax} + \sum I_N \qquad (4-2)$$

3. 熔断器使用和维护的注意事项

(1)熔断器的插座和插片的接触应保持良好。

(2)熔体烧断后,应首先查明原因,排除故障。更换熔体时,应使新熔体的规格与换下来的一致。

(3)更换熔体或熔管时,必须将电源断开,以防触电。

(4)安装螺旋式熔断器时,电源线应接在瓷底座的下接线座上,负载线应接在螺纹壳的上接线座上。这样可保证更换熔管时螺纹壳体不带电,保证操作者的人身安全。

4.4 接 触 器

接触器是一种自动电磁式开关,用来频繁接通、断开电动机或其他负载主电路,具有低电压释放保护功能,能远距离控制,是电力拖动自控系统中应用最广泛的电器。它主要由触点系统、电磁机构及灭弧装置等组成。按主触点通过的电流种类不同,可分为交流接触器和直流接触器两大类。

4.4.1 交流接触器

1. 交流接触器的工作原理

交流接触器是利用电磁吸力与弹簧弹力配合动作,使触点闭合或分断,以控制电路的分断的。其外形、结构示意图及图形符号如图 4-17 所示。

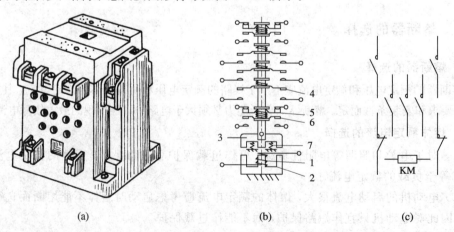

1—线圈;2—静铁芯;3—动铁芯;4—主触点;5—动断辅助触点;6—动合辅助触点;7—恢复弹簧

图 4-17 交流接触器的外形、结构及图形符号

(a) 外形;(b) 结构示意图;(c) 图形符号

交流接触器有两种工作状态：失电状态(释放状态)和得电状态(动作状态)。吸引线圈得电后，衔铁被吸合，各个动合触点闭合，动断触点分断，接触器处于得电状态；吸引线圈失电后，衔铁释放，在恢复弹簧的作用下，衔铁和所有触点都恢复常态，接触器处于失电状态。

接触器主触点的动触点装在与衔铁相连的绝缘连杆上，其静触点则固定在壳体上。接触器有三对动合的主触点，它的额定电流较大，用来控制大电流的主电路的通断；有两对动合辅助触点和两对动断辅助触点，它们的额定电流较小，用来接通或分断小电流的控制电路。

2. 交流接触器的结构

交流接触器主要由电磁系统、触点系统、灭弧装置等部分组成。

1) 电磁系统

电磁系统由线圈、动铁芯、静铁芯组成。铁芯用相互绝缘的硅钢片叠压而成，以减少交变磁场在铁芯中产生的涡流和磁滞损耗，避免铁芯过热。铁芯上装有短路铜环，以减少衔铁吸合后的振动和噪声。

线圈一般采用电压线圈(线径较小，匝数较多，与电源并联)。交流接触器启动时，铁芯气隙较大，磁阻大，线圈感抗很小，启动电流较大。衔铁吸合后，气隙几乎不存在，磁阻变小，感抗增大，这时的线圈电流显著减小。

交流接触器线圈在其额定电压的 85％～105％ 时，能可靠地工作。电压过高，则磁路趋于饱和，线圈电流将显著增大，线圈有被烧坏的危险；电压过低，则吸不牢衔铁，触点跳动，不但影响电路正常工作，而且线圈电流会达到额定电流的十几倍，使线圈过热而烧坏。因此，电压过高或过低都会造成线圈发热而烧毁。

2) 触点系统

触点系统是接触器的执行元件，用以接通或分断所控制的电路，必须工作可靠，接触良好。交流接触器的触点按接触情况可分为点接触式、线接触式和面接触式三种。图 4－17(c) 所示是交流接触器的图形符号。图中，三个主触点在接触器中央，触点较大，两个复合辅助触点分别位于主触点的左、右侧，上方为动断辅助触点，下方为动合辅助触点。辅助触点用于通断控制回路，起电气联锁的作用。

3) 灭弧装置

交流接触器分断大电流电路时，往往会在动、静触点之间产生很强的电弧。电弧的产生，一方面损坏触点，减少触点的使用寿命；另一方面延长电路的切断时间，甚至引起弧光短路，造成事故。容量较小(10 A 以下)的交流接触器一般采用双断口电动力灭弧，容量较大(20 A 以上)的交流接触器一般采用灭弧栅灭弧。

4) 辅助部件

交流接触器的辅助部件包含底座、反作用弹簧、缓冲弹簧、触点压力弹簧、传动机构和接线柱等。反作用弹簧的作用是：线圈得电时，电磁力吸引衔铁并将弹簧压缩；线圈失电时，弹力使衔铁、动触点恢复原位。缓冲弹簧装在静铁芯与底座之间，当衔铁吸合向下运动时会产生较大的冲击力，缓冲弹簧可起缓冲作用，保护外壳不受冲击。触点压力弹簧的作用是增强动、静触点间的压力，增大接触面积，减小接触电阻。

3. 交流接触器的常见故障

1）触点过热

主要故障原因：接触压力不足，触点表面氧化，触点容量不够等，造成触点表面接触电阻过大，使触点发热。

2）触点磨损

主要故障原因：一是电气磨损，由电弧的高温使触点上的金属氧化和蒸发所造成；二是机械磨损，由触点闭合时的撞击和触点表面相对滑动摩擦所造成。

3）线圈失电后触点不能复位

主要故障原因：触点被电弧熔焊在一起，铁芯剩磁太大，复位弹簧弹力不足，活动部分被卡住等。

4）铁芯噪声大

交流接触器运行中发出轻微的嗡嗡声是正常的，但声音过大就异常。

主要故障原因：短路环损坏或脱落；衔铁歪斜或衔铁与铁芯接触不良；其他机械方面的原因，如复位弹簧弹力太大、衔铁不能完全吸合等也会产生较强的噪声。

5）线圈过热或烧毁

线圈过热或烧毁是由于流过线圈的电流过大而造成的。

主要故障原因：线圈匝间短路，衔铁闭合后有间隙，操作频繁，外加电压过高或过低等。

4.4.2　直流接触器

直流接触器主要用于额定电压至 440 V、额定电流至 600 A 的直流电力线路中，作为远距离接通和分断线路，以控制直流电动机的启动、停止和反向，多用在冶金、起重和运输等设备中。

直流接触器和交流接触器一样，也是由电磁系统、触点系统和灭弧装置等部分组成的。图 4 - 18 所示为直流接触器的结构原理图。

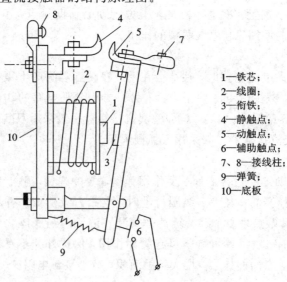

1—铁芯；
2—线圈；
3—衔铁；
4—静触点；
5—动触点；
6—辅助触点；
7、8—接线柱；
9—弹簧；
10—底板

图 4 - 18　直流接触器的结构原理图

1. 电磁系统

直流接触器的电磁系统由线圈、铁芯和衔铁组成。由于线圈中通的是直流电，铁芯中无磁滞和涡流损耗，铁芯不发热，所以铁芯可用整块铸铁或铸钢制成，且无需安装短路环。线圈的匝数较多，电阻大，线圈本身发热，因此线圈做成长而薄的圆筒状，且不设线圈骨架，使线圈与铁芯直接接触，以便散热。

2. 触点系统

直流接触器的触点也分为主触点和辅助触点。主触点一般做成单极或双极，因主触点接通或断开的电流较大，故采用滚动接触的指形触点，以延长触点的使用寿命。辅助触点的通断电流较小，常采用点接触的双断点桥式触点。

3. 灭弧装置

直流接触器的主触点在分断较大电流时，会产生强大的电弧。在同样的电气参数下，熄灭直流电弧比熄灭交流电弧要困难，因此，直流接触器的灭弧一般采用瓷吹式灭弧装置。

常用直流接触器为 CZ18 系列，其技术数据见表 4 - 2。

表 4 - 2　CZ18 系列直流接触器的主要技术数据

额定工作电压 U_N/V		440				
额定工作电流 I_N/A		40	80	160	315	630
主触点接通与分断能力	接通	$4I_N$，$1.1U_N$，25 次				
	分断	$4I_N$，$1.1U_N$，25 次				
额定操作频率/(次/h)		1200			600	
电寿命(DC—3)/万次		50			30	
机械寿命/万次		500			300	
辅助触点	组合情况	二常开			二常闭	
	额定发热电流 I/A	6			10	
	电寿命/万次	50			30	
吸合电压		$(85\%\sim110\%)U_N$				
释放电压		$(10\%\sim75\%)U_N$				

4.4.3　接触器的选择

1. 选择类型

通常根据所控制的电动机或负载电流种类来选择接触器的类型。通常交流负载选用交流接触器，直流负载选用直流接触器。若控制系统中主要是交流对象，而直流对象容量较小，也可全用交流接触器，只是触点的额定电流要选大一些。

2. 选择主触点的额定电压

接触器主触点的额定电压应大于或等于控制线路的额定电压。

3. 选择主触点的额定电流

接触器控制电阻性负载时，主触点的额定电流应大于或等于负载的额定电流。若负载为电动机，则其额定电流可按下式计算：

$$I_N = \frac{P_N \times 10^3}{\sqrt{3} U_N \eta \cos\varphi} \qquad (4-3)$$

式中，I_N 为电动机的额定电流(A)；P_N 为电动机的额定功率(kW)；U_N 为电动机的额定电压(V)；$\cos\varphi$ 为电动机的功率因数，其值一般在 0.85～0.9 之间；η 为电动机的效率，其值一般在 0.8～0.9 之间。

在选用接触器时，其额定电流应大于计算值。若接触器使用在频繁启动、制动和频繁正、反转控制的场合，则主触点的电流可降低一个等级。

4. 选择线圈电压

当控制线路简单时，为节省变压器，也可选用 380 V 或 220 V 电压的线圈。当控制线路复杂，使用的电器比较多时，从人身和设备安全考虑，线圈的额定电压可选得低一些，可用 36 V 或 110 V 电压的线圈。直流接触器线圈的额定电压应视控制电路而定，可使选用的线圈额定电压与直流控制电路电压一致。

4.5　继　电　器

继电器是根据外界输入的信号(电量或非电量)来控制电路中电流的"通"与"断"的自动切换电器。它主要用来反映各种控制信号，以改变电路的工作状态，实现既定的控制程序，达到预定的控制目的，同时提供一定的保护。它一般不直接控制电流较大的主电路，而通过接触器来实现对主电路的控制。继电器具有结构简单、体积小、反应灵敏、工作可靠等特点，因而应用广泛。

继电器主要由感测机构、中间机构、执行机构三部分组成。感测机构把感测到的参量传递给中间机构，并和整定值相比较，当满足预定要求时，执行机构便动作，从而接通或断开电路。

继电器的种类很多，按用途分有控制继电器和保护继电器；按反映信号分有电压继电器、电流继电器、时间继电器、热继电器、温度继电器、速度继电器和压力继电器等；按动作原理分有电磁式、感应式、电动式和电子式等；按输出方式分有有触点式和无触点式。

4.5.1　电流继电器

根据线圈中电流大小而动作的继电器称为电流继电器。使用时电流继电器的线圈与被测电路串联，用来反映电路电流的变化。为了使接入继电器线圈后不影响电路的正常工作，其线圈匝数少，导线粗，阻抗小。

电流继电器可分为过电流继电器和欠电流继电器。继电器中的电流高于整定值而动作的继电器称为过电流继电器，常用于电动机的过载及短路保护；低于整定值而动作的继电器称为欠电流继电器，常用于直流电动机磁场控制及失磁保护。

JT4 系列过电流继电器的外形、结构和图形符号如图 4-19 所示，它由线圈、静铁芯、衔铁、触点系统和反作用弹簧等组成。

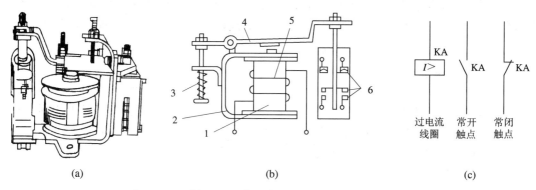

1—静铁芯；2—磁轭；3—反作用弹簧；4—衔铁；5—线圈；6—触点

图 4-19 JT4 系列过电流继电器

（a）外形；（b）结构；（c）图形符号

当通过线圈的电流为额定值时，它所产生的电磁引力不能克服反作用弹簧的作用力，继电器不动作，常闭触点闭合，维持电路正常工作。过电流继电器中流过线圈的电流一旦超过整定值，线圈电磁力将大于弹簧反作用力，静铁芯吸引衔铁，使常闭触点断开，常开触点闭合，切断控制回路，从而保护电路和负载。调整反作用弹簧的作用力，可以整定继电器的动作电流。

欠电流继电器的结构和工作原理与 JT4 系列继电器相似。常用的欠电流继电器有 JL14—Q 系列。电路正常工作时，衔铁是吸合的。其动作电流为线圈额定电流的 $30\%\sim65\%$，释放电流为线圈额定电流的 $10\%\sim20\%$。当通过线圈的电流降低到额定电流的 $10\%\sim20\%$ 时，继电器释放，输出信号去控制接触器失电，使控制设备同电源断开，起到保护作用。

4.5.2 电压继电器

根据线圈两端电压大小而动作的继电器称为电压继电器。电压继电器可分为过电压继电器和欠电压（零压）继电器。过电压继电器通常在电压为额定电压的 1.1 倍以上时动作，以对电路进行过电压保护；欠电压（或零压）继电器在电压低于规定值时动作，对电路进行欠电压（或零压）保护。电压继电器在电路中的符号如图 4-20 所示。常用的过电压继电器为 JT4—A 系列，其动作电压在额定电压的 $105\%\sim120\%$ 范围内可调。常用的欠电压继电器和零压继电器为 JT4—P 系列，欠电压继电器的动作电压在额定电压的 $40\%\sim70\%$ 范围内可调，零压继电器的动作电压在额定电压的 $10\%\sim35\%$ 范围内可调。

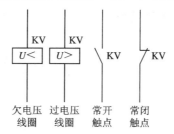

图 4-20 电压继电器的符号

电压继电器与电流继电器在结构上的区别主要是线圈不同。电流继电器的线圈与负载串联，以反映负载电流，故它的线圈匝数少，而导线粗；电压继电器的线圈与负载并联，以反映负载电压，其线圈匝数多，而导线细。

4.5.3 中间继电器

中间继电器本质上是电压继电器，它是用来远距离传输或转换控制信号的中间元件。其输入的是线圈的通电或断电信号，输出的是多对触点的通断动作。因此，它不但可用于增加控制信号的数目，实现多路同时控制，而且因为触点的额定电流大于线圈的额定电流，所以还可用来放大信号。

图 4-21 所示是 JZ7 系列中间继电器的外形结构，其结构和工作原理与接触器类似。该继电器由静铁芯、动铁芯、线圈、触点系统和复位弹簧等组成。其触点对数较多，没有主、辅触点之分，各对触点允许通过的额定电流是一样的，额定电流多数为 5 A，有的为 10 A。吸引线圈的额定电压有 12 V、24 V、36 V、110 V、127 V、220 V、380 V 等多种，可供选择。其图形符号如图 4-22 所示。

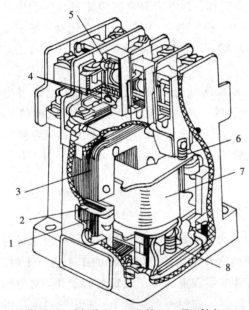

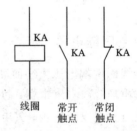

1—静铁芯；2—短路环；3—衔铁；4—常开触点；
5—常闭触点；6—反作用弹簧；7—线圈；8—缓冲弹簧

图 4-21　JZ7 系列中间继电器外形结构　　　图 4-22　中间继电器的图形符号

JZ7 系列中间继电器的主要技术数据见表 4-3。

表 4-3　JZ7 系列中间继电器的主要技术数据

型号	触点额定电压/V	触点额定电流/A	常开触点数	常闭触点数	操作频率/(次/h)	线圈启动功率/(V·A)	线圈吸持功率/(V·A)
JZ7—44	500	5	4	4	1200	75	12
JZ7—62	500	5	6	2	1200	75	12
JZ7—80	500	5	8	0	1200	75	12

4.5.4　热继电器

热继电器是利用电流通过发热元件所产生的热效应，使双金属片受热弯曲而推动机构动作的继电器。它主要用于电动机的过载、断相及电流不平衡的保护及其他电器设备发热状态的控制。

热继电器的种类很多，按极数分为单极、两极和三极，其中三极又分为带断相保护装置和不带断相保护装置；按复位方式分为自动复位式和手动复位式。它由热元件、触点、动作机构、复位按钮和整定电流装置等五部分组成。图 4-23(b)所示为 JR16 系列热继电器的结构原理，图(c)所示为 JR16 系列热继电器的图形符号。

图 4-23(b)中，电流调节凸轮用于调节整定电流，温度补偿装置保证动作特性在较大环境温度范围内基本不变，弓簧片式顺跳结构使触点动作迅速、可靠。

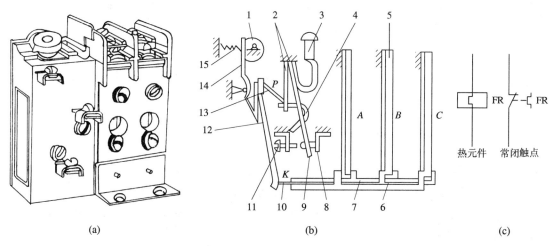

(a)　　　　　　　　　　　　　　(b)　　　　　　　　　　　　(c)

1—电流调节凸轮；2—片簧；3—手动复位按钮；4—弓簧片；5—主双金属片；6—外导板；7—内导板；8—静触点；
9—动触点；10—杠杆；11—复位调节螺钉；12—补偿双金属片；13—推杆；14—连杆；15—压簧

图 4-23　JR16 系列热继电器
(a) 外形；(b) 结构原理；(c) 图形符号

使用时，将热继电器的三相热元件分别串接在电动机的三相主电路中，当电动机负载正常时，三个热元件的电流为额定值，主双金属片 5 发热正常，内外导板 6、7 同时推动左移，但未超过临界位置，触点不动作，常闭静触点 8 仍闭合。当发生三相均衡过载时，三相主双金属片 5 受热向左弯曲较大，推动外导板 6 并带动内导板 7 向左继续移动，通过补偿双金属片 12 和推杆 13，使动触点 9 与常闭静触点 8 分开，以切断控制电路，达到保护电动机的目的。当发生一相断路时，该双金属片逐渐冷却而向右移，并带动内导板 7 右移，外导板 6 仍在未断相的双金属片的推动下向左移，由于外、内导板一左一右移动，产生了差动作用，因此使热继电器迅速脱扣动作，切断控制电路，保护电动机。

JR16 系列热继电器的主要技术数据见表 4-4。

表 4 - 4　JR16 系列热继电器的主要技术数据

型　号	额定电流/A	热元件额定电流/A	额定电流调节范围/A	主要用途
JR0—20/3 JR0—20/3D JR16—20/3 JR16—20/3D	20	0.35 0.5 0.72 1.1 1.6 2.4 3.5 5.0 7.2 11 16 22	0.25~0.3~0.35 0.32~0.4~0.5 0.45~0.6~0.72 0.68~0.9~1.1 1.0~1.3~1.6 1.5~2.0~2.4 2.2~2.8~3.5 3.2~4.0~5.0 4.5~6.0~7.2 6.8~9.0~11.0 10.0~13.0~16.0 14.0~18.0~22.0	供 500 V 以下电气回路中作为电动机的过载保护之用，D 表示带有断相保护装置
JR0—40/3 JR16—40/3D	40	0.64 1.0 1.6 2.5 4.0 6.4 10 16 25 40	0.40~0.64 0.64~1.0 1.0~1.6 1.6~2.5 2.5~4.0 4.0~6.4 6.4~10 10~16 16~25 25~40	

表 4 - 4 中，额定电流是指热继电器长期不动作的最大电流，其值等于电动机的额定电流。因热元件的额定电流是分成不同的等级制作的，故不一定正好等于电动机的额定电流，可通过电流调节偏心轮在一定范围内调节。

选用热继电器时，主要依据所保护电动机的额定电流来确定热继电器的型号和热元件的电流等级。星形连接的电动机可选两相或三相结构式的普通热继电器，而三角形连接的电动机需要采用带断相保护装置的热继电器才能获得可靠保护。

热继电器不起短路保护作用，当电路发生短路时，要求立即断开电路，但热继电器由于热惯性不能立即动作。该热惯性也有好处，在电动机启动或短时过载时，热继电器不会动作，可避免电动机不必要的停车。

4.5.5　时间继电器

在继电器的吸引线圈通电或断电以后，触点经过一定延时才能使执行部分动作的继电器，称为时间继电器。它广泛应用在需要按时间顺序进行控制的电气电路中。根据动作原理，时间继电器可分为空气阻尼式、电磁式、电动式及电子式等。

1. 空气阻尼式时间继电器

空气阻尼式时间继电器是利用空气阻尼的原理制成的，它由电磁系统、延时机构和触点系统三部分组成。根据触点延时的特点，空气阻尼式时间继电器有通电延时型和断电延时型两种。图 4 - 24 所示为 JS7 系列时间继电器的外形及结构。

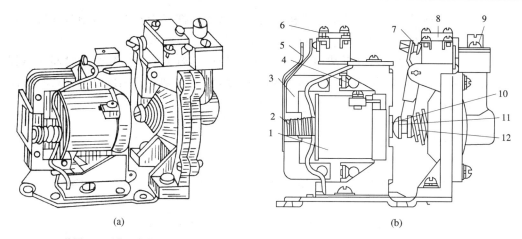

1—线圈；2—反作用力弹簧；3—衔铁；4—铁芯；5—弹簧片；6—瞬时触点；7—杠杆；8—延时触点；
9—调节螺钉；10—推杆；11—活塞杆；12—宝塔形弹簧

图 4-24　JS7 系列时间继电器的外形及结构

（a）外形；（b）结构

　　图 4-25(a)所示为通电延时型时间继电器的延时原理。继电器断电时，衔铁处于释放状态，衔铁顶动活塞杆并压缩波纹状气室，压缩阀门弹簧打开阀门，排出气室内的空气；线圈通电后，衔铁被吸，推板 5 使微动开关立即动作，同时活塞杆 6 在塔形弹簧 8 的作用下，带动与活塞 12 相连的橡皮膜 10 向上运动，运动的速度受进气孔进气速度的限制。由于橡皮膜下方气室的空气稀薄，与橡皮膜上方的空气形成压力差，因此活塞杆 6 不能迅速上升。活塞杆 6 带动杠杆 7 只能慢慢地移动，经过一段时间后，杠杆 7 才能压动微动开关，使其动作。从线圈通电起，到延时触点完成动断为止的时间，称为延时时间。转动调节螺钉可调节进气孔的大小，以改变延时时间。

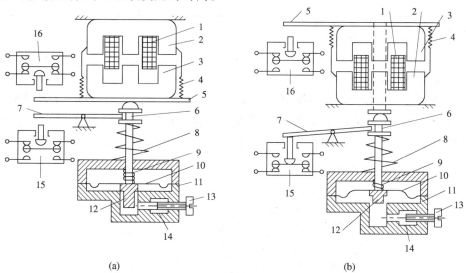

1—线圈；2—铁芯；3—衔铁；4—反作用力弹簧；5—推板；6—活塞杆；7—杠杆；8—塔形弹簧；9—弹簧；
10—橡皮膜；11—气室；12—活塞；13—调节螺钉；14—进气孔；15、16—微动开关

图 4-25　空气阻尼式时间继电器的延时原理

（a）通电延时型；（b）断电延时型

将通电延时型时间继电器的电磁机构翻转 180°安装，即成为断电延时型时间继电器，它的工作原理与通电延时型相似，其延时原理如图 4-25(b)所示。

空气阻尼式时间继电器具有结构简单，易构成通电延时型和断电延时型时间继电器，调整简便，价格较低等优点，使用较广，但延时精度较低，一般用于精度要求不高的场合。

时间继电器在电路中的符号如图 4-26 所示。

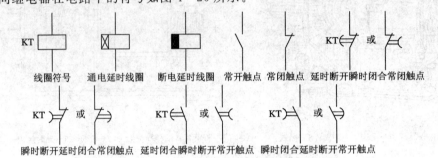

图 4-26　时间继电器的符号

JS7 系列空气阻尼式时间继电器的主要技术数据见表 4-5。

表 4-5　JS7 系列空气阻尼式时间继电器的主要技术数据

型号	瞬时动作触点数量		有延时的触点数量				触点额定电压/V	触点额定电流/A	线圈电压/V	延时范围/s	额定操作频率/(次/h)
			通电延时		断电延时						
	常开	常闭	常开	常闭	常开	常闭					
JS7—1A	—	—	1	1	—	—	380	5	24，36	0.4~60	600
JS7—2A	1	1	1	1	—	—			110，127		
JS7—3A	—	—	—	—	1	1			220，380	0.4~180	
JS7—4A	1	1	—	—	1	1			420		

2. 电磁式时间继电器

电磁式时间继电器一般只用于直流电路，且只能直流断电延时动作。它利用阻尼的方法来延缓磁通变化的速度，以达到延时的目的，其结构如图 4-27 所示。它是在直流电磁式继电器的铁芯上附加一个短路线圈(也称阻尼筒)而制成的。线圈从电源上断开后，主磁通就逐渐减小，由于磁通变化，因此在短路线圈中感应出电流。由楞次定律可知，感应电流所产生的磁通是阻止主磁通变化的，因而磁通的衰减速度放慢，延长了衔铁的释放时间。

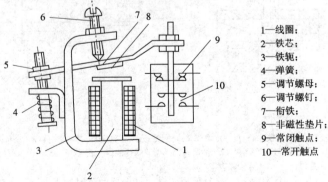

1—线圈；
2—铁芯；
3—铁轭；
4—弹簧；
5—调节螺母；
6—调节螺钉；
7—衔铁；
8—非磁性垫片；
9—常闭触点；
10—常开触点

图 4-27　电磁式时间继电器的结构原理

电磁式时间继电器的断电延时时间可达 0.2～10 s，其延长时间的调整方法有：一是利用非磁性垫片改变衔铁与铁芯间的气隙来粗调；二是调节反作用弹簧的松紧，弹簧越紧，则延时越短，反之越长，调节弹簧松紧可使延长时间得到平滑调节，故用于细调。

电磁式时间继电器的延时整定精度不是很高，但继电器本身的适应能力较强。

3. 电子式时间继电器

电子式时间继电器按其结构可分为阻容式时间继电器和数字式时间继电器，按延时方式分为通电延时型和断电延时型。阻容式时间继电器利用 RC 电路充放电原理构成延时电路。图 4-28 所示为用单结晶体管构成 RC 充放电式时间继电器的原理。电源接通后，经二极管 V_{D1} 整流、C_1 滤波及稳压管稳压后的直流电压经 R_{P1} 和 R_2 向 C_3 充电，电容器 C_3 两端电压按指数规律上升。此电压大于单结晶体管 V 的峰点电压时，V 导通，输出脉冲使晶闸管 V_T 导通，继电器线圈得电，触点动作，接通或分断外电路。它主要适用于中等延时时间（0.05 s～1 h）的场合。数字式时间继电器采用计算机延时电路，由脉冲频率决定延时长短。它不但延时长，而且精度更高，延时过程可数字显示，延时方法灵活，但线路复杂，价格较贵，主要用于长时间延时的场合。

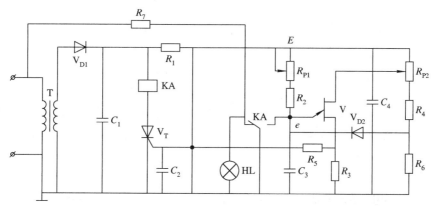

图 4-28　单结晶体管时间继电器的原理

电子式时间继电器具有体积小、精度较高、延时范围较广、调节方便、消耗功率小、寿命长等优点。

4.5.6　速度继电器

速度继电器是一种反映转速和转向的继电器，其作用是当转速达到规定值后继电器动作，常应用于电动机的反接制动控制线路，故又称为反接制动继电器。速度继电器由转子、定子及触点三部分组成。图 4-29 所示为速度继电器的结构原理与图形符号。

速度继电器是依据电磁感应原理制成的，它的转子用永久磁铁制成，其轴与电动机的轴相连，用于接收转速信号。当连接的轴由电动机带动旋转时，（永久磁铁）转子磁通就会切割圆环内的笼形导体，于是产生感应电流。此电流在圆环内产生磁场，该磁场与转子磁场相互作用产生电磁转矩。在这个转矩的带动下，圆环带动摆杆克服弹簧力随转子旋转一定的角度，并拨动触点改变其通断状态。调节弹簧松紧程度可调节速度继电器的触点在电动机不同转速时的切换。一般速度继电器的转轴在 120 r/min 左右动作，在 100 r/min 以下时其触点可恢复正常位置。

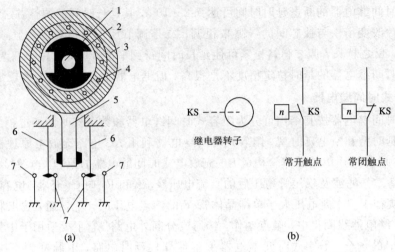

1—转轴；2—转子；3—定子；4—绕组；5—胶木摆杆；6—动触点；7—静触点

图 4 - 29　速度继电器的结构原理和图形符号

（a）结构原理；（b）图形符号

除上述继电器外，还有压力继电器、温度继电器、光电继电器等。

4.6　主令电器

主令电器主要用来接通和分断控制电路，是用于发送控制指令的开关电器。它种类繁多，应用广泛，常用的主令电器有按钮、位置开关、万能转换开关和主令控制器等。

4.6.1　按钮

按钮是一种短时接通或断开小电流电路的手动电器，常用于控制电路中，发出启动或停止等指令，以控制接触器、继电器等电器的线圈电流的通电或断电，再由它们去接通或断开主电路。

按钮由按钮帽、复位弹簧、桥式动触点、静触点和外壳等组成。图 4 - 30 所示为 LA19 系列按钮的外形、结构和图形符号。

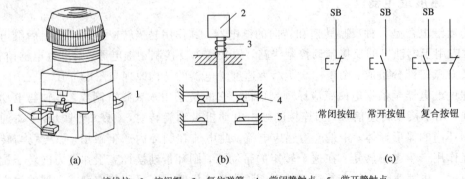

1—接线柱；2—按钮帽；3—复位弹簧；4—常闭静触点；5—常开静触点

图 4 - 30　LA19 系列按钮的外形、结构和图形符号

（a）外形；（b）结构；（c）图形符号

常开按钮：按钮未按下时，触点是断开的；当按钮按下时，触点接通；按钮松开后，在复位弹簧作用下触点又返回原位断开。它常用作启动按钮。

常闭按钮：按钮未按下时，触点是闭合的；当按钮按下时，触点断开；按钮松开后，在复位弹簧作用下触点又返回原位闭合。它常用作停止按钮。

复合按钮：将常开按钮和常闭按钮组合为一体。当按钮按下时，其常闭触点先断开，然后常开触点再闭合；按钮松开后，在复位弹簧作用下触点又返回原位。它常用在控制电路中作电气联锁。

常用的按钮型号为 LAY3、LAY6、LA10、LA18、LA19、LA20、LA25 等系列。其型号含义如下：

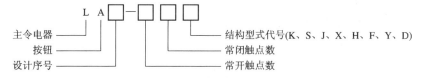

主令电器　　　　　　　　　　　　　　结构型式代号(K、S、J、X、H、F、Y、D)
按钮　　　　　　　　　　　　　　　　常闭触点数
设计序号　　　　　　　　　　　　　　常开触点数

为便于识别各个按钮的作用，避免误操作，通常在按钮帽上作出不同标记或涂上不同颜色，如蘑菇形表示急停按钮，红色表示停止按钮，绿色表示启动按钮。

4.6.2　位置开关

位置开关又称行程开关或限位开关，可将机械信号转换为电信号，以实现对机械运动的控制。它是根据运动部件的位置而切换的电器，能实现运动部件极限位置的保护。它的作用原理与按钮类似，利用生产机械运动部件的碰压使其触点动作，从而将机械信号转变为电信号。

各系列行程开关的结构基本相同，主要由触点系统、操作机构和外壳组成。行程开关按其结构可分为直动式、滚轮式和微动式三种。行程开关动作后，复位方式有自动复位和非自动复位两种。按钮式和单轮旋转式行程开关为自动复位式，如图 4-31(a)、(b) 所示。双轮旋转式行程开关没有复位弹簧，在挡铁离开后不能自动复位，必须由挡铁从反方向碰撞后，开关才能复位，如图 4-31(c) 所示。

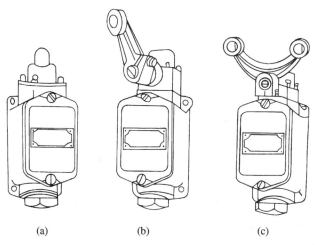

(a)　　　　　　　(b)　　　　　　　(c)

图 4-31　JLXK1 系列行程开关的外形

(a) 按钮式；(b) 单轮旋转式；(c) 双轮旋转式

行程开关的工作原理是：当运动机械的挡铁压到滚轮上时，杠杆连同转轴一起转动，并推动撞块；当撞块被压到一定位置时，推动微动开关动作，使常开触点分断，常闭触点闭合；在运动机械的挡铁离开后，复位弹簧使行程开关各部件恢复常态。JLXK1 系列行程开关的结构、动作原理和图形符号如图 4-32 所示。

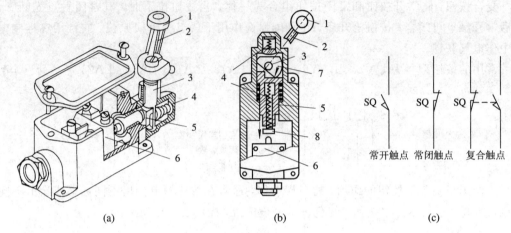

1—滚轮；2—杠杆；3—转轴；4—复位弹簧；5—撞块；6—微动开关；7—凸轮；8—调节螺钉

图 4-32　JLXK1 系列行程开关的结构、动作原理和图形符号
(a) 结构；(b) 动作原理；(c) 图形符号

行程开关的触点动作方式有蠕动型和瞬动型两种。蠕动型触点的分合速度取决于挡铁的移动速度，当挡铁的移动速度低于 0.4 m/min 时，触点切换太慢，易受电弧烧灼，从而减少触点的使用寿命，也影响动作的可靠性。为克服以上缺点，可采用具有快速换接动作机构的瞬动型触点。

目前机床中常用的行程开关有 LX19 和 JLXK1 等系列。JLXK1 系列的型号含义如下：

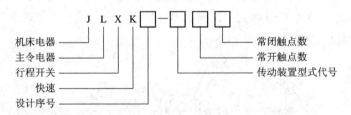

4.6.3　万能转换开关

万能转换开关是具有更多操作位置和触点，能换接多个电路的一种手控电器。因它能控制多个电路，适应复杂电路的要求，故称为万能转换开关。万能转换开关主要用于控制电路换接，也可用于小容量电动机的启动、换向、调速和制动控制。

万能转换开关的结构示意如图 4-33 所示，它由触点座、凸轮、转轴、定位结构、螺杆和手柄等组成，并由 1~20 层触点底座叠装，其中每层底座均装三对触点，并由触点底座中的凸轮（套在转轴上）来控制三对触点的接通和断开。由于凸轮可制成不同形状，因此转动手柄到不同位置时，通过凸轮作用，可使各对触点按所需的变化规律接通或断开，以达到换接电路的目的。

万能转换开关在电路中的符号如图 4-34(a)所示，中间的竖线表示手柄的位置，当手柄处于某一位置时，处在接通状态的触点下方虚线上标有小黑点。触点的通断状态也可以用图 4-34(b)所示的触点分合表来表示，"×"号表示触点闭合，空白表示触点断开。

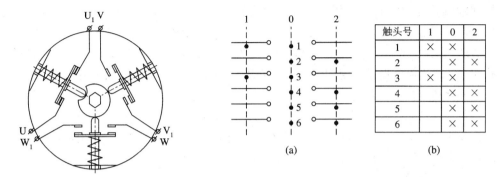

触头号	1	0	2
1	×	×	
2		×	×
3	×	×	
4		×	×
5		×	×
6		×	×

(a)   (b)

图 4-33 LW6 万能转换开关结构示意图   图 4-34 LW6 万能转换开关的符号和触点分合表
                                            (a) 符号；(b) 触点分合表

常用的万能转换开关有 LW2、LW5、LW6、LW8 等系列。其型号含义如下：

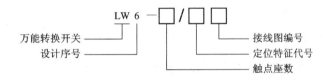

万能转换开关 ——
设计序号 ——
触点座数 ——
定位特征代号 ——
接线图编号 ——

4.6.4 主令控制器

主令控制器是一种频繁切换复杂的多回路控制电路的主令电器，主要用于电力拖动系统中，按照预定的程序分合触点，向控制系统发出指令，通过接触器达到对电动机启动、制动、调速和反转的控制。它操作方便，触点为双断点桥式结构，适用于按顺序操作的多个控制回路。主令控制器一般由外壳、触点、凸轮块、转动轴等组成，与万能转换开关相比，它的触点容量大一些，操作挡位较多。

主令控制器的结构原理如图 4-35 所示。图中，1 和 7 是固定于方轴上的凸轮块；2 是

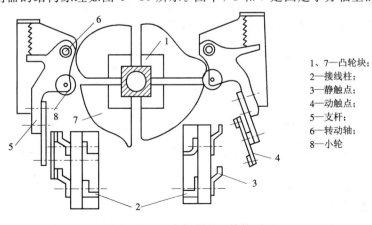

1、7—凸轮块；
2—接线柱；
3—静触点；
4—动触点；
5—支杆；
6—转动轴；
8—小轮

图 4-35 主令控制器的结构原理

接线柱，由它连向被操作的回路；静触点 3 由桥式动触点 4 来闭合与断开；动触点 4 固定于绕转动轴 6 转动的支杆 5 上。当操作者用手柄转动凸轮块 7 的方轴时，使凸轮块的凸出部分推压小轮 8 带动支杆 5 向外张开，将被操作的回路断电，在其他情况下（凸轮块离开推压轮）触点是闭合的。根据每块凸轮块的形状不同，可使触点按一定顺序闭合或断开。这样只要安装一层层不同形状的凸轮块即可实现控制回路顺序地接通与断开。

从结构上讲，主令控制器可分为两类：凸轮可调式和凸轮固定式。可调式的凸轮片上有孔和槽，凸轮片可根据给定的触点分合表进行调整；固定式的凸轮不可调整，只能按触点分合表做适当的排列组合。

目前常用的主令控制器有 LK1、LK4、LK5、LK16 等系列。其中，LK4 系列属于调整式主令控制器，而 LK1、LK5、LK16 系列属于非调整式主令控制器。使用前，应操作手柄数次，以检查动作是否符合标准。不使用时，手柄应停在零位。

主令控制器的型号含义如下：

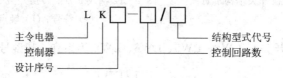

4.6.5　凸轮控制器

凸轮控制器是一种大型手动控制电器。由于其控制线路简单，维护方便，因而广泛应用于控制中、小型起重机的平移机构电动机和小型起重机的提升机构电动机。它可变换主电路和控制电路的接法及转子回路的电阻值，以达到直接控制电动机的启动、制动、调速和换向的目的。

凸轮控制器主要由操作手柄、转凸轴、凸轮、触点和外壳等组成，其结构如图 4 - 36 所示。转动手柄时，凸轮 7 随绝缘方轴 6 转动，当凸轮的凸起部分顶住滚轮 5 时，使动、静触点分开；当转轴带动凸轮转到凹处与滚子相对时，凸轮无法支住滚子，动触点在触点弹簧 3 的作用下紧压在静触点上，使动、静触点闭合，接通电路。若在绝缘方轴上叠装不同形状的凸轮，则可使一系列的触点按预定的顺序接通和分断电路，达到不同的控制目的。

目前常用的凸轮控制器有 KT10、KT12、KT14 等系列，其额定电流有 25 A、50 A 等规格，一般有 5 个工作位置。其图形符号如图 4 - 37 所示。

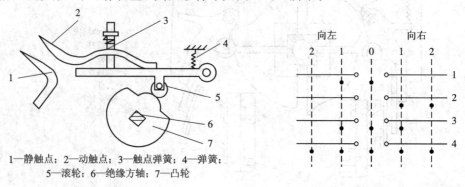

1—静触点；2—动触点；3—触点弹簧；4—弹簧；
5—滚轮；6—绝缘方轴；7—凸轮

图 4 - 36　凸轮控制器的结构　　　　图 4 - 37　凸轮控制器的图形符号

凸轮控制器的型号含义如下：

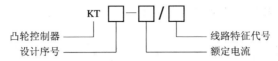

本 章 小 结

（1）本章从低压电器的分类和基本知识入手，主要介绍了常用低压电器的结构、工作原理、型号、规格及应用，同时介绍了它们的图形符号，为正确选择和合理使用这些电器打下基础。

（2）每个电器都有一定的使用范围和条件，如使用类别、额定电压、额定电流、通断能力等，在选用时要根据使用要求正确选用，它们的技术参数是选用的主要依据。参数可以在产品说明书（样本）及电工手册中查阅。

（3）对于熔断器、热继电器、接触器、断路器等，除了应根据保护要求和控制要求正确选用其类型外，还应根据被保护、被控制电路的具体条件进行必要的调整，整定动作值。

（4）随着电器技术的迅速发展，各种新型控制电器（如晶体管继电器、接近开关及其他各种电子电器）不断出现，将使控制线路得到改进和优化。

（5）通过本章的学习，重点掌握电器的结构、原理、图形符号、文字符号、型号含义、型号表示和选用原则等。在了解电器构造时，应联系实物，不要死记硬背。

（6）低压电器是组成控制电路的基本器件，只有对低压电器有了真正的认识，才能了解控制电路的原理。

思 考 题

4-1 从结构特征上怎样区分交流电磁机构和直流电磁机构？怎样区分电流线圈和电压线圈？电压线圈和电流线圈如何接入电源回路？

4-2 三相交流电磁铁的铁芯上是否有分磁环？为什么？

4-3 灭弧的基本原理是什么？交流电器的灭弧方法有哪几种？

4-4 观察实验室内的各种接触器，指出它们各采用了何种灭弧措施。

4-5 线圈电压为 220 V 的交流接触器误接入 220 V 的直流电源上，会发生什么现象？为什么？反之呢？

4-6 熔断器的额定电流、熔体额定电流、熔断器的极限分断电流三者有何区别？

4-7 有三台电动机，其功率分别为 0.6 kW、0.2 kW 和 4.5 kW，用一组熔断器作短路保护，其中前两台一起启动，后一台单独启动，选择熔断器规格。

4-8 接触器断点不能释放或延时释放是什么原因？

4-9 热继电器能否用来进行短路保护？

4-10 是否可用过电流继电器作电动机的过载保护？为什么？

4-11 叙述断路器的功能、工作原理、使用场合。与采用刀开关和熔断器的控制、保护方式相比，断路器有何优点？

4-12　说明熔断器和热继电器的保护功能、保护原理、保护特性以及这两种保护的区别。

4-13　三相热继电器能代替两相热继电器吗？反过来又如何？

4-14　速度继电器的触点如果动作过早，应如何调整？

4-15　画出下列电器部件的图形符号并写出它们的文字符号：热继电器、接触器、限位开关、速度继电器、熔断器。

4-16　何谓热继电器的整定电流？如何调节？热继电器的热元件和触点在电路中如何连接？热继电器会不会因电动机的启动电流大而动作？为什么在电动机过载时热继电器会动作？

4-17　指出下列型号电器的名称、规格和主要技术数据：
CJ20—63Z　CJX2—16/12　JS11—42　DZ15—40/3902

4-18　接触器的主触点、辅助触点和线圈各接在什么电路中？如何连接？

4-19　按下列要求选用按钮：

(1) 触点是一动合、一动断、有指示灯的；

(2) 具有两组复合按钮，安装在没有保护的地方。

第5章　电动机的继电器-接触器控制线路

5.1　电气控制图的绘制规则和常用符号

5.1.1　电气图的分类

电气控制系统是由许多电气元件按一定要求连接而成的。为了表达机械电气控制系统的结构、工作原理，同时也为了便于电气元件的安装、接线、运行、维护，将电气控制系统中各电气元件的连接用一定的图形表示出来，这种图就是电气图。

按用途和表达方式的不同，电气图可分为以下几种。

1. 电气系统图和框图

电气系统图和框图是用符号或带注释的框，概略表示系统的组成、各组成部分相互关系及其主要特征的图样，它比较集中地反映了所描述工程对象的规模。

2. 电气原理图

电气原理图习惯上也称电路图，它是为了便于阅读与分析控制电路，根据简单、清晰的原则，采用电气元件展开的形式绘制而成的图样。电路图注重表示电路的工作原理及电气元件间的连接关系，而不考虑其实际位置，甚至可以将一个元件分成几个部分绘于不同图纸的不同位置，但必须用相同的文字符号标注。

3. 电器布置图

电器布置图主要是用来标明电气设备上所有电器元件的实际位置，为生产机械电气控制设备的制造、安装提供必要的资料。通常电器布置图与电气安装接线图组合在一起，既起到电气安装接线图的作用，又能清晰表示出电器元件的布置情况。

4. 电气安装接线图

电气安装接线图是为安装电气设备、电气元件配线或检修电器故障服务的。它是用规定的图形符号表示各电气元件的相对位置和它们之间的电路连接的图样。安装接线图不仅要把同一电器的各个部件画在一起，而且各个部件的布置要尽可能符合电器的实际情况，但对比例和尺寸没有严格要求。图中的回路标号是电气设备之间、电气元件之间、导线与导线之间的连接标记，和原理图中的标记必须保持一致。

5. 电气元件明细表

电气元件明细表是把成套装置以及设备中各组成元件(包括电动机)的名称、型号、规格和数量等列成的表格，供准备材料及维修使用。

以上简要介绍了电气图的分类，不同的图有不同的应用场合。本书主要介绍电气原理图的分析和理解。

5.1.2　电气图的图形符号和文字符号

电气图是电气技术人员统一使用的工程语言。电气图应根据国家标准，用规定的图形符号、文字符号以及规定的画法绘制。

1. 图形符号

通常用于图样或其他文件，以表示一个设备或概念的图形、标记或字符，统称为图形符号。它由一般符号、符号要素、限定符号及常用的非电类操作控制的动作符号，根据不同的具体器件组合构成。

一般符号是用于表示一类产品或此类产品特征的一种很简单的符号，如电机的符号为"Ⓜ"。符号要素是一种具有确定意义的简单图形，它必须同其他图形组合以构成一个设备或概念的完整符号，如电动机符号"Ⓜ"就是由表示电机的符号要素"○"加上英文名称的字头 M 组成的。限定符号是用以提供附加信息而加在其他符号上的符号。限定符号一般不单独使用，但它可使图形符号更具多样性。例如，在电阻器一般符号的基础上分别加上不同的限定符号，则可得到可变电阻器、压敏电阻器、热敏电阻器等。

2. 文字符号

文字符号是书写在电气设备、装置和元器件符号上或其近旁的文字，以标明电气设备、装置和元器件的名称、功能和特征的符号。文字符号用大写正体拉丁字母表示。

文字符号分为基本文字符号(单字母或双字母)和辅助文字符号。

单字母符号是按拉丁字母将各种电气设备、装置和元器件划分为 23 个大类，每一个大类用一个专用单字母符号表示，如"C"表示电容器类，"K"表示继电器类。

双字母符号是由一个表示大类的单字母与另一字母组成。例如，"KA"表示继电器类器件中的中间继电器(或电流继电器)，"KM"表示继电器元件中控制电动机的接触器。

辅助文字符号是用来进一步表示电气设备、装置和元器件的功能、状态和特征的，如"L"表示限制，"RD"表示红色等。

3. 线路和三相电气设备各接点标记

图 5-1 所示的某机床电控系统线路图中，三相交流电源引入线用 L_1、L_2、L_3 标记，中性线用 N 标记，保护接地用 PE 标记。

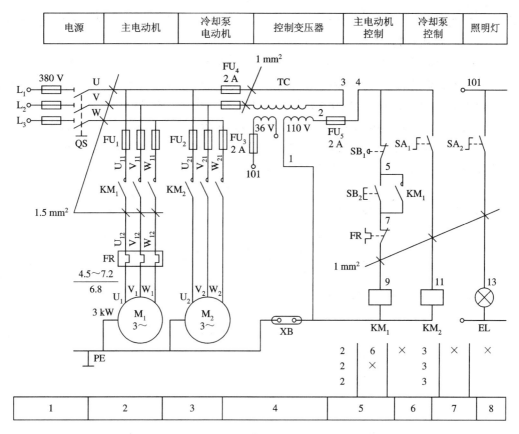

图 5-1　某机床电控系统线路图

电源开关之后的三相交流电源主电路分别按 U、V、W 顺序标记。分级三相交流电源主电路采用 U_1、V_1、W_1、U_2、V_2、W_2 标记。

各电动机分支电路中各接点采用三相文字代号后面加数字来表示，数字中的十位数表示电动机代号，个位数表示该支路各接点的代号，从上到下按数值大小顺序标记，如"U_{21}"表示 M_2 电动机第一相的第一个接点。

电动机绕组首端分别用 U、V、W 标记，尾端分别用 U′、V′、W′ 标记，双绕组的中点用 U″、V″、W″ 标记。

控制电路采用阿拉伯数字进行编号，一般由三位或三位以下的数字组成。标记方法按等电位原则进行，在垂直绘制的电路中，一般由上而下编号，凡是被线圈、触点、电气元件等隔离的线段，都应标以不同的电路标记。

5.1.3　电气图的绘制规则

1. 电气原理图的绘制规则

（1）电气原理图一般分为主路和辅助电路两部分。主路是设备的驱动电路，即从电源到电动机大电流通过的路径。辅助电路包括控制电路、照明电路、信号电路及保护电路等，其中控制电路由接触器和继电器线圈、各种电器的动合、动断触点组合构成控制逻辑，实现需要的控制功能。

（2）原理图中，各个电气元件和部件应根据便于阅读的原则安排。同一电气元件的各个部件可以不画在一起。

（3）图中元器件和设备的可动部分，都按没有通电和没有外力作用时的开闭状态画出。例如，继电器触点按吸引线圈不通电的状态画；主令控制器、万能转换开关按手柄处于零位时的状态画；按钮、行程开关的触点按不受外力作用时的状态画。

（4）电路图中的控制电路可水平布置或者垂直布置。水平布置时，电源线垂直画，其他电路水平画，控制电路中的耗能元件画在电路的最右端。垂直布置时，电源线水平画，其他电路垂直画，控制电路中的耗能元件画在电路的最下端。

（5）电气原理图中，有直接联系的交叉导线连接点要用黑圆点表示。

2. 图幅分区和触点位置索引

为了便于确定图上的内容以及补充、更改和组成部分等的位置，可以在各种幅面的图纸上分区，如图5-2所示。分区数应为偶数。每一分区的长度一般不小于25 mm，不大于75 mm。每个分区的竖边方向用大写拉丁字母，横边方向用阿拉伯数字分别编号。编号的顺序应从标题栏相对的左上角开始。

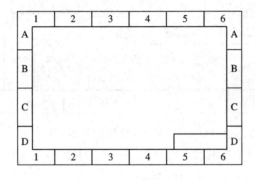

图5-2　图幅分区

图幅分区后，相当于在图上建立了一个坐标。具体使用时，对水平布置的电路，一般只需标明行的标记；对垂直布置的电路，一般只需标明列的标记；复杂的电路需标明组合标记。

元件的相关触点位置的索引用图号、页次和区号组合表示如下：

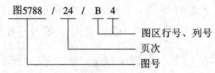

继电器和接触器的触点位置采用附图的方式表示，附图可画在电路图中相应线圈的下方，此时，可只标出触点的位置索引。若画在电路图上其他地方，则必须注明是哪个线圈的附图。附图上的触点表示方法如图5-3所示，其中触点图形符号可省略不画。

3. 技术数据的标注

电气元件的数据和型号一般用小号字体标注在电器代号的下面，如图5-1中热继电器动作电流和整定值的标注、导线截面积的标注等。

图 5 - 3　触点位置索引图

5.2　三相异步电动机基本控制线路

5.2.1　点动控制

手动控制机械设备间断工作，即按下启动按钮，电动机转动，松开按钮，电动机停转，这种控制方式称为点动控制。电动机的点动控制线路是最简单的控制线路，如图 5 - 4 所示。图中，SB 为启动按钮，主电路刀开关 QS 起隔离作用，熔断器 FU 起短路保护作用，接触器 KM 的主触点控制电动机启动、运行和停车。

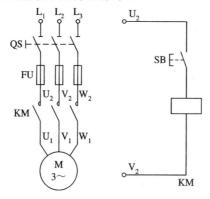

图 5 - 4　电动机的点动控制线路

合上电源开关 QS，当按下启动按钮 SB 时，接触器 KM 线圈通电吸合，接触器 KM 主触点闭合，电动机 M 启动运转；松开按钮 SB 时，接触器 KM 线圈断电释放，接触器 KM 主触点断开，电动机 M 停止运转。

5.2.2　自锁控制

为使机械设备长时间运转，即保持持续工作，需采用电动机的自锁控制方式。图 5 - 5 所示为电动机的自锁控制线路，是电动机启、停的典型控制线路。图中，热继电器 FR 用作过载保护。

合上电源开关 QS，当按下启动按钮 SB_2 时，接触器 KM 线圈通电吸合，接触器 KM 主触点闭合，电动机 M 启动运转；松开按钮 SB_2 时，SB_2 自动复位，接触器 KM 仍可通过其动合辅助触点继续供电，从而保证电动机的连续运行。这种依靠接触器自身辅助触点而使其线圈保持通电的现象，称为自锁或自保持，也叫做电动机的长动控制。这个起自锁作用的辅助触点，称为自锁触点。

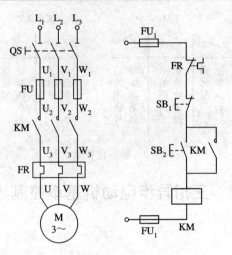

图 5-5　电动机的自锁控制线路

当机械设备要求既能正常持续工作，又能点动控制时，电路必须同时具有自锁和点动的控制功能。具有自锁与点动控制功能的线路如图 5-6 所示。

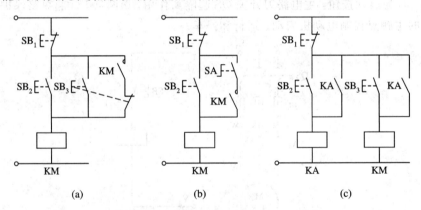

（a）　　　　　　　　　　　（b）　　　　　　　　　　　（c）

图 5-6　具有自锁与点动控制功能的线路
（a）点动控制一；（b）点动控制二；（c）点动控制三

图 5-6(a) 用复合按钮 SB_3 实现点动控制，SB_2 实现自锁控制。图 5-6(b) 用选择开关 SA 选择点动控制或者自锁控制。图 5-6(c) 用中间继电器 KA 实现自锁控制。

5.2.3　互锁控制

在同一时间里只允许两个接触器中的一个工作的控制称为互锁控制。图 5-7 所示为具有互锁控制功能的线路。

在 KM_1、KM_2 两个接触器线圈回路中互串一个对方的动断触点，这对动断触点称为互锁触点。当按下 SB_2 时，KM_1 线圈通电，由于 KM_1 的动断辅助触点断开，因而切断了 KM_2 的线圈电路。此时，即使按 SB_3，也不会使 KM_2 线圈通电工作。同理，在 KM_2 线圈通电动作后，也就保证了 KM_1 的线圈不能得电。

互锁是保证设备正常运行的重要控制环节，对于一台设备，不能同时出现两种电路接通状态，也用于两台设备不能同时接通的控制电路中。

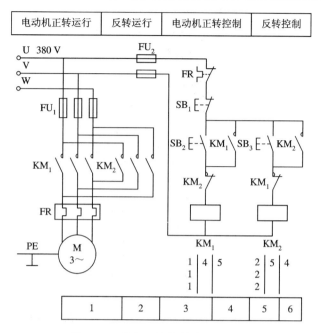

图 5-7　具有互锁控制功能的线路

5.2.4　正、反转控制

生产实践中，很多设备需要两个相反的运行方向，例如工作台的前进和后退，起重机吊钩的上升和下降等，这些应用中两个相反方向的运动均可通过电动机的正转和反转来实现。对于交流电动机，改变电动机定子绕组相序即可改变其转动方向。在主电路中，通过两组接触器主触点构成正转相序接线和反转相序接线，从而实现电动机的正、反转控制。

1. 按钮控制的电动机正、反转控制线路

图 5-7 所示为按钮控制的正、反转控制线路，正、反转的控制靠手动操作按钮实现。主电路中接触器 KM_1 和 KM_2 构成正、反相序接线。图 5-7 所示的控制线路中，按下正向启动按钮 SB_2，正向控制接触器 KM_1 线圈得电动作，其主触点闭合，电动机正向转动；按下停止按钮 SB_1，电动机停转；按下反向启动按钮 SB_3，反向接触器 KM_2 线圈得电动作，其主触点闭合，主电路定子绕组由正转相序变为反转相序，电动机反转。

在主电路中，若 KM_1 与 KM_2 的主触点同时闭合，将会造成电源短路，因此，任何时候只能允许一个接触器通电工作，在控制电路中采用了互锁控制。

图 5-7 所示的控制线路中，当变换电动机转向时，必须先按下停止按钮，停止正转，再按下反向启动按钮，方可反向启动，操作不便。若主电路不变，采用图 5-8 中所示的控制电路，利用复合按钮 SB_2、SB_3 可直接实现由正转变为反转的控制（反之亦然）。

复合按钮具有互锁功能，但工作不可靠，因为在实际使用中，由于短路或大电流的长期作用，接触器主触点会被强烈的电弧"烧焊"在一起，或者接触器的机构失灵，使主触点不能断开，这时若另一接触器动作，将会造成电源短路事故。如果采用接触器的动断触点进行互锁，则不论什么原因，当一个接触器处于吸合状态时，它的互锁动断触点必将另一接触器的线圈电路切断，从而避免短路故障的发生。

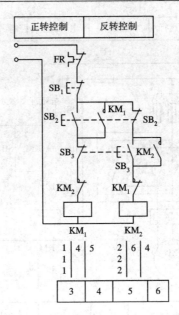

图 5-8　复合按钮控制的电动机正、反转控制线路

2. 行程开关控制的电动机正、反转控制线路

行程开关控制的电动机正、反转是机动控制，由机床的运动部件在工作过程中压动行程开关，实现电动机正、反转的自动切换。

图 5-9 所示是机床工作台往返循环的控制线路。电动机的正、反转可通过 SB_1、SB_2、SB_3 手动控制，也可用行程开关实现机动控制。

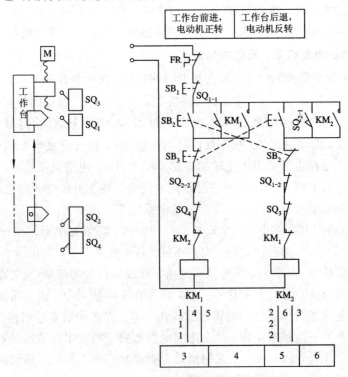

图 5-9　机床工作台往返循环的控制线路

图 5-9 中，SQ_3 和 SQ_4 为限位开关，安装在工作台运动的极限位置，起限位保护作用。当由于某种故障，工作台到达 SQ_1 和 SQ_2 给定的位置时，未能切断 KM_1（或 KM_2）线圈电路，继续运行达到 SQ_3（或 SQ_4）所处的极限位置时，将会压下限位保护开关，切断接触器线圈电路，使电动机停止转动，避免工作台发生超越允许位置的事故。

用行程开关按机床运动部件的位置或部件的位置变化来进行的控制，称为按行程原则的自动控制，也称行程控制。行程控制是机械设备中应用较广泛的控制方式之一。

5.2.5 多地控制

在大型设备上，为了操作方便，常要求多个地点进行控制操作；在某些机械设备上，为保证操作安全，需要满足多个条件，设备才能开始工作。这样的控制要求可通过在电路中串联或并联电器的动断触点和动合触点来实现。

图 5-10(a)所示为多地点操作控制线路。图中，SB_2、SB_3、SB_4 的动合触点任一个闭合，可接通 KM 线圈；SB_1、SB_5、SB_6 的动断触点任一个打开，即可切断电路。

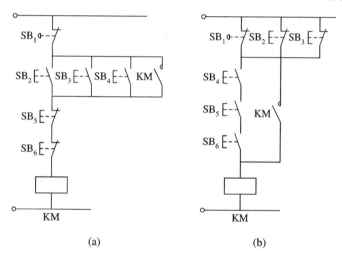

图 5-10 多地点和多条件操作控制线路
(a) 多地点操作控制线路；(b) 多条件操作控制线路

图 5-10(b)所示为多条件操作控制线路。图中，SB_4、SB_5、SB_6 的动合触点全部闭合，才能接通 KM 线圈；SB_1、SB_2、SB_3 的动断触点全部打开，才可切断电路。

5.2.6 联锁控制

1. 顺序联锁

实际生产中，有些设备常要求电动机按一定的顺序启动或停止，如铣床工作台的进给电动机必须在主轴电动机已启动工作的条件下才能启动工作，自动加工设备必须在前一工步已完成或转换控制条件已具备的条件下方可进入新的工步。完成这种顺序启、停控制功能的电路，称为顺序联锁控制。顺序联锁控制也叫条件控制。

图 5-11 所示为两台电动机顺序启动的控制线路。图中，KM_1 是液压泵电动机 M_1 的启动控制接触器，KM_2 控制主轴电动机 M_2。工作时，KM_1 线圈得电，其主触点闭合，液

压泵电动机启动以后，满足 KM_2 线圈通电工作的条件，KM_2 即控制主轴电动机启动工作。在图 5-11(a)中，KM_2 线圈电路在 KM_1 线圈电路启、停控制环节之后接出。启动按钮 SB_2 压下后，KM_1 线圈得电，其辅助动合触点闭合自锁，使 KM_2 线圈通电工作条件满足，此时通过主轴电动机的启、停控制按钮 SB_4 与 SB_3 控制 KM_2 线圈电路的通、断电，从而控制主轴电动机启动和停车。

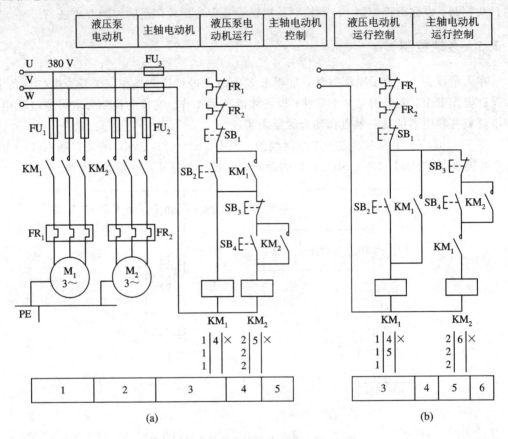

图 5-11　两台电动机顺序启动的控制线路

(a) 方案一；(b) 方案二

在图 5-11(b)中，KM_1 线圈电路与 KM_2 线圈电路单独构成，KM_1 的辅助动合触点作为控制条件串接在 KM_2 线圈电路中，只有 KM_1 线圈得电，该辅助动合触点闭合，液压泵 M_1 电动机已启动工作的条件满足后，KM_2 线圈方可启动。

2. 操作手柄和行程开关组合构成的联锁

在运动复杂的设备上，为防止不同运动之间的干涉，常用操作手柄和行程开关组合构成的联锁控制。这里以某机床工作台进给运动控制为例，说明这种联锁关系。

机床工作台由一台电动机驱动，通过机械传动链传动，可完成纵向（左、右两个方向）和横向（前、后两个方向）的进给移动。工作时，工作台只允许沿一个方向进给移动，因此各方向的进给运动之间必须联锁。工作台由纵向手柄和行程开关 SQ_1、SQ_2 控制纵向进给，由横向手柄和行程开关 SQ_3、SQ_4 控制横向进给。具体操作时，两个操作手柄各自都只能扳在一种工作位置，或是向左、向前，或是向右、向后，存在左右运动之间或前后运动之间的制约，只要两操作手柄不同时扳在工作位置，即可达到联锁的目的。每个操作手柄有两个工作位和一个中间不工作位，通常正常工作时，只有一个手柄扳在工作位。当由于误动作等意外事故使两个手柄都被扳到工作位时，联锁电路将立即切断进给控制电路，进给电动机停转，工作台进给停止，防止运动干涉损坏机床的事故发生。图 5 - 12 所示为工作台进给联锁控制线路，KM_1、KM_2 为进给电动机正转和反转控制接触器，纵向控制行程开关 SQ_1、SQ_2 动断触点串联构成的支路与横向控制行程开关 SQ_3、SQ_4 动断触点串联构成的支路并联起来组成联锁控制线路。

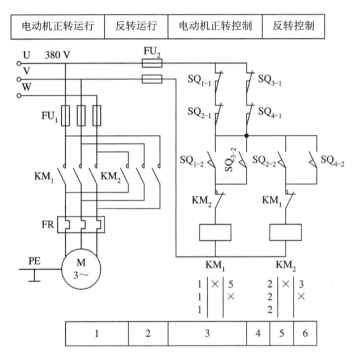

图 5 - 12　工作台进给联锁控制线路

当纵向操作手柄扳在工作位时，将会压动行程开关 SQ_1（或 SQ_2），切断一条支路，另一由横向手柄控制的支路因横向手柄不在工作位仍然正常通电。此时 SQ_1（或 SQ_2）的动合触点闭合，使接触器 KM_1（或 KM_2）线圈得电，电动机 M 转动，工作台在给定的方向进给移动。当工作台纵向移动时，若横向手柄也被扳到工作位，行程开关 SQ_3（或 SQ_4）受压，切断联锁电路，使接触器线圈失电，电动机停转，工作台进给运动自动停止，从而实现进给运动的联锁保护。

5.3　三相鼠笼式异步电动机的启动控制

在电力拖动中，使用最广泛的电动机是三相鼠笼式异步电动机。鼠笼式异步电动机有两种启动方式，即直接启动和降压启动。

直接启动也叫全压启动，它通过开关或接触器将额定电源电压直接加在电动机的定子绕组上，使电动机由静止状态逐渐加速到稳定运行状态。这种启动方法的优点是所需控制设备少，线路简单，启动力矩大，启动时间短；缺点是启动电流大，约为额定电流的 5～7 倍。

降压启动是指启动时将定子绕组电压降低，待电动机启动结束或将要结束时，再将定子绕组电压升至全压。降压启动的目的是减少启动电流，但电动机的启动转矩也将降低。因此，降压启动仅适用于空载或轻载下的启动。降压启动的方法有定子串电阻（或电抗器）降压启动、星形-三角形降压启动、自耦变压器降压启动和延边三角形降压启动。

当电动机的容量很大时，过大的启动电流将会造成线路上很大的电压降落，这不仅影响到线路上其他设备的运行，同时，由于电压降落也会影响到启动转矩，严重时，会导致电动机无法启动。因此，直接启动只能用于电源容量较电动机容量大得多的情况。

电源容量是否允许电动机在额定电压下直接启动，可根据式（5-1）判断，若不等式成立，则可直接启动，否则应降压启动。

$$\frac{I_{ST}}{I_N} \leqslant \frac{3}{4} + \frac{P_S}{4P_N} \tag{5-1}$$

式中：I_{ST} 为电动机全压启动电流（A）；I_N 为电动机额定电流（A）；P_S 为电源容量（kV·A）；P_N 为电动机额定功率（kW）。

一般容量小于 10 kW 的电动机常采用直接启动。若电动机不能直接启动，则需采用降压启动方法。

下面分别讨论直接启动和降压启动的控制线路。

5.3.1 直接启动

1. 采用开关直接启动控制线路

采用闸刀开关、转换开关或铁壳开关控制电动机直接启动和停止的控制线路如图 5-13 所示。

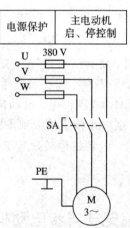

图 5-13 开关直接启动控制线路

2. 采用接触器直接启动控制线路

对于容量稍大或启动频繁的电动机，接通与断开电路应采用接触器。图 5-14 所示是采用接触器直接启动电动机的控制线路。

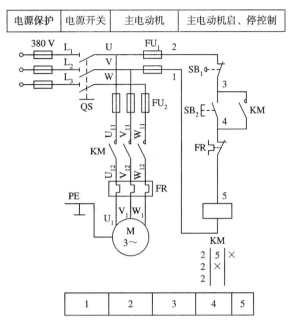

图 5 - 14　接触器直接启动控制线路

5.3.2　定子串电阻(或电抗器)降压启动

电动机启动时在三相定子电路中串入电阻,使电动机定子绕组电压降低,限制了启动电流,待电动机转速上升到一定值时,将电阻切除,使电动机在额定电压下稳定运行。图5-15 所示是定子串电阻降压启动控制线路。图中,主电路由 KM_1、KM_2 两组接触器主触点构成串电阻接线和短接电阻接线。在控制电路中,由时间继电器按时间原则实现从启动状态到正常工作状态的自动切换,这种控制方式叫做时间控制原则。

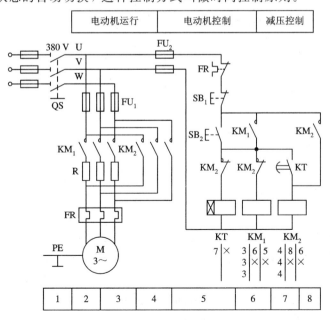

图 5 - 15　定子串电阻降压启动控制线路

这种启动方式不受电动机接线方式的限制，设备简单，常用于中、小型设备，也用于限制机床点动调整时的启动电流。但是，串电阻降压启动时，一般允许启动电流为额定电流的 2～3 倍，加在定子绕组上的电压为全电压的 1/2，启动转矩为额定转矩的 1/4，启动转矩小。因此，串电阻降压启动仅适用于对启动转矩要求不高的生产机械。另外，由于存在启动电阻，因而使控制柜体积增大，电能损耗大。对于大容量电动机，往往采用串接电抗器来实现降压启动。

5.3.3　星形-三角形（Y-△）降压启动

额定运行为△形接法且容量较大的电动机可以采用 Y-△降压启动，即电动机启动时，定子绕组按星形连接，每相绕组的电压降为三角形连接时的 $1/\sqrt{3}$，启动电流为三角形接法时启动电流的 1/3，在启动即将结束时再换接成三角形。图 5-16 所示是星形-三角形降压启动控制线路。图中，主电路由两个接触器分别将电动机的定子绕组接成三角形和星形，即 KM_1、KM_3 线圈得电，主触点闭合，绕组接成星形，KM_2 主触点闭合时，绕组接为三角形。两种接线方式的切换需在极短的时间内完成。在控制电路中，由时间继电器按时间原则实现从启动状态到正常工作状态的自动切换。

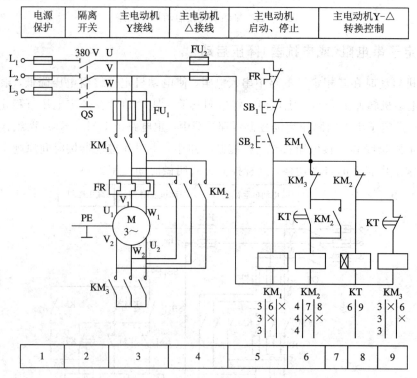

图 5-16　星形-三角形降压启动控制线路

电路中动断触点 KM_2 和 KM_3 构成互锁，保证电动机绕组只能连接成一种形式，即星形或三角形，以防止同时连接成星形或三角形而造成电源短路，确保电路可靠工作。

星形-三角形降压启动方法适用于正常运行时定子绕组接成三角形的鼠笼式异步电动机，具有投资少、接线简单等优点。Y 系列鼠笼式异步电动机中 4.0 kW 以上者均为三角形接法，都可以采用星形-三角形降压启动。

5.3.4　自耦变压器降压启动

　　自耦变压器按星形接线，启动时将电动机定子绕组接到自耦变压器二次侧。电动机定子绕组得到的电压即为自耦变压器的二次电压，改变自耦变压器抽头的位置可以获得不同的启动电压。在实际应用中，自耦变压器一般有 65％、85％ 等抽头。当启动即将结束时将自耦变压器切除，额定电压（即自耦变压器的一次电压）直接加到电动机定子绕组上，电动机全压正常运行。

　　图 5－17 所示是自耦变压器降压启动控制线路。图中，接触器 KM_1 主触点闭合时，将自耦变压器接入，电动机定子绕组经自耦变压器供电实现降压启动。当时间继电器 KT 延时时间到达时，启动过程结束，KM_1 线圈断电，而 KM_2 线圈得电，其主触点闭合，将自耦变压器切除，电动机全压运行。

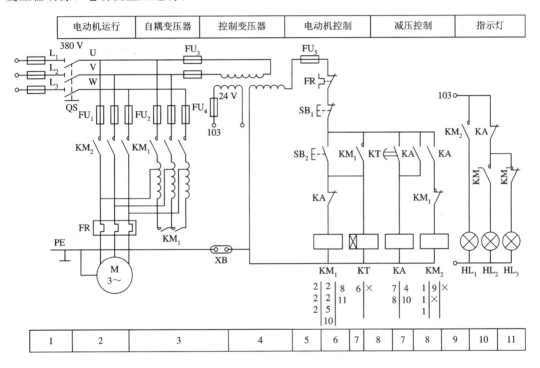

图 5－17　自耦变压器降压启动控制线路

　　自耦变压器降压启动方式适用于负载容量较大，正常运行时接成星形或三角形接法的鼠笼式异步电动机。但这种启动方式设备费用大，而且不允许频繁启动，通常用于启动大型和特殊用途的电动机。

5.3.5　延边三角形降压启动

　　延边三角形降压启动是一种既不增加启动设备，又能适当增加启动转矩的降压启动方法，它适用于定子绕组特别设计的异步电动机，这种电动机的定子绕组共有 9 个出线端，如图 5－18 所示。电动机定子绕组作延边三角形接线时，每相绕组承受的电压比三角形接法低，又比星形接法高，介于二者之间。这样既可实现降压启动，又可提高启动转矩。实际应用中可根据启动电流和启动转矩的要求，选用不同的抽头比，但电动机定子绕组制成后，抽头就不能随意变动。

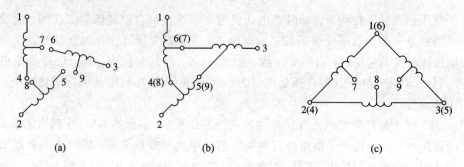

图 5 - 18　延边三角形定子绕组接线
(a) 原始状态；(b) 启动时；(c) 正常运转

延边三角形降压启动是在电动机启动过程中将定子绕组一部分接成星形，另一部分接成三角形，如图 5 - 18(b)所示。待启动完毕，再将定子绕组接成三角形进入正常运行，如图 5 - 18(c)所示。

延边三角形降压启动控制线路如图 5 - 19 所示。启动时，按下启动按钮 SB_2 后，KM_1 及 KM_3 通电且自锁，把电动机定子绕组接成延边三角形启动，同时 KT 通电延时，经过一段延时后，KT 动作使 KM_3 断电，电动机接成三角形正常运转。

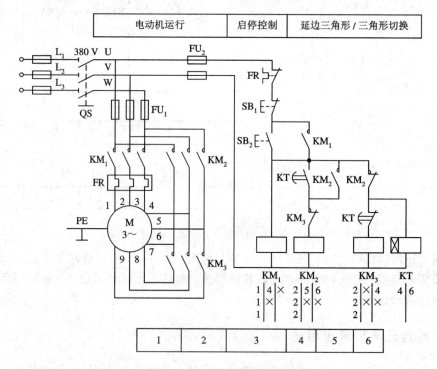

图 5 - 19　延边三角形降压启动控制线路

延边三角形降压启动要求电动机有 9 个出线端，使电动机制造工艺复杂，同时给控制系统的安装、接线增加了麻烦，因此尚未被广泛使用。

5.4　三相绕线式异步电动机的启动控制

绕线式转子的特点是通过集电环和电刷，在转子电路中串接几级启动电阻，用于限制启动电流，提高启动转矩。绕线转子异步电动机的启动方式有转子绕组串电阻降压启动和转子绕组串频敏变阻器启动。

5.4.1　转子绕组串电阻降压启动

转子回路串电阻启动控制是在三相转子绕组中分别串接几级电阻，并按星形方式接线。启动前，启动电阻全部接入电路限流；启动过程中，随转速升高，启动电流下降，启动电阻逐级短接；至启动完成时，全部启动电阻短接，电动机全压运行。

绕线式异步电动机转子串电阻启动可以采用时间继电器控制，也可以采用电流继电器控制。图 5-20 所示是时间继电器控制的启动控制线路。图中，转子回路中的三组启动电阻由接触器 KM_2、KM_3、KM_4 在时间继电器 KT_1、KT_2、KT_3 的控制下顺序被短接，正常工作时，只有 KM_1 和 KM_4 两个接触器的主触点闭合。

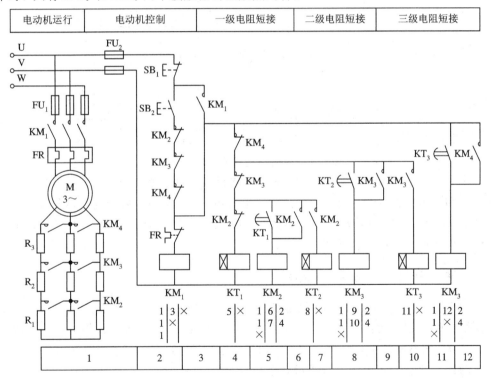

图 5-20　时间继电器控制的启动线路

图 5-21 所示是由电动机转子电流大小的变化来控制电阻短接的启动控制线路，这种依据电流实现自动切换的控制方式叫做电流控制原则。图中，转子绕组中除串接启动电阻外，还串接有电流继电器 KA_2、KA_3、KA_4 的线圈。三个电流继电器的吸合电流都一样，但是释放电流不同，KA_2 释放电流最大，KA_3 次之，KA_4 最小。刚启动时，启动电流很大，电流继电器全部吸合，因此全部启动电阻接入。随着电动机转速升高，电流变小，电流继

电器根据释放电流的大小等级依次释放，使接触器线圈依次得电，主触点闭合，逐级短接电阻，直到全部电阻都被短接，电动机启动完毕，进入正常运行。

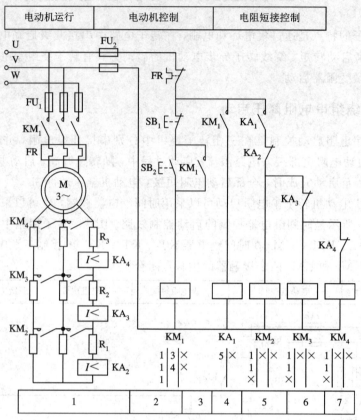

图 5-21　电流继电器控制的启动线路

转子串电阻启动控制电路的控制方式是在电动机启动过程中分级切除启动电阻，其结果为电流和转矩存在突然变化，因而将会产生机械冲击。此外，启动电阻体积较大，能耗大。但是串电阻启动具有启动转矩大的优点，对于有低速运行要求，且初始启动转矩大的传动装置仍是一种常用的启动方式。

5.4.2　转子绕组串频敏变阻器启动

频敏变阻器是一种阻抗随频率明显变化的无触点电磁元件，其结构类似于只有原绕组没有副绕组的三相变压器，绕组通常接成 Y 形，其铁芯由 30～50 mm 厚的铸铁片或钢板叠成。频敏变阻器实质上是一个铁损很大的三相电抗器，其图形符号如图 5-22 所示。

电动机启动时，频敏变阻器通过转子电路获得交变电动势，绕组中的交变电流在铁芯中产生交变磁通，呈现出电抗 X。由于变阻器铁芯是用较厚的钢板制成的，因此交变磁通在铁芯中产生很大的涡流损耗和少量的磁滞损耗。涡流损耗在变阻器中相当于一个电阻 R，由于电抗 X

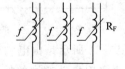

图 5-22　频敏变阻器的图形符号

与电阻 R 都由交变磁通产生，其大小又随转子电流频率的变化而变化，因此，在电动机启动过程中，随转子频率的改变，涡流集肤效应的强弱也在改变，电动机转速低时转子电流频率高，涡流截面小，电阻就大。随着电动机转速升高，转子电流频率降低，涡流截面自动增大，电阻减小，正常转速时，其阻抗值接近于零，同时频率的变化又引起电抗的变化。理论分析与实践证明，频敏变阻器铁芯电阻与电抗近似与转差率的平方根成正比。所以，绕线型异步电动机串接频敏变阻器启动时，随启动过程的进行，其阻抗值自动减小，实现电动机的平稳无级启动。这种启动方式的控制线路如图 5-23 所示。该电路可用选择开关 SA 选择手动或自动控制。当选择自动控制时，由时间继电器 KT 控制，按时间原则实现启动到稳定运行的自动切换；当选择手动控制时，KT 不起作用，按钮 SB$_3$ 控制中间继电器 KA 和接触器 KM$_2$ 通电工作。

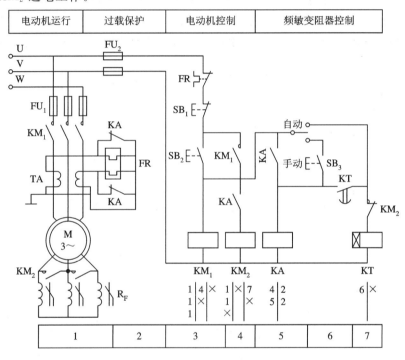

图 5-23　转子串频敏变阻器启动线路

在启动过程中，为了避免启动时间过长而使热电器误动作，通常用 KA 的动断触点将热继电器 FR 的发热元件短接。

这种启动方法具有恒转矩的启、制动特性，采用静止的、无触点的电子元件，很少需要维修，因而常用于绕线转子异步电动机的启动，特别是大容量绕线转子异步电动机的启动控制。

5.5　三相异步电动机的调速控制

调速是指在同一负载下得到不同的转速，以满足生产过程的要求。为使生产机械获得更大的调速范围，除采用机械变速外，还可采用电气控制方法实现电动机的多速运行。

由异步电动机的转速关系式 $n = \dfrac{60 f_1}{p}(1-s)$ 可知，改变电动机的转速有三种方法，即变极调速、变频调速、改变转差率调速。

由于变频调速与改变转差率调速的技术和控制方法比较复杂，因此尚未普遍采用，目前通常采用变极调速的方法。

5.5.1　变极调速

改变磁极对数的调速方法一般只适用于鼠笼式异步电动机，下面以双速电动机为例分析其控制电路。

1. 电动机磁极对数的产生与变化

鼠笼式异步电动机有两种改变磁极对数的方法：一是改变定子绕组的连接，即改变定子绕组中电流流动的方向，形成不同的磁极对数；二是在定子绕组上设置具有不同磁极对数的两套互相独立的绕组。当一台电动机需要较多级数的速度输出时，也可同时采用两种方法。

双速电动机的定子绕组由两个线圈连接而成，线圈之间有导线引出，如图 5-24 所示。

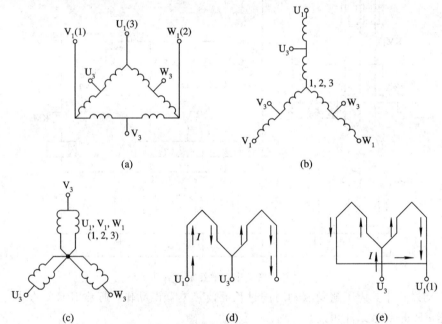

图 5-24　双速电动机定子绕组接线

(a) 三角形；(b) 星形；(c) 双星形；

(d) 四极接线电流图；(e) 二极接线电流图

常见的定子绕组接线有两种：一种是由单星形改为双星形，即将图 5-24(b)所示的连接方式换成图(c)所示的连接方式；另一种是由三角形改为双星形，即将图(a)所示的连接方式换成图(c)所示的连接方式。每相绕组的两个线圈串联后接入三相电源，电流流动方向及电流分布如图(d)所示，形成四极低速运行。每相定子绕组的两个线圈并联时，由中间导线端子接入三相电源，其他两端汇集一点构成双星形连接，电流流动方向及电流分布如图(e)所示，形成二极高速运行。两种接线方式变换使磁极对数减少为原来的一半，其转速增加一倍。星形-双星形切换适用于拖动恒转矩性质的负载；三角形-双星形切换适用于拖动恒功率性质的负载。

2. 双速电动机控制电路

图 5-25 是双速电动机三角形-双星形变换控制线路。图中，主电路接触器 KM_1 的主触点闭合，构成三角形接线。KM_2 和 KM_3 的主触点闭合构成双星形连接。必须指出，当改变定子绕组接线时，必须同时改变定子绕组的相序，即对调任意两相绕组出线端，以保证调速前后电动机的转向不变。

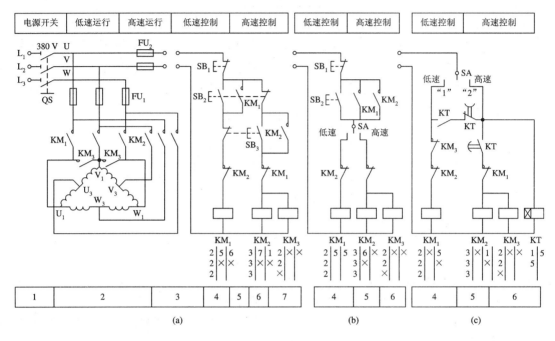

图 5-25　双速电动机变速控制线路
(a) 方案一；(b) 方案二；(c) 方案三

控制电路有三种。图 5-25(a) 中由复合按钮 SB_2 接通 KM_1 的线圈电路，电动机低速运行；SB_3 接通 KM_2 和 KM_3 的线圈电路，电动机高速运行。为防止两种接线方式同时存在，KM_1 和 KM_2 的动断触点构成互锁。图(b)中通过选择开关 SA 来选择低速或高速运行。图(a)和图(b)的控制电路适用于小功率电动机。图(c)的控制电路适用于较大功率的电动机，通过选择开关 SA 选择低速运行或高速运行。当 SA 位于"1"的位置选择低速时，接通 KM_1 线圈电路，直接启动低速运行；当 SA 位于"2"的位置选择高速时，首先接通 KM_1 线圈电路低速启动，然后由 KT 切断 KM_1 的线圈电路，同时接通 KM_2 和 KM_3 的线圈电路，电动机的转速自动由低速切换到高速。

5.5.2　变频调速

变频调速通过改变电源频率从而使电动机的同步转速发生变化以达到调速的目的。变频调速借助微电子器件、电力电子器件和控制技术，先将工频电源经过二极管整流成直流，再由电力电子器件逆变为频率可调的交流电源，整个变频装置称为变频器。变频器作为一种智能调速"元件"，它的功能是将频率、电压都固定的交流电变换成频率、电压都连续可调的三相交流电源。目前广泛采用的通用变频器是指能与鼠笼式电动机配套使用，能适用于各种不同性质的负载并具有多种可供选择的功能的一类变频器。通用变频器是组成调速控制系统的主要部件，如图 5 - 26 所示。

图 5 - 26　典型调速控制系统示意图

由于把直流电逆变成交流电的环节比较容易控制，并且在电动机变频后的特性等方面比其他方法具有明显的优势，所以通用变频器采用了先把频率、电压都固定的交流电整流成直流电，再把直流电逆变成频率、电压都连续可调的三相交流电，即交-直-交方式，其基本构成及工作原理如图 5 - 27 所示。

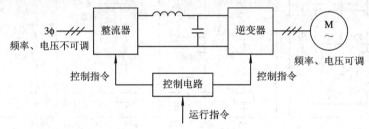

图 5 - 27　变频器原理图

变频器由主电路（包括整流器、中间直流环节、逆变器）和控制回路组成。

（1）整流器：其作用是把三相交流电源整流成直流。

（2）逆变器：其作用与整流器相反，是将直流电逆变为电压和频率可变的交流电，实现交流电机变频调速。

（3）控制回路：由运算电路、检测电路、驱动电路、保护电路等组成，均采用大规模集成电路。

在变频调速中使用最多的变频调速器是电压型变频调速器，工作时首先将三相交流电经桥式整流电路整流为脉动直流电，脉动的直流电压经平滑滤波后在微处理器的调控下，用逆变器将直流电再逆变为电压和频率可调的三相交流电源，输出到需要调速的电动机上。由电工原理可知，电机的转速与电源频率成正比，通过变频器可任意改变电源输出频率，从而任意调节电机转速，实现平滑的无级调速。

变频调速不但比传统的直流电机调速优越，而且也比调压调速、变极调速、串级调速等调速方式优越。它的特点是调速平滑，调速范围宽，效率高，特性好，结构简单，机械特性硬，保护功能齐全，运行平稳，安全可靠，在生产过程中能获得最佳速度参数，是理想的调速方式。应用实践证明，交流电机变频调速一般能节电 30%，目前工业发达国家已广泛采用变频调速技术，在我国也是国家重点推广的节电新技术。

5.5.3　改变转差率调速

改变转差率调速的方法有改变电压、改变定子和转子参数等。转子回路串电阻调速就是通过改变电动机转差率来调速的方法之一，它只适用于绕线转子异步电动机。在一定的负载转矩下，异步电动机的转差率与转子电阻成正比。

图 5-28 所示是绕线转子异步电动机转子外接三相电阻进行调速的控制线路，它由主令控制器和磁力控制盘组成，主要应用在起重设备控制线路中。图中，接触器 KM_2 用于使电动机正转；接触器 KM_1 用于使电动机反转；接触器 KM_3 用于接通电磁铁 YA，实现制动。电动机转子回路中共串有七段电阻，即 $R_1 \sim R_7$，其中 R_7 为常串电阻，用于软化机械特性，其余各段电阻的接入与切除分别由接触器 $KM_4 \sim KM_9$ 来控制。

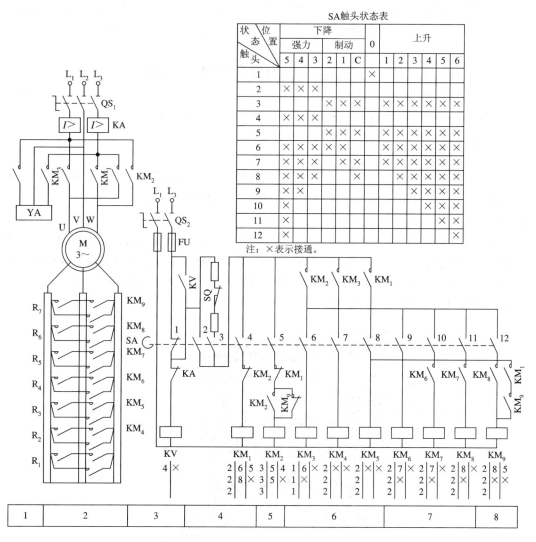

图 5-28　转子回路串电阻调速的控制线路

主令控制器 SA 有 12 对触头，通过对这 12 对触头按一定程序的通断来控制接触器，从而实现各种运行状态的切换。

合上电源开关 QS_1 与 QS_2，当主令控制器手柄置于 0 位置时，其触头 1 闭合，电压继电器 KV 得电吸合并自锁，为主令控制器在其他位置时电动机的启动做好准备。

在提升重物时，主令控制器手柄置于 1～6 的任何位置，主令控制器的触头 3、5 和 6 闭合，正转接触器 KM_2 得电吸合并自锁，然后制动接触器 KM_3 也通电吸合并自锁，制动电磁铁 YA 得电而松开电磁抱闸，使电动机启动运转。按动手柄在提升侧 1～6 位置，它依次增加主令控制器触头 7～12 的闭合，从而使接触器 KM₄～KM₉ 相继得电吸合，依次切除转子外接电阻 R_1～R_6，随着串入转子回路的电阻不同而获得不同的提升转速。

当重物上升到极限位置时，将会把限位开关 SQ 压下，使接触器 KM₂ 失电而释放，电动机脱离电源，同时接触器 KM₃ 也失电释放，电磁抱闸将对电动机进行机械制动。

放下重物的过程与提升过程类似。

转子串电阻调速方法简单，设备投资不高，因此在中、小容量的绕线转子异步电动机中广泛使用，但是在调速过程中，大量的电能消耗在外接电阻上，故效率较低。

5.6 三相异步电动机的制动控制

三相异步电动机的制动方式有两大类：机械制动和电气制动。

5.6.1 机械制动

电动机切断电源之后，利用机械装置使电动机迅速停止转动的方法称为机械制动。常用的机械制动装置有电磁抱闸和电磁离合器两种，它们的制动原理基本相同。机械制动又分为断电制动和通电制动，这里仅介绍电磁抱闸断电制动。

图 5-29 所示是电磁抱闸的外形图。电磁抱闸主要由电磁铁和闸瓦制动器组成。当电磁抱闸线圈通电时，衔铁吸合动作，克服弹簧力推动杠杆，使闸瓦松开闸轮，电动机能正常运转；反之，当电磁抱闸线圈断电时，衔铁与铁芯分离，在弹簧的作用下，闸瓦与闸轮紧紧抱住，电动机被迅速制动而停转。

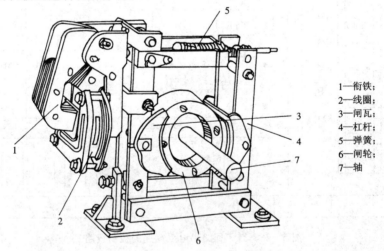

1—衔铁；
2—线圈；
3—闸瓦；
4—杠杆；
5—弹簧；
6—闸轮；
7—轴

图 5-29 电磁抱闸的外形

图 5-30 为电磁抱闸断电制动控制线路。图中，YA 为电磁抱闸电磁铁的线圈。按下 SB₂，KM 线圈通电吸合，YA 得电，闸瓦松开闸轮，电动机启动；按下停止按钮 SB₁，KM 断电释放，电动机和 YA 同时断电，电磁抱闸在弹簧的作用下，使闸瓦与闸轮紧紧抱住，电动机被迅速制动而停转。

这种制动方法比较安全可靠，能实现准确停车，不会因突然停电或电气故障而造成事故。该方法被广泛应用在起重设备上。

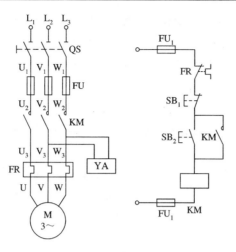

图 5-30　电磁抱闸断电制动控制线路

5.6.2　电气制动

电气制动是指在电动机上产生一个与原转子转动方向相反的制动转矩，迫使电动机迅速停车。常用的电气制动方法有能耗制动和反接制动两种。无论哪种制动方法，在制动过程中，电流、转速、时间三个参量都在变化，因此可以取某一变化参量作为控制信号，在制动结束时及时取消制动转矩。

1. 能耗制动

能耗制动是在三相电动机切断三相电源的同时，将一直流电源接入定子绕组产生恒定磁场，使电动机迅速停转的一种制动方法。

图 5-31 所示是能耗制动控制线路。

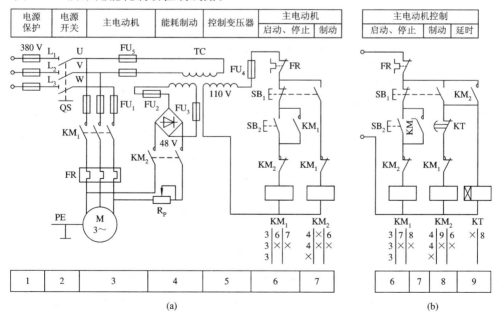

图 5-31　能耗制动控制线路

（a）方案一；（b）方案二

图 5-31 中，接触器 KM$_1$ 的主触点控制三相交流电源的接入，KM$_2$ 将直流电流接入电动机定子绕组，直流电源由变压器和整流装置提供。

图 5-31(a)所示是用复合按钮实现能耗制动的控制电路。制动过程中，停车按钮 SB$_1$ 必须始终处于压下状态，操作不便。

图 5-31(b)所示是用时间继电器自动实现能耗制动的控制电路。复合按钮 SB$_1$ 压下后，即可松开复位，制动过程的结束由时间继电器 KT 的延时动断触点断开 KM$_2$ 线圈电路实现。

能耗制动的制动转矩大小与通入直流电的电流大小及电动机的转速 n 有关。同样的转速下，电流大，制动作用强。一般接入的直流电流为电动机空载电流的 3～5 倍，过大会烧坏电动机的定子绕组。电路采用在直流电源回路中串接可调电阻的方法调节制动电流的大小。

能耗制动时，制动转矩随电动机的惯性转速下降而减小，因而制动平稳，冲击小；其缺点是附加直流电源，制动转矩小，制动速度较慢。

2. 反接制动

反接制动是通过改变定子绕组中电源相序，产生一个与转子惯性转动方向相反的反向启动转矩而使电动机迅速停止转动的制动方法。进行反接制动时，首先将三相电源相序切换，然后在电动机转速接近零时，将电源及时切除。若三相电源不能及时切除，则电动机将会反向升速，发生事故。控制电路采用速度继电器来判断电动机的零速点并及时切断三相电源。这种由速度继电器控制电路自动切换的原则叫做速度控制原则。

图 5-32 所示为反接制动控制线路。图中，主电路由接触器 KM$_1$ 和 KM$_2$ 两组主触点构成不同相序的接线，速度继电器 KS 的转子与电动机的轴相连。

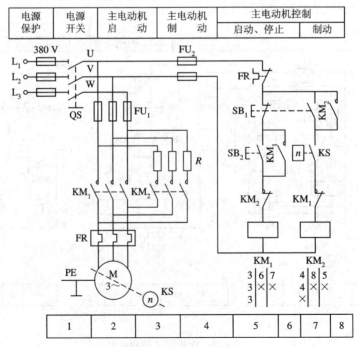

图 5-32　反接制动控制线路

当电动机启动至 KS 的动作速度(120 r/min)时，KS 的动合触点闭合，并在电动机稳定运转时一直保持闭合状态。电动机停车时，按下停车按钮 SB_1，KM_1 断电释放，KM_2 线圈通电并自锁，改变了电动机定子绕组中电源的相序，电动机在定子绕组中串入电阻 R 的情况下反接制动，电动机转速迅速下降，当转速接近零(转速低于 KS 的复位速度 100 r/min)时，KS 复位，其动合触点打开，切断接触器 KM_2 线圈电路，制动过程结束。

在反接制动时，电动机定子绕组流过的电流相当于全电压直接启动时电流的两倍。为了限制制动转矩对电动机转轴的机械冲击力，制动过程中往往在定子电路中串入电阻。

反接制动的优点是制动力强，制动时间短；缺点是能量损耗大，制动时冲击力大，制动准确度差。以转速为变化参量，用速度继电器检测转速信号，能够准确地反映转速，不受外界干扰，制动效果好。反接制动适用于生产机械的迅速停车与迅速反向。

5.7　直流电动机的电气控制

直流电动机具有良好的启动、制动与调速性能，容易实现各种运行状态的控制，因此获得了广泛的应用。直流电动机有串励、并励、复励和他励四种，其控制线路基本相同。本节仅讨论他励直流电动机的启动、反向和制动电气控制线路。

5.7.1　直流电动机单向旋转启动线路

图 5-33 所示为直流电动机电枢串二级电阻启动控制线路。图中，KM_1 为电枢线路接触器，KM_2、KM_3 为短接启动电阻接触器，KA_1 为过电流继电器，KA_2 为欠电流继电器，KT_1、KT_2 为时间继电器，R_1、R_2 为启动电阻，R_3 为放电电阻。

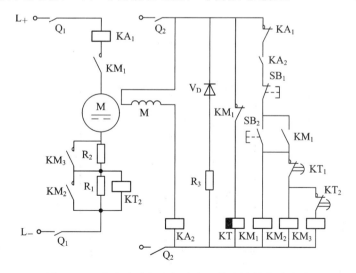

图 5-33　直流电动机电枢串电阻单向旋转启动线路

直流电动机单向旋转启动线路的工作原理如下：

合上励磁与控制电路电源开关 Q_2 后，再合上电动机电枢电源开关 Q_1，KT_1 线圈通电，其常闭触头断开，切断 KM_2、KM_3 线圈电路，确保启动时将电阻 R_1、R_2 全部串入电枢回路。按下启动按钮 SB_2，KM_1 线圈通电并自锁，主触头闭合，接通电枢回路，电枢串入二级启动电阻启动，同时 KM_1 常闭辅助触头断开，KT_1 线圈断电，为延时 KM_2、KM_3 线圈通电，短接电枢回路启动电阻 R_1、R_2 做准备。在电动机串入 R_1、R_2 启动的同时，接在 R_1 电阻两端的 KT_2 线圈通电，其常闭触头断开，使 KM_3 线圈电路处于断电状态，确保 R_2 串入电枢电路。

经一段时间延时后，KT_1 常闭断电延时闭合触头闭合，KM_2 线圈通电吸合，主触头短接电阻 R_1，电动机转速升高，电枢电流减小。为保持一定的加速转矩，启动中应逐级切除电枢启动电阻。就在 R_1 被 KM_2 主触头短接的同时，KT_2 线圈断电释放，再经一段时间的延时，KT_2 常闭断电延时闭合触头闭合，KM_3 线圈通电吸合，KM_3 主触头闭合短接第 2 段电枢启动电阻 R_2。电动机在额定电枢电压下运转，启动过程结束。

该电路中，过电流继电器 KA_1 用于实现电动机过载和短路保护；欠电流继电器 KA_2 用于实现电动机欠磁场保护；电阻 R_3 与二极管 V_D 构成电动机励磁绕组断开电源时产生感应电动势的放回电路，以免产生过电压。

5.7.2 直流电动机可逆运转启动控制线路

图 5-34 所示为通过改变直流电动机电枢电压极性实现直流电动机正、反转启动控制线路。图中，KM_1、KM_2 为正、反转接触器，KM_3、KM_4 为短接电枢电阻接触器，KT_1、KT_2 为时间继电器，KA_1 为过电流继电器，KA_2 为欠电流继电器，R_1、R_2 为启动电阻，R_3 为放电电阻，SB_2 为正转启动按钮，SB_3 为反转启动按钮，SQ_1 为反向转正向行程开关，SQ_2 为正向转反向行程开关。

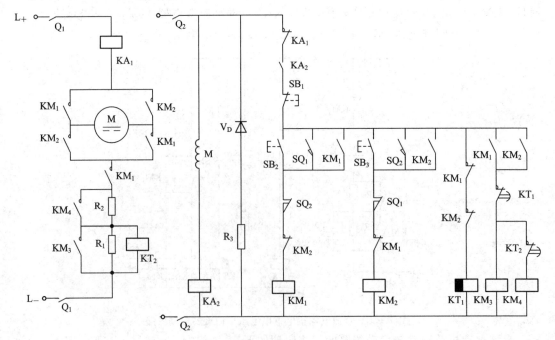

图 5-34　直流电动机正、反转控制线路

　　直流电动机可逆运转启动控制线路的工作情况与图 5-33 相同，但启动后，电动机将按行程原则自动实现电动机的正、反转，拖动运动部件实现自动往返运动。

5.7.3　直流电动机单向旋转串电阻启动、能耗制动控制线路

　　图 5-35 所示为直流电动机单向旋转串电阻启动、能耗制动控制线路。图中，KM_1、KM_2、KM_3、KA_1、KA_2、KT_1、KT_2 的作用与图 5-34 相同，KM_4 为制动接触器，KV 为电压继电器。其控制线路工作原理如下：

　　电动机启动时线路工作情况与图 5-33 相同，此处不再重复。停车时，按下停止按钮 SB_1，KM_1 线圈断电释放，其主触头断开电动机电枢直流电源，电动机以惯性旋转。由于此时电动机转速较高，因此电枢两端仍建立一定的感应电动势，并联在电枢两端的电压继电器 KV 经自锁触头仍保持通电吸合状态，其常开触头仍闭合，使 KM_4 线圈通电吸合。因 KM_4 的常开主触头将电阻 R_4 并联在电枢两端，故电动机实现能耗制动。随着电动机转速迅速下降，电枢感应电动势也随之下降。当降至一定值时，KV 释放，KM_4 线圈断电，电动机能耗制动结束，自然停车至零。

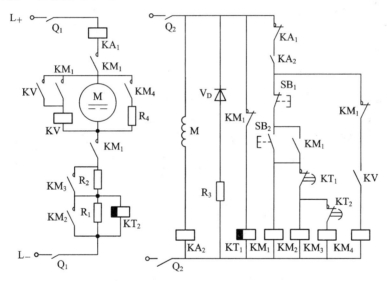

图 5-35　直流电动机单向旋转能耗制动线路

5.7.4　直流电动机可逆旋转反接制动控制线路

　　图 5-36 所示为电动机可逆旋转反接制动控制线路。图中，KM_1、KM_2 为电动机正、反转接触器，KM_3、KM_4 为启动短接电阻接触器，KM_5 为反接制动接触器，KA_1 为过电流继电器，KA_2 为欠电流继电器，KV_1、KV_2 为正反接制动电压继电器，R_1、R_2 为启动电阻，R_3 为放电电阻，R_4 为反接制动电阻，KT_1、KT_2 为时间继电器，SQ_1 为正转变反转行程开关，SQ_2 为反转变正转行程开关。

　　直流电动机可逆旋转反接制动线路按时间原则分两级启动，能实现正、反转并通过 SQ_1、SQ_2 行程开关实现自动换向，在换向过程中能实现反接制动，以加快换向过程。下面以电动机正转运行变反转运行为例来说明其控制线路工作原理。

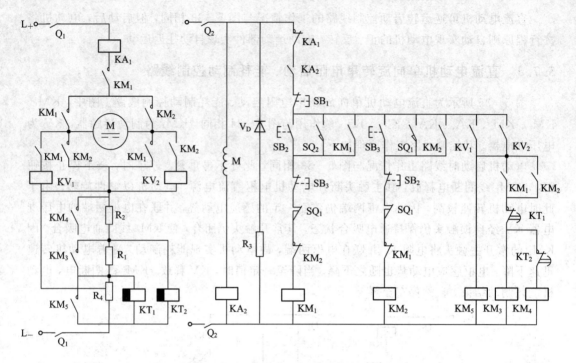

图 5-36 直流电动机可逆旋转反接制动线路

当电动机正在做正向运转并拖动运动部件作正向移动，且运动部件的撞块压下行程开关 SQ_1 时，KM_1、KM_3、KM_4、KM_5、KV_1 线圈断电释放，KM_2 线圈通电吸合。电动机电枢接通反向电源，同时 KV_2 线圈通电吸合，反接时的电枢电路如图 5-37 所示。

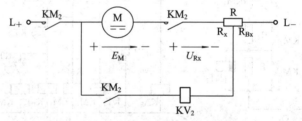

图 5-37 直流电动机反接时电枢电路

由于机械惯性，电动机转速以及电动势 E_M 的大小和方向来不及变化，且电动势 E_M 方向与电枢串联电阻电压降 U_{Rx} 方向相反，此时电压继电器 KV_2 线圈电压很小，不足以使 KV_2 吸合，KM_3、KM_4、KM_5 线圈处于断电状态，电动机电枢串入全部电阻进行反接制动，电动机转速迅速下降。随着电动机转速的下降，电势 E_M 逐渐减小，电压继电器 KV_2 上的电压逐渐增加。当 $n \approx 0$ 时，$E_M \approx 0$，加至 KV_2 线圈的电压加大并使其吸合动作，常开触头闭合，KM_5 线圈通电吸合。KM_5 主触头短接反接制动电阻 R_4，电动机电枢串入 R_1、R_2 电阻反向启动，直至反向正常运行，拖动运动部件反向移动。当运动部件反向移动撞块压下行程开关 SQ_2 时，则由电压继电器 KV_1 来控制电动机实现反转时的反接制动，其原理与正向运动相同，此处不再描述。

5.7.5　直流电动机调速控制

直流电动机可通过改变电枢电压或励磁电流来调速。前者常由晶闸管构成单相或三相全波可控整流电路，通过改变其导通角来实现降低电枢电压的控制；后者常通过改变励磁绕组中的串联电阻来实现弱磁调速。下面以改变电动机励磁电流为例来分析其调速控制。

图 5-38 所示为直流电动机改变励磁电流的调速控制线路。电动机的直流电源从两相零式整流电路获得。图中，电阻 R 兼有启动限流和制动限流的作用，电阻 R_1、R_{RF} 为调速电阻，电阻 R_2 用来吸收励磁绕组的自感电动势，起过电压保护作用，KM_1 为能耗制动接触器，KM_2 为运行接触器，KM_3 为切除启动电阻接触器。

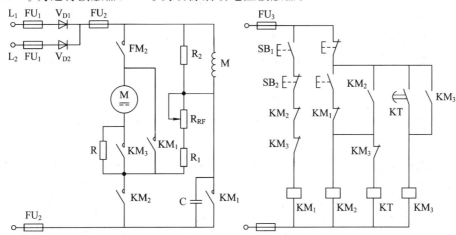

图 5-38　直流电动机改变励磁电流的调速控制线路

直流电动机调速控制线路的工作原理如下：

(1) 启动：按下启动按钮 SB_2，KM_2 和 KT 线圈同时通电自锁，电动机 M 电枢串入电阻 R 启动，经一段延时后，KT 通电延时闭合触头闭合，使 KM_3 线圈通电自锁，KM_3 主触头闭合，短接启动电阻 R，电动机在全压下运行。

(2) 调速：在正常运行状态下，调节电阻 R_{RF}，改变电动机励磁电流的大小，从而改变电动机励磁磁通，实现电动机转速的改变。

(3) 停车及制动：在正常运行状态下，按下停止按钮 SB_1，KM_2、KM_3 线圈同时断电释放，其主触头断开，切断电动机电枢电路；同时，KM_1 线圈通电吸合，KM_1 主触头闭合，通过电阻 R 接通能耗制动电路，而 KM_1 另一对常开触头闭合，短接电容 C，使电源电压全部加在励磁线圈两端，实现能耗制动过程中的强励磁作用，加强制动效果。松开停止按钮 SB_1 后，制动结束。

本 章 小 结

本章系统介绍了电气图的类型、符号及其绘制规则，三相异步电动机的基本控制电路以及交流电动机的启动、调速和制动控制线路。这些控制线路是继电器-接触器控制系统中最基本的环节，是进一步研究和分析更复杂的控制线路的基础。

(1) 电路无论有多复杂，都是由一些基本电路组成的。本章主要讲述了三相异步电动机的点动控制、自锁控制、互锁控制、正反转控制、多地控制、联锁控制等基本控制线路。

(2) 三相鼠笼式电动机的基本启动方式有直接启动和降压启动。降压启动又可分为定子串电阻降压启动、Y-△降压启动、自耦变压器降压启动、延边三角形降压启动等。

（3）三相异步电动机可以通过改变极数、频率和转差率来进行调速控制。

（4）机械制动和电气制动是三相异步电动机制动控制的主要方式。

（5）直流电动机的正反转可通过改变电枢电压极性来实现，直流电动机的调速可通过改变电枢电压或励磁电流来实现。

思 考 题

5-1　电气控制系统的控制线路图有哪几种？各有什么用途？

5-2　电气原理图中，QS、FU、KM、KA、KT、KV、KS、SB、SQ 分别是什么电器元件的文字符号？

5-3　什么叫互锁？互锁有几种形式？

5-4　在图 5-9 中，在现场调试试车时，将电动机的接线相序接错，将会造成什么样的后果？

5-5　试分析图 5-39 中各控制电路能否正常通电运行，指出各控制电路存在的问题，并加以改正。

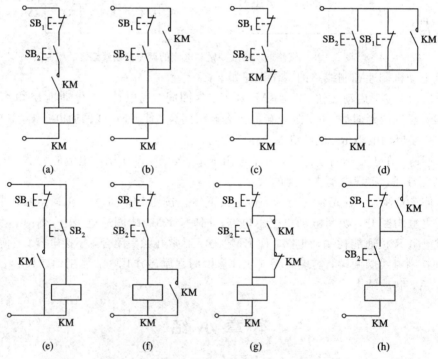

图 5-39　题 5-5 图

5-6　鼠笼式异步电动机在什么条件下可以直接启动？

5-7　鼠笼式异步电动机有哪几种降压启动方式？降压启动的实质是什么？

5-8　绕线式异步电动机有哪几种降压启动方式？

5-9　鼠笼式异步电动机是如何改变转动方向的？

5-10　在电动机的主电路中，既然装有熔断器，为什么还要装热继电器？它们各起什么作用？

5-11　什么叫能耗制动？什么叫反接制动？各有什么特点？

5-12　电动机实现自动切换的控制原则有哪几种？

5-13　在变极调速控制线路中，为什么在变极时要把电动机任意两个出线端对调？

5-14　试设计一个控制电路，要求第一台电动机启动 10 s 以后，第二台电动机自动启动，运行 5 s 以后，第一台电动机停止转动，同时第三台电动机启动，再运转 15 s 后，电动机全部停止。

5-15　某机床由一台鼠笼式异步电动机拖动，润滑油泵由另一台鼠笼式异步电动机拖动，均采用直接启动方式，工艺要求如下：

(1) 主轴必须在油泵开动后才能启动；

(2) 主轴正常为正向运转，但为调试方便，要求能正、反向点动控制；

(3) 主轴停止后，才允许油泵停止；

(4) 有短路、过载及失压保护。

试设计主电路及控制电路。

第 6 章　电气控制系统设计

学 习 目 标

◇ 了解电气控制系统设计的原则和要求。

◇ 能正确选用低压电气控制器件。

◇ 熟悉电气控制电路的设计方法与步骤。

本章将在前几章分析的基础上,即在熟练掌握较多典型的基本控制单元和具有对一般电气控制线路分析能力的基础上,讨论电气控制系统的设计过程,通过实例重点讨论电气控制原理图的设计方法。

6.1　电气控制设计的一般原则和基本内容

6.1.1　电气控制设计的一般原则

在电气控制系统的设计过程中,通常应遵守以下几个原则:

(1) 最大限度原则,即要最大限度地满足控制设备对电气控制的要求。对控制设备的控制要求是由相关专业人员从他们的专业角度提出的,这也是对电气控制系统设计的主要依据。这些要求常常以工作循环图、执行元件动作节拍表、检测元件状态表等形式提供,对于有调速要求的场合,还应给出调速技术指标。其他如启动、转向、制动、照明、保护以及与 BAS、FAS 系统的接口等要求,应根据具体需要充分考虑。

(2) 简单、经济原则,即在满足控制要求的前提下,设计方案力求简单、经济,不宜盲目追求自动化和高指标。

(3) 合理选用原则,即要正确、合理地选用各种电气元件。

(4) 安全可靠原则,即要确保使用安全、可靠。

(5) 实用原则,即造型美观、使用维护方便。

6.1.2　电气控制设计的基本任务与内容

电气控制设计的基本任务是根据控制要求设计和编制出设备制造、使用、维修过程中所必需的图纸、资料,包括电气原理图、电气系统的组件划分与元器件布置图、安装接线图、电气箱图、控制面板及电气元件安装底板图、非标准紧固件加工图等,编制外购件目录、单台材料消耗清单、设备说明书等资料。由此可见,电气控制设计包含原理设计与工艺设计两个基本部分。下面以电力拖动控制设备为例，分述这两方面的设计内容。

1. 原理设计的内容

电气控制系统中原理设计内容主要包括：

（1）拟定电气设计任务书。

（2）选择拖动方案与控制方式。

（3）确定电动机的类型、容量、转速，并选择具体型号。

（4）设计电气控制原理框图，确定各部分之间的关系，拟订部分技术要求。

（5）设计并绘制电气原理图，计算主要技术参数。

（6）选择电气元件，制订元器件目录清单。

（7）编写设计说明书。

电气原理图设计是整个设计的中心环节，是工艺设计和制定其他技术资料的依据。

2. 工艺设计的内容

工艺设计的主要目的是便于组织电气控制装置的制造，实现原理设计要求的各项技术指标，为设备的调试、维护、使用提供必要的图纸资料，同时使设备美观、实用并具有先进性。工艺设计的主要内容如下：

（1）根据设计的原理图及选定的电气元件，设计电气设备的总体配置，绘制电气控制系统的总装配图及总接线图。

（2）按照原理图或划分的组件，对总原理图进行编号，绘制各组件原理图，列出各部分的元件目录表，并根据总图编号统计出各组件的进/出线号。

（3）根据组件原理电路及选定的元件目录表，设计组件装配图（电气元件布置与安装图）、接线图。

（4）根据组件装配要求，绘制电气安装板和非标准电气安装零件图纸，标明技术要求。

（5）设计电气箱。根据组件尺寸及安装要求确定电气箱的结构与外形尺寸，设置安装支架，标明安装尺寸、面板安装方式、各组件的连接方式、通风散热以及开门方式。在电气箱设计中，应注意操作、维护方便与造型美观。

（6）根据总原理图、总装配图及各组件原理图等资料进行汇总，分别列出外购件清单、标准件清单以及主要材料消耗定额。

（7）编写使用维护说明书。

6.2　电气控制系统设计的一般步骤

6.2.1　电力拖动方案的确定

电力拖动方案是指根据机械设备的结构与运动部件的数量、运动要求、负载性质、调速要求、投资额等条件去确定电动机的类型、数量、传动方式以及电动机启动、运行、调速、转向、制动等控制要求，作为电气控制原理图设计及电气元件选择的依据。

例如，在研制某些高效率专用加工机床时，可以采用交流拖动，也可以采用直流拖动，可以采用集中拖动，也可以采用单独分散拖动，要根据以上各方面因素综合考虑、比较，作出选择。

电力拖动方案与控制方式的确定是设计的重要部分，因为只有在总体方案正确的前提下，才能保证生产设备各项技术指标实施的可能性。在设计过程中，即使个别控制环节或工艺图纸设计不当，也可以通过不断改进、反复试验来达到设计要求，但如果总体方案出现错误，则整个设计工作必须重新开始。因此，在电气设计主要技术指标确定并以任务书的方式下达后，必须认真做好调查研究工作，要注意借鉴已经获得成功并经过生产考验的类似设备或生产工艺，列出几种可能的方案，并根据自己的条件和工艺要求进行比较分析后作出决定。

1. 拖动方式的选择

电力拖动方式有单独拖动与集中拖动两种。电力传动的发展趋势是电动机逐步接近工作机构，形成多电动机的拖动方式，如有些机床，除必需的内在联系外，主轴、刀架、工作台及其他辅助运动机构，都分别由单独电动机拖动，这样不仅缩短了机械传动链，提高了传动效率，便于实现自动控制，而且还可使机床总体结构得到简化。在具体选择时，应根据工艺及结构的具体情况决定电动机数量。

2. 调速方案的选择

一般金属切削机床的主运动和进给运动都要求具有一定的调速范围。为此，可采用齿轮变换调速、液压调速、双速或多速电动机及电气的无级调速等。在选择调速方案时，可从以下几个方面考虑：

（1）重型或大型设备的主运动及进给运动应尽可能采用无级调速，这有利于简化机械结构，减小齿轮箱体积，降低制造成本，提高机床效率。

（2）精密机械设备如坐标镗床、精密磨床、数控机床等，为保证加工精度，便于自动控制，应采用电气无级调速。

电气无级调速一般应用晶闸管-直流电动机调速系统。但与交流电动机相比，直流电动机体积大，造价高，维护困难。因此，随着交流调速技术的发展，经全面经济技术指标分析后，可考虑选用交流调速方案。

（3）一般中、小型设备如普通机床，在没有特殊要求时，可选用经济、简单、可靠的三相鼠笼式异步电动机，因为这种电动机结构简单，运行可靠，价格经济，维护方便，配以适当级数的齿轮变速箱，便能满足一般机床的调速要求。有时为简化结构、扩大调速范围，也可采用双速或多速鼠笼式异步电动机。

在选用鼠笼式异步电动机的额定转速时，应满足工艺条件要求，选用二极、四极或更低的同步转速，以便简化机械传动链，降低齿轮减速箱的制造成本。

3. 电动机调速性质的确定

机械设备中各个工作机构具有各自不同的负载特性，如机床的主运动为恒功率负载，而进给运动为恒转矩负载。选择电动机的调速性质时，应考虑与生产机械的负载特性相适应，以使电动机获得充分合理的使用。例如，对于双速鼠笼式异步电动机，当定子绕组由三角形连接改成双星形连接时，转速增加一倍，功率却增加很少，它适用于恒功率传动；对于低速、星形连接的双速电动机，改成双星形连接后，转速和功率都增加一倍，而电动机所输出的转矩却保持不变，它适用于恒转矩传动。

6.2.2　电气控制方案的确定

拖动方案及拖动电动机确定之后，采用什么方法去实现这些控制要求就是控制方式的选择问题了。随着电气技术、电子技术、计算机技术、检测技术以及自动控制理论的迅速发展与机械结构和工艺水平的不断提高，机械设备电力拖动的控制方式发生了深刻的变革，从传统的继电器-接触器控制向顺序控制、可编程逻辑控制、计算机联网控制等方面发展，各种新型的工业控制器及标准系列控制系统也不断出现，可供选择的控制方式较多，系统复杂程度差异也很大。因此，合理选择电气控制方案是可靠、经济、简便地实现工艺要求的重要步骤。

电气控制方案的选择与电气传动形式的选择紧密相关。在选择传动形式时，要预先考虑如何实现控制；在选择控制方案时，一定要在传动形式选定后进行。

选择控制方案时应遵循的原则是：

（1）控制方式应与设备通用化和专用化的程度相适应。以金属切削机床为例，对于一般普通机床和专用机床，其工作程序往往是固定的，使用中并不需要经常改变原有的程序。因此，可采用继电器-接触器控制系统，其控制电路在结构上接成固定式的。对于万能机床，为了适应不同工艺过程的需要，其工作程序往往需要在一定范围内加以更改。在这种情况下，宜采用可编程控制器控制。

在机床自动线中，可根据控制要求和联锁条件的复杂程度，采用分散控制或集中控制的方式。但是各台单机的控制方案和基本控制环节应尽量一致，以简化设计和制造过程。

数控机床具有较好的通用性和灵活性，可以保证产品质量，提高生产率，降低成本，因而获得了广泛的应用。

微处理机已进入机床、自动线、机械手的控制领域，且发展迅猛，已引起电气设计者的高度重视。

（2）控制系统的工作方式应在经济、安全的前提下，最大限度地满足工艺要求。作为控制方案，应采用自动循环或半自动循环；应具有手动调整、动作程序的变更及有关检测功能；应考虑各个运动之间的联锁、各种保护、故障诊断、信号指示、照明及操作方便等问题。

（3）当控制系统所用电器数量较多时，可采用交流低压供电。简单的控制回路可直接由电网供电。当控制电器较多，线路分支较复杂，可靠性要求较高时，可采用控制变压器隔离并降压。

6.2.3　电气元件的选择

在电气控制电路设计完成后，便应着手选择各种控制电器。正确、合理地选择电器元件是电气电路安全、可靠工作的重要保证。这些电器的选择包括接触器的选择、电磁式控制继电器的选择、热继电器的选择、熔断器的选择、断路器的选择、行程开关的选择和控制变压器的选择等。

1. 电气元件选择的基本原则

（1）根据对控制元件功能的要求，确定电器元件的类型。例如，当用于通断功率较大的主电路时，应选交流接触器。

（2）确定元器件的额定承载能力和使用寿命，主要根据电气控制的电压、电流和功率大小确定元件的规格。

（3）确定元器件的工作环境和以后的供应情况。

（4）确定元器件在工作时的可靠性。

2. 合理选择元器件

根据电气控制原理图合理选择元器件，编制元器件目录清单。

6.3 电动机的一般选择

机械设备的运动多由电动机驱动，因此，合理地选择电动机非常重要。选择电动机时，不但要符合机械设备的使用条件，而且要保证机械设备和电动机经济、合理、安全、可靠运行。选择时主要考虑电动机的结构形式、种类、额定电压、额定转速、允许温升、工作方式、额定功率等。

6.3.1 电动机选择的一般原则

电动机常用来驱动各类机械负载。一个电力拖动系统能否经济可靠地运行，正确选用拖动电动机至关重要。电动机的选择是一项很复杂的工作，选用时应从以下几个方面予以考虑：

（1）在满足生产机械的技术性能要求和生产工艺的前提下，合理选择电动机种类。

（2）根据现场的环境条件，例如温度、湿度、灰尘、雨水、瓦斯、腐蚀及易燃易爆气体的含量等，考虑必要的保护方式，合理选择电动机的防护结构形式和相应的绝缘等级。

（3）根据负载转矩、转速调速范围和启动频繁程度等要求，考虑电动机的温升限制、过载能力及启动转矩，合理选择电动机的功率，使工作过程中功率匹配、安全、经济、可靠。

（4）根据企业电网电压标准和对功率因数的要求，确定电动机的电压等级。

（5）根据生产机械的最高转速和对电力传动系统的调速要求，以及机械减速的复杂程度，选择电动机的额定转速。

（6）选择电动机时，一方面要考虑产品价格、建设费用和运行费用，使其综合经济效益最好；另一方面要考虑影响安装、运行和维护的因素，使其安装、检修方便，运行可靠。

（7）要贯彻国家的技术经济政策，积极采用国家推广的新产品，不用淘汰的产品，如J2、JO2、JO3 系列等。

除此以外，还应考虑环保、现有技术状况等问题。总之，在满足技术要求的前提下，应从全局出发，优先考虑经济性。

6.3.2　电动机的选择

1. 电动机结构形式的选择

（1）安装方式：分为卧式和立式。卧式电动机的转轴安装后为水平位置，立式电动机的转轴则为垂直于地面的位置。两种类型的电动机使用的轴承不同，立式的价格稍高，一般情况下多选用卧式电动机。

（2）轴伸个数：伸出到端盖外面与负载连接的转轴部分称为轴伸。电动机有单轴伸与双轴伸两种，多数情况下用单轴伸，特殊情况下用双轴伸。例如，一边安装测速发电机，另一边需要拖动生产机械，则要选用双轴伸电动机。

（3）防护方式：分为开启式、防护式、封闭式和防爆式等几种。

开启式电动机的定子两侧和端盖上都有很大的通风口。它散热好，价格便宜，但易受灰尘、水滴、铁屑等杂物的侵入，只能在清洁、干燥的环境中使用。

防护式电动机的机座下面有通风口。它散热好，能防止水滴和异物从上面落入电动机内部，但不能防止潮气、灰尘侵入，适应于比较干燥、没有腐蚀性和爆炸性气体的环境。

封闭式电动机的机座和端盖上均无通风口，完全是封闭的。封闭式电动机又分为自冷式、他冷式、管道通风式及密闭式等。前三种机外潮气和灰尘不易进入机内，适用于多尘、潮湿、有腐蚀性气体等恶劣环境。密闭式可浸在液体中使用，如潜水泵。

防爆式电动机在封闭式的基础上制成防爆形式，机壳有足够的强度，适用于有易燃易爆气体的环境，如矿井、油库、煤气站等。

2. 电动机种类的选择

（1）电动机的主要种类。拖动生产机械的电动机包括直流电动机和交流电动机两大类，交流电动机又有异步电动机和同步电动机两种。电动机的主要种类见表 6 - 1。

表 6 - 1　电动机的主要种类

直流电动机	他励直流电动机 并励直流电动机 串励直流电动机 复励直流电动机		
交流电动机	异步电动机	三相异步电动机	鼠笼式	普通鼠笼式 高启动转矩式 多速电动机
			绕线式
		单相异步电动机	
	同步电动机	凸极式 隐极式	

电动机的特点包括性能、所需电源、维修方便与否、价格等，是选择电动机种类的基本知识。生产工艺特点是选择电动机的先决条件。表 6 - 2 列出了各种电动机最重要的性能特点。

表 6 - 2　电动机的性能特点

电动机种类		主要的性能特点
直流电动机	他励、并励	机械特性硬，启动转矩大，调速性能好
	串励	机械特性软，启动转矩大，调速方便
	复励	机械特性软硬适中，启动转矩大，调速方便
三相异步电动机	普通鼠笼式	机械特性硬，启动转矩不太大，可以调速
	高启动转矩式	启动转矩大
	多速	多速
	绕线式	机械特性硬，启动转矩大，调速方法多，调速性能好
三相同步电动机		转速不随负载变化，功率因数可调
单相异步电动机		功率小，机械特性硬
单相同步电动机		功率小，转速恒定

（2）电动机种类的选择原则。电动机种类的选择原则是：在满足生产机械技术性能的前提下，优先选用结构简单、工作可靠、价格便宜、维修方便、运行经济的电动机。从这个意义上讲，交流电动机优于直流电动机，异步电动机优于同步电动机，鼠笼式异步电动机优于绕线转子异步电动机。具体选用时应从以下几方面考虑：

① 电动机的机械特性。各种生产机械具有不同的转矩转速关系，要求电动机的机械特性与之相适应。例如，负载变化时要求转速恒定不变的，应选择同步电动机；要求启动转矩大及特性软的电车、电气机车等，则应选用串励或复励直流电动机。

② 电动机的调速性能。电动机的调速性能包括调速范围、调速的平滑性、调速系统的经济性（设备成本、运行效率）等，这些都应满足生产机械的要求。例如，调速性能要求不高的机床、水泵、通风机多选用三相鼠笼式异步电动机，调速范围较大、要求平滑调速的精密车床、造纸机等多选用他励直流电动机和绕线式异步电动机。

③ 电动机的启动性能。启动转矩要求不高的，优先采用异步电动机；启、制动频繁，且启、制动转矩要求较大的生产机械（如矿井提升机，起重机等），可选用绕线式异步电动机。

④ 电源。交流电源比较方便，直流电源一般需要有整流设备。

总之，以上各方面内容在选择电动机时都应满足才可选定，而且还要综合考虑其他情况（如节能等）。

3. 电动机额定电压的选择

交流电动机额定电压的选择主要按使用场所提供的电网电压等级决定。低压电网一般为 380 V，中、小型电动机的额定电压多为 380 V（Y/△接法）、220/380 V（△/Y 接法）和 380/660 V（△/Y 接法）。单相异步电动机额定电压多采用 220 V，而像矿山及钢铁企业的设备使用的大功率电动机，一般采用高压供电，额定电压一般为 3 kV、6 kV 等。

直流电动机的额定电压也要与电源电压配合。由直流发电机供电的电动机其额定电压一般为 110 V 或 220 V，大功率电动机可提高到 600～1000 V。当电网电压为 380 V，直流电动机由晶闸管整流电路供电时，采用三相整流可选额定电压 440 V，单相整流可选额定电压 160 V 或 180 V。

4. 电动机额定转速的选择

电动机额定转速选择得合理与否，将直接影响到电动机的价格、能量的损耗以及生产效率等。对电动机本身而言，额定功率相同的电动机额定转速越高，体积越小，造价越低。一般情况下，选用高速电机比较经济。

当生产机械所需额定转速一定时，电动机的转速越高，传动机构速度比越大，传动机构越复杂，而且传动损耗也越大。所以选择电动机的额定转速时，必须全面考虑，力求损耗少，设备投资少，易维护等。通常电动机额定转速选在 750～1500 r/min 之间比较合适。

正确选择电动机的额定转速需要根据具体生产机械的要求，综合考虑上面各个因素后才能确定。不需调速的高、中速机械，如泵、鼓风机、压缩机等，可选相应额定转速的电动机；调速要求不高的生产机械，可选用转速稍高的电动机配以减速机构或选多级电动机；调速要求较高的生产机械，应考虑生产机械最高转速与电动机最高转速相适应，直接用电气调速。

5. 电动机额定功率的选择

电动机额定功率的选择是一个很重要的问题，应在满足生产机械负载要求的前提下，最经济、合理地选择电动机的功率。若功率选得过大，则不但设备成本增大，造成浪费，且电动机经常欠载运行，效率及电动机的功率因数较低；反之，若功率选得过低，则电动机将过载运行，造成电动机过早损坏，影响使用寿命。决定电动机功率的因素主要有三个：

(1) 电动机的发热与温升，这是决定功率的主要因素；

(2) 允许短时过载能力；

(3) 对鼠笼式异步电动机还应考虑启动转矩。

电动机功率选择是在环境温度为 40℃ 及标准散热条件下，且电动机不调速的前提下进行的。电动机的工作方式有三种：连续工作方式、短时工作方式、周期性断续工作方式。下面分别介绍在这三种工作方式下电动机额定功率的选择。

1) 连续工作方式

在连续工作方式下，如果电动机的负载是恒定的或变化很小，则选择电动机的额定功率 P_N 等于或略大于负载功率 P_L，即

$$P_N \geqslant P_L \tag{6-1}$$

式中，P_L 依据具体负载及效率进行计算，可查阅相关机械设计手册。因为这个条件本身是从发热温升角度考虑的，故不必再校核电动机的发热问题，只需校核过载能力，必要时还需校核启动能力。

过载能力是指电动机负载运行时，可以在短时间内出现的电流或转矩过载的允许倍数。不同类型的电动机，其过载能力不完全一样。

对直流电动机，限制其过载能力的是换向问题。其过载能力即电枢允许电流的倍数 λ，λI_N 为允许电流，它应比可能出现的最大电流大。

对交流电动机，其过载能力即最大转矩倍数 λ，考虑过载时对电网电压的影响，可按下式进行选择：

$$T_{max} \leqslant (0.72 \sim 0.81)\lambda T_N \tag{6-2}$$

其中，T_{max} 为电动机在工作中所承受的最大转矩。

如果电动机的负载是变化的，则必须进行发热校验。所谓发热校验，就是看电动机在整个运行过程中所达到的最高温升是否接近并低于允许温升。这时可以按下式选择电动机的额定功率：

$$P_N \geqslant (1.1 \sim 1.6) P_{Lj} \tag{6-3}$$

其中，P_{Lj} 为负载的平均功率，如果大负载占的比例较大，则系数应选大一些。

若预选电动机的过载能力达不到，则应重选电动机及其额定功率，直到通过。若电动机为鼠笼式异步电动机，则还要校核启动能力。

以上额定功率的选择都是在环境温度为 40℃ 的前提下进行的。若电动机的工作环境温度发生变化，则需对电动机功率进行修正，可按表 6 - 3 进行。

表 6 - 3　不同环境温度下电动机功率修正百分数

环境温度/℃	30	35	40	45	50	55
电功率修正百分数/%	+8	+5	0	−5	−12.5	−25

2) 短时工作方式

在短时工作方式下，电动机的工作时间较短，可能运行期间温度未达到稳定值，电动机就停止了运行，使电动机的温度很快降到环境温度。为了满足生产机械短时工作的特性，电机生产厂家制造了一些短时工作且过载能力强的电动机，其标准工作时间有 15 min、30 min、60 min 和 90 min 四种，只要设备工作时间满足要求，则只需满足电动机 P_N 等于或略大于负载功率 P_L 即可，且不需热校核。

若负载工作时间与标准工作时间不等，则预选电动机额定功率时，按发热和温升等效的观点先把负载功率由非标准工作时间变成标准工作时间，然后按标准工作时间预选额定功率。

设短时工作方式下负载的工作时间为 t_r，最接近的标准工作时间为 t_{rb}，则预选电动机的额定功率应满足：

$$P_N > P_L \sqrt{\frac{t_r}{t_{rb}}} \tag{6-4}$$

式(6 - 4)是从发热和温升等效的观点推导出来的，故不必再进行热校核。

若选择连续工作方式的电动机来拖动，则需从发热与温升的角度考虑电动机在短时工作方式下应该输出比连续工作方式时额定功率大的功率才能充分发挥电动机的能力。或者说，预选电动机时要把短时工作的功率折算到连续工作方式上去，且不必再进行温升校核。

设电动机不变损耗与额定负载时的可变损耗的比值为 α，则预选电动机的额定功率应满足：

$$P_N \geqslant P_L \sqrt{\frac{1 - e^{-\frac{t_r}{T_\theta}}}{1 + \alpha e^{-\frac{t_r}{T_\theta}}}} \tag{6-5}$$

式中，T_θ 为发热时间常数，t_r 为短时工作时间，单位均为 s。式(6 - 5)中的 α 数值因电动机而异。一般而言，普通直流电动机 $\alpha = 1 \sim 1.5$，冶金专用直流电动机 $\alpha = 0.5 \sim 0.9$，冶金专用中、小型三相绕线异步电动机 $\alpha = 0.45 \sim 0.6$，冶金专用大型三相异步电动机 $\alpha = 0.9 \sim 1.0$，普通三相鼠笼式异步电动机 $\alpha = 0.5 \sim 0.7$。对于具体电动机而言，T_θ 和 α 可从技术数据中找出或估算。

若实际工作时间极短，则不需考虑温升，只需从过载及启动能力方面来选择电动机连续工作方式下的额定功率。

3) 周期性断续工作方式

选择周期性断续工作方式时，电动机的工作与停止相互交替进行，两者时间都比较短，温度未升到稳定值就停止运行，未降到环境温度就又运行。

专门设计的周期性断续工作的电动机有 YZR 和 YZ 系列。负载持续率(负载工作时间与整个周期之比称为负载持续率或称暂载率，用 FS% 表示)有 15%、25%、40%、和 60% 四种，一个周期的时间规定不大于 10 min。周期性断续工作方式下电动机功率选择和连续工作方式下变化负载的功率选择相类似。需指出的是，当 FS% < 10% 时，按短期工作方式选择；当 FS% > 70% 时，按持续工作方式选择。

根据以上分析，选择电动机时，应从额定功率、额定电压、额定转速、电动机的种类和结构形式几方面综合考虑。

6.3.3　电动机的发热和冷却

电动机负载运行时机内有功率损耗，最终都将变成热能，从而使电动机温度升高，高出周围环境温度。电动机温度高出环境温度的值称为温升。一旦有了温升，电动机就要向周围散热，温升越高，散热越快。当电动机单位时间散发出的热量等于散出的热量时，电动机的温度不再增加，保持一个稳定不变的温升，即处于发热与散热平衡的状态，通常称其为动态热平衡。

1. 电动机的发热和冷却

电动机实际发热情况是很复杂的，为简化问题，假设：① 电动机长期运行，负载不变，总损耗不变；② 电动机本身各部分温度均匀；③ 周围环境温度不变。

电动机单位时间产生的热量为 Q，$\mathrm{d}t$ 时间内产生的热量则为 $Q\mathrm{d}t$。

电动机单位时间散发的热量为 $A\tau$。其中，A 为散热系数，它表示温升为 1℃ 时每秒钟的散热量；τ 为温升。$\mathrm{d}t$ 时间内散发出的热量为 $A\tau\mathrm{d}t$。

在温度升高的整个过渡过程中，电动机温度在升高，因此它本身吸收了一部分热量。电动机的热容量为 C，$\mathrm{d}t$ 时间内的温升为 $\mathrm{d}\tau$，则 $\mathrm{d}t$ 时间内电动机本身吸收的热量为 $C\mathrm{d}\tau$。$\mathrm{d}t$ 时间内，电动机的发热等于本身吸热与散热之和，即

$$Q\mathrm{d}t = C\mathrm{d}\tau + A\tau\mathrm{d}t \tag{6-6}$$

这就是热平衡方程式。整理后为

$$\frac{C}{A}\frac{\mathrm{d}\tau}{\mathrm{d}t} + \tau = \frac{Q}{A} \tag{6-7}$$

解得

$$\tau = \tau_L + (\tau_{F0} - \tau_L)\mathrm{e}^{-\frac{t}{T_\theta}} \tag{6-8}$$

式中，$T_\theta = C/A$，为发热时间常数，表征热惯性的大小；$\tau_L = Q/A$，为稳态温升；τ_{F0} 为起始温升。

如果电动机的发热过程是从周围环境温度开始的，即 $\tau_{F0} = 0$，则式(6-8)变为

$$\tau = \tau_L(1 - e^{-\frac{t}{T_\theta}}) \tag{6-9}$$

式(6-8)表明，电动机发热过程中的温升包括两个分量：一个是强制分量 τ_L，它是发热过程结束时的稳态值；另一个是自由分量 $(\tau_{F0} - \tau_L)e^{-\frac{t}{T_\theta}}$，它按指数规律衰减至零。时间常数 T_θ 一般约为十几分钟到几十分钟，容量大的一般 T_θ 也大。热容量越大，热惯性越大，时间常数也越大。散热越快，达到热平衡状态就越快，时间常数 T_θ 则越小。

分析式(6-8)和式(6-9)可知，当电动机发热条件不变时，电动机的温升是按指数曲线变化的，如图6-1所示。由温升曲线可见，电动机发热过程开始时，由于温升较小，散发出去的热量较少，大部分热量被电动机本身所吸收，所以温度上升得快，温升曲线较陡。经过一段时间后，温度升高了，温差较大，散发出去的热量不断增多，吸收的热量不断减少，温升减慢，曲线趋于平缓。最后直到发热量和散热量相等时，电动机的温度不再升高，温升达到稳态值。

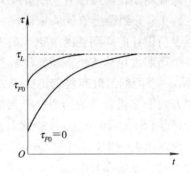

图6-1 电动机发热过程的温升曲线

一台负载运行的电动机，在温升稳定以后，如果减少或去掉负载，那么电动机损耗及单位时间发热量都会随之减少。这样，原来的热平衡状态被破坏，变为发热少于散热，电动机温度就要下降，温升降低。随着温升减小，单位时间的散热量也减少。当重新达到平衡时，电动机不再继续降温，而稳定在一个新的温升上。这个温升下降的过程称为电动机的冷却过程。

冷却过程的公式与发热过程相同，为式(6-8)。至于初始值 τ_{F0} 和稳态值 τ_L，则要由冷却过程的具体条件来确定。

电动机冷却过程的温升曲线如图6-2所示。当负载减小到某一数值时，$\tau_L \neq 0$，$\tau_L = \dfrac{Q}{A}$；若负载全去掉，且电动机脱离电源，则 $\tau_L = 0$。时间常数与发热时相同。

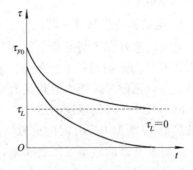

图6-2 电动机冷却过程的温升曲线

2. 电动机的允许温升和工作方式

1) 电动机的允许温升

从发热角度来看，电动机耐温最薄弱的部件是绝缘材料。也就是说，限制电动机容量的主要因素是它的绕组绝缘材料的耐热能力，即绕组绝缘材料所能容许的温度。这个最高温度称为电动机的允许温升。为了保证电动机有足够长的寿命且能可靠运行，电动机在运行中的最高温度不能超过允许温升。当超过这一极限时，电动机的使用年限就大大缩短，甚至因绝缘很快烧坏而不能使用。根据国际电工协会规定，按照最高允许温度不同，电工用的材料可分为七个等级，而电动机所用的绝缘材料主要有 A、E、B、F、H 五个等级。

我国规定 40℃ 为标准环境温度，绝缘材料或电机的允许温度减去 40℃ 即为允许温升，

用 $\tau_{\max}$ 表示。各级绝缘材料的最高允许温度和允许温升见表 6 - 4。

表 6 - 4　各级绝缘材料的最高允许温度和允许温升　　　　　℃

绝缘等级	Y	A	E	B	F	H	C
最高允许温度	90	105	120	130	155	180	＞180
允许温升	50	65	80	90	115	140	＞140

2）电动机不同工作方式下的额定功率

电动机工作时，负载持续的时间长短对电动机的发热情况影响很大，因而也对电动机功率的选择有很大影响。下面按电动机的三种工作方式分析电动机发热与额定功率的关系。

（1）连续工作方式。连续运行方式时，由于电动机工作时间 $t_r > (3\sim4)T_\theta$，因此温升可以达到稳态值，也称长期工作制。其简化的负载图 $P = f(t)$ 及温升曲线 $\tau = f(t)$ 如图 6 - 3 所示。属于此类工作方式的生产机械有水泵、通风机、纺织机等。

连续工作方式下，电动机负载运行，其温升达到一个与负载大小相对应的稳态值，如图 6 - 3 所示。当电动机输出功率是一个恒值 P 时，电动机温升必然达到由 P 所决定的稳态值 τ_L。P 的大小不同，τ_L 也随之不同。

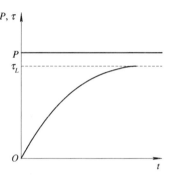

图 6 - 3　连续工作方式下电动机的负载与温升

为了充分利用电动机，要求电动机长期负载运行后达到的稳定温升等于电动机的允许温升。一般将稳态温升 τ_L 等于允许温升 $\tau_{\max}$ 时的输出功率作为电动机的额定功率。

连续工作方式下，电动机额定负载运行时，额定功率与温升的关系为

$$P_N = \frac{A\eta_N\tau_{\max}}{0.24(1-\eta_N)} \tag{6-10}$$

式 (6 - 10) 表明，对同样尺寸的电动机，可以从选用等级较高的绝缘材料、提高电动机散热能力、降低电动机损耗等方面提高其额定功率。

（2）短时工作方式。短时工作方式时，由于电动机工作时间 $t_r < (3\sim4)T_\theta$，而停歇时间 $t_0 > (3\sim4)T_\theta$，因此温升达不到稳态值 τ_L，而停歇时电动机的温度足以降至周围环境温度，即温升降为零，如钻床的夹紧和放松装置、水闸闸门启闭机等均属此种工作方式。其负载和温升曲线如图 6 - 4 所示。

短时工作方式下，电动机在工作时间内实际达到的温升低于稳态温升，因此其额定功率必须依据实际达到的最高温升来确定，即在规定的工作时间内，电动机负载运行达到的实际

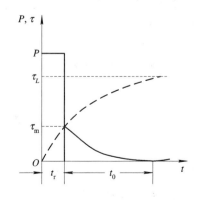

图 6 - 4　短时工作方式下电动机的负载与温升

温升恰好等于(或接近)允许温升,电动机的输出功率则为额定功率 P_N。

短时工作方式下电动机的额定功率是与规定的工作时间相对应的,这一点与连续工作方式的情况不完全一样。对于短时工作方式的电动机,允许温升、发热时间常数一样的情况下,工作时间短的,稳态温升高,额定功率也高;工作时间长的,稳态温升低,额定功率也低。电动机铭牌上给的额定功率是按 30 min、60 min、90 min 三种标准规定的。

(3)周期性断续工作方式。周期性断续工作方式时,电动机的工作与停歇相互交替进行,两者的时间都比较短,即工作时间 $t_r<(3\sim4)T_\theta$,停歇时间 $t_0<(3\sim4)T_\theta$。工作时温升达不到稳态值,停歇时温升降不到零,如起重机、电梯等均属此类工作方式。其负载和温升曲线如图 6-5 所示。

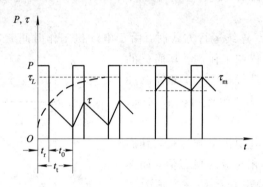

图 6-5　周期性断续工作方式下电动机的负载与温升

周期性断续工作方式下,每个周期内工作时间占的百分数叫做负载持续率(又称暂载率),用 FS% 表示,即

$$FS\% = \frac{t_r}{t_r + t_0} \times 100\% \qquad (6-11)$$

我国规定的标准负载持续率有 15%、25%、40%、60% 四种。

周期性断续工作方式下,每经过一个周期,电动机的温升都升降一次。经过足够的周期以后,当每个周期内的发热量等于散热量时,温升将在一个小范围内波动,如图 6-5 所示。电动机实际达到的最高温升为 τ_m,当 τ_m 等于(或接近于)电动机允许温升 τ_{max} 时,相应的输出功率则为电动机的额定功率。

周期性断续工作方式下的电动机额定功率是对应于某一负载持续率(FS%)的。对同一台以周期性断续工作方式工作的电动机,负载持续率不同时,其额定功率也不同。只有在各自的负载持续率上,输出各自不同的额定功率,其最后达到的温升才等于电动机的温升。FS% 值越大,额定功率越小;反之,额定功率大。

6.4　电动机的保护

电动机的保护是为电动机长期、安全地正常运行所设置的各种保护措施。保护装置是电气控制系统不可缺少的组成部分,可靠的保护装置可以防止对电动机、电网、电气控制设备及人身安全等的损害。因此,在电气控制系统中必须设置完善的保护环节。

电动机常用的安全保护措施有短路保护、过载保护、过流保护、欠压保护及弱磁保护等。

6.4.1　短路保护

当发生电动机绕组及导线的绝缘损坏、负载短路或接线错误等故障时，都可能造成短路事故。短路时产生的瞬时故障电流可以达到电动机额定电流的几十倍，这样会造成严重的绝缘破坏、导线熔化，在电动机中会产生强大的电动力而使绕组或机械部件损坏。

短路保护要求具有瞬动特性，即要求在很短时间内迅速将电源切断，且当电动机正常启动与制动时，短路保护装置不应误动作。

常用的短路保护元件有熔断器和具有瞬时动作脱扣器的低压断路器等。当主电路容量较小时，主电路中的熔断器可同时作为控制电路的短路保护；当主电路容量较大时，则控制电路要配置单独的熔断器作为短路保护。

6.4.2　过载保护

过载是指电动机工作电流超过其额定电流但在额定电流的 1.5 倍之内，而使电动机绕组发热的情况。引起过载的原因有负载过大、电源电压降低和缺相运行等。电动机长期过载运行时，绕组温升将超过其允许值，电动机绝缘材料要变脆，寿命缩短，甚至使电动机烧坏。

过载保护常用的元件是热继电器。热继电器具有反时限特性，即根据电流过载倍数不同，过载电流越大，动作时间越短。电动机的工作电流为额定电流时，热继电器长期不动作。由于热惯性的原因，热继电器不会受电动机短时过载冲击电流的影响而瞬时动作，因此当使用热继电器作过载保护时，还必须设有短路保护，同时选为短路保护的熔断器熔体的额定电流不应超过热继电器发热元件的额定电流的 4 倍。

电动机过载保护还可以采用带长延时脱扣器的低压断路器或具有反时限特性的过电流继电器。采用带长延时脱扣器的低压断路器时，脱扣器的整定电流一般可取为电动机的额定电流或稍大一些，并应考虑电动机实际启动时间的长短；采用过电流继电器时，只有保证发生过电流的时间长于启动时间，继电器才动作。

6.4.3　过流保护

过流是指电动机的工作电流超过其额定电流的运行状态，其值比短路电流小，不超过额定电流的 6 倍。在电动机运行过程中产生这种过流比发生短路的可能性要大，特别是频繁正反转、重复短时工作的电动机更是如此。因此，过流保护的动作值应比正常的启动电流稍大一些，以免影响电动机的正常运行。

过流保护要求保护装置能瞬时动作。通常过流保护用过流继电器与接触器配合使用来实现，即将过流继电器线圈串联在被保护的电路中，当电路电流达到其整定值时，过流继电器动作，其常闭触头串接在接触器控制电路中，使接触器线圈断电释放，接触器主触头断开，从而切断被保护电路电源，实现过流保护。通常情况下，过流保护用于直流电动机或绕线型异步电动机，若过流继电器的动作电流为电动机启动电流的 1.2 倍，则过流继电器可起到短路保护的作用。对于鼠笼式异步电动机，短时的过流不会产生严重后果，所以不采用过流保护，而采用短路保护。

过流保护还可采用低压断路器、电动机保护器等。

6.4.4 欠压、失压保护

1. 欠压保护

电动机运转时，电源电压降低引起电磁转矩下降。在负载一定的情况下，转速下降，电动机电流增大，温度上升。另一方面，电源电压低到一定限度时，控制电路中的一些电器(如接触器、继电器)释放或处于抖动状态，造成电器控制电路不能正常工作，甚至导致事故发生。为此，在电源电压降到允许值以下时，需自动切断电源，这种保护称为欠压保护。

除利用上述电路中接触器及按钮本身的欠压保护作用外，还可采用欠压继电器来进行欠压保护。欠压继电器的吸合电压整定值为$(0.8\sim0.85)U_N$，释放电压整定值为$(0.5\sim0.7)U_N$。将欠压继电器线圈跨接在电源上，其常开触头串接在接触器线圈电路中，使接触器线圈断电释放，接触器主触头断开电动机电源，即可实现欠压保护。

此外，还可采用具有欠压脱扣器的低压断路器来实现欠压保护。

2. 失压保护

电动机正常工作时，如果因为电源电压的消失而停转，那么在电源电压恢复时，就可能自行启动，这将造成人身事故或机械设备的损坏。为防止电源电压恢复供电时电动机自行启动而设置的保护方式，称为电动机的失压保护。

对于采用接触器和按钮控制电动机启、停的电路，可利用按钮的自动恢复作用和接触器的失压保护功能来实现失压保护。这是因为当电压消失时，接触器就自动释放，其主触头和自锁触头同时断开，切断电动机电源。当电压恢复正常时，必须重新按下启动按钮，才能使电动机启动。当采用不能自动复位的手动开关、自动开关及接触器控制时，必须采用专门的零电压继电器来进行失压保护。工作过程中一旦电源电压消失，零电压继电器线圈断电释放，其自锁电路断开。当电源电压恢复时，不会自行启动。

6.4.5 断相保护

三相异步电动机运行时，如果电源任一相断开，电动机将在缺相情况下低速运转或堵转，此时定子电流很大，这是造成电动机绝缘及绕组烧毁的常见故障之一。因此应进行断相保护，也称缺相保护。

引起电动机断相的主要原因有：电动机定子绕组一相断线；电源一相断线；熔断器、接触器、低压熔断器等接触不良或接头松动等。断相运行时，线路电流和电动机绕组连接因断相形式(电源断相、绕组断相等)不同而不同。电动机负载越大，故障电流也越大。

断相保护的方法有：用带断相保护的热继电器、电压继电器、电流继电器与固态断相保护器等。

6.4.6 弱磁保护

直流电动机在轻载运行时，若磁场减弱或消失，将会造成超速运行甚至飞车；在重载运行时，若磁场减弱或消失，则点数电流迅速增加，使电枢绕组绝缘因发热而损坏。为此应采取弱磁保护。

弱磁保护是在电动机励磁回路中串入欠流继电器线圈，并将其常开触头串接在电动机电枢回路的接触器线圈电路中。当励磁电流过小时，欠流继电器释放，常开触头断开，切断接触器线圈电路，接触器线圈断电释放，其主触头断开直流电动机电枢回路，电动机断开电源而停转，从而实现保护电动机的目的。

6.4.7　电动机智能综合保护

电动机智能综合保护是对电动机常见故障的多种保护，其保护内容有以下几方面。

（1）具有反时限特性的长延时过载保护。

（2）具有定时限的短延时短路保护。

（3）具有瞬时动作的短路保护。

（4）欠压和过压保护。

（5）漏电保护和断相保护。

智能综合保护是把单机引入电动机综合保护中，这样可以提高对电动机的保护水平，使电动机的性能稳定可靠。智能综合保护装置集成化程度高，抗干扰能力强，工作温度范围宽，耗电少，参数设置方便，具有良好、灵活的显示界面和按键设置，安装快捷，便于在各种生产环境中使用，是目前电动机保护装置中最先进、最可靠的换代产品。

6.5　电气控制线路的设计

电气控制线路设计是原理设计的核心内容。在总体方案确定之后，具体设计是从电气原理图开始的，各项设计也是通过控制原理图来实现的，同时它又是工艺设计和编制各种技术资料的依据。

电气控制线路设计的一般步骤如下：

（1）根据选定的拖动方案及控制方式设计系统的原理图，拟订出各部分的主要技术要求和主要技术参数。

（2）根据各部分的要求，设计出原理图中各个部分的具体电路。对于每一部分的设计总是按主电路→控制电路→辅助电路→联锁与保护→总体检查并反复修改与完善的步骤进行的。

（3）绘制总原理图。按系统框图结构将各部分连成一个整体。

（4）正确选用原理线路中的每一个电气元件，并制订元器件目录清单。

对于比较简单的控制线路，例如普通机械或非标准设备的电气配套设计，可以省略前两步，直接进行原理图设计和选用电气元件。但对于比较复杂的自动控制线路，例如采用微机或电子控制的专用检测与控制系统，要求有程序预选、自动显示、各种保护、故障诊断、报警、打印记录等要求，就必须按上述过程一步一步进行设计。只有各个独立部分都达到技术要求，才能保证总体技术要求的实现，保证总装调试的顺利进行。

6.5.1　电气原理图设计中应注意的问题

电气控制设计中应重视在长期实践中总结出来的经验，尽量采用成熟电路，使设计线路简单、正确、安全、可靠，结构合理，使用维修方便，通常应注意以下问题：

（1）尽量减少控制线路中电流、电压的种类；控制电压等级应符合标准等级；在控制线路比较简单的情况下，可直接采用电网电压，即交流 220 V、380 V 供电，以省去控制变压器。当控制系统所用电器数量比较多时，应采用控制变压器降低控制电压，或用直流低电压控制，既节省安装空间，又便于采用晶体管无触点器件，具有动作平衡可靠、检修操作安全等优点。对于微机控制系统，应注意弱电控制与强电源之间的隔离，不能共用零线，以免引起电源干扰。照明、显示及报警等电路应采用安全电压。电气控制线路常用的电压等级如表 6-5 所示。

表 6-5　常用控制电压等级

控制线路类型	常用的电压值/V		电源设备
交流电力传动的控制线路(较简单)	交流	380 220	不用控制电源变压器
交流电力传动的控制线路(较复杂)		110(127) 48	采用控制电源变压器
照明及信号指示路线		48 24 6	采用控制电源变压器
直流电力传动的控制线路	直流	220 110	采用整流器或者直流发电机
直流电磁铁及电磁离合器的控制线路		48 24 12	采用整流器

（2）尽量减少电气元件的品种、规格与数量。在电气元件选用中，尽可能选用性能优良、价格便宜的新型气件，同一用途尽可能选用相同型号的元件。电气控制系统的先进性总是与电气元件的不断发展、更新紧密联系在一起的，因此，设计人员必须密切关心电机、电气技术、电子技术的新发展，不断收集新产品资料，以便及时应用于控制系统设计中，使控制线路在技术指标、稳定性、可靠性等方面得到进一步提高。

（3）正常工作中，尽可能减少通电电器的数量，以利节能，延长电气元件寿命，减少故障。

（4）合理使用电器触点。在复杂的继电器-接触器控制线路中，各类接触器、继电器数量较多，使用的触点也多，线路设计应注意：

① 触点的使用量不能超过限定对数，因为各类接触器、继电器的主、辅触点数量是有一定限制的。设计时应注意尽可能减少触点的使用数量，如图 6-6 中(a)图比(b)图就节省一对触点。因控制需要触点数量不够时，可以采用逻辑设计化简方法，改变触点的组合方式以减少触点使用数量，或增加中间继电器来解决。

② 触点容量应满足控制要求，避免因使用不当而出现触点烧坏、粘滞和释放不了的故障；要合理安排接触器主、辅触点的位置，避免用小容量继电器触点去切断大容量负载。总之，要计算触点通断能力是否满足被控制负载的要求，以保证触点的工作寿命和可靠性。

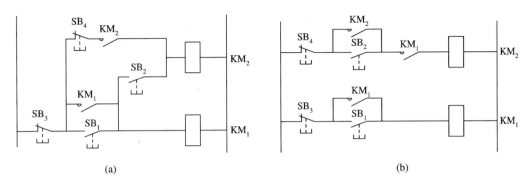

图 6-6　减少触点使用数量

（a）合理；（b）不合理

（5）做到正确连线。具体应注意以下几方面：

① 正确连接电器线圈。电压线圈通常不串联使用，即使是两个同型号的电压线圈也不能串联使用，以免电压分配不匀引起工作不可靠，如图 6-7 所示。

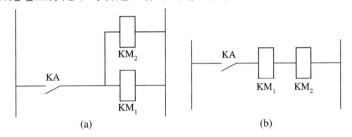

图 6-7　线圈连接

（a）正确；（b）不正确

对于电感较大的电器线圈，例如电磁阀、电磁铁或直流电机励磁线圈等，不宜与相同电压等级的接触器或中间继电器直接并联工作，否则在接通或断开电源时会造成后者的误动作。

② 合理安排电气元件及触点位置。对于一个串联回路，各电气元件或触点位置互换并不影响其工作影响，但在实际连线上却存在影响安全、浪费导线等方面的问题。图 6-8 所示的两种接法其工作原理相同，但是采用图 6-8(a)的接法既不安全又浪费线，因为限位开关 SQ 的常开、常闭触点靠得很近，在触点断开时，由于电弧可能造成电源短路，很不安全，而且这种接法电气箱到现场要引出四根线，很不合理，而图 6-8(b)所示的接法则比较合理。

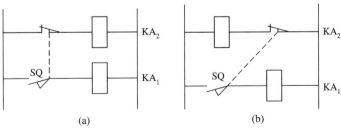

图 6-8　合理安排触点位置

（a）不合理；（b）合理

③ 注意避免出现寄生回路。在控制电路的动作过程中出现的不是由于误操作而产生的意外接通的电路，称为寄生回路。图6-9所示为电动机可逆运行控制线路，FR为热继电器保护触点。为了节省触点，显示电动机工作状态的指示灯采用图中所示的接法，正常情况下线路能完成启动、正反转及停止操作。但在运行中电动机过载，FR触点断开就会出现如图6-9中虚线所示的寄生回路，使接触器不能可靠释放而得不到过载保护。如果将FR触点位置移接到SB_1上端，则可避免产生寄生回路。

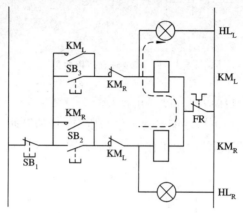

图6-9　电动机可逆运行控制线路

（6）尽可能提高电路工作的可靠性、安全性。设计中应考虑以下几点：

① 电气元件动作时间配合不良引起的竞争。复杂控制电路中，在某一控制信号作用下，电路从一种状态转换到另一种状态，常常有几个电气元件的状态同时变化。考虑电气元件总有一定的动作时间，对时序电路来说，就会得到几个不同的输出状态，这种现象称为电路的"竞争"。另外，对于开关电路，由于电气元件的释放延时作用，也会出现开关元件不按要求的逻辑功能输出的可能性，我们称这种现象为"冒险"。

"竞争"与"冒险"现象都将造成控制回路不能按要求动作，引起控制失灵。通常我们分析控制回路的电器动作及触点的接通和断开，都是静态分析，没有考虑其动作时间。实际上，由于电磁线圈的电磁惯性、机械惯性、机械位移量等因素，通、断之间存在一定的时间（几十毫秒到几百毫秒），是电气元件固有的因素，它不同于因控制需要人为设置的延时（前者的延时通常是不可调的，而后者的延时是可调的）。当电气元件的动作时间可能影响到控制线路的动作程序时，就需要用能精确反映元件动作时间及它们之间互相配合的方法，例如用时间图来分析执行元件的动作可靠性。

继电器或接触器线圈从通电到触点的闭合或打开这段时间称为吸引时间。如图6-10所示，用点1到点2的斜线表示线圈是通电的，但其触点要到点2才闭合。线圈断电到触点打开这段时间称为释放时间，以斜线3—4表示，在这段时间里，线圈已断电，但触点仍闭合，到点4时刻触点才断开。图中，点1—3阴影部

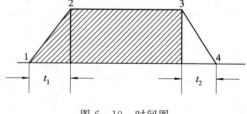

图6-10　时间图

分为线圈通电时间，点2—4为触点闭合时间，只有水平线2—3为线圈通电而触点也闭合时间。这种电器动作过程与时间关系图称为时间图。

②误操作可能带来的危害，特别是一些重要设备，应仔细考虑每一控制程序之间必要的联锁，即使发生误操作也不会造成设备事故。

③应考虑到故障状态下设备的自动保护作用。

④应根据设备特点及使用情况设置必要的电气保护。

（7）线路设计要考虑操作、使用、调试和维修的方便。例如，设置必要的显示装置，随时反映系统的运行状态与关键参数；考虑到运动机构修理所必要的单机点动、单步及单循环动作，必要的照明，易损触点及电气元件的备用等。

（8）原理图绘制应符合国家有关标准规定，其中器件图形符号应符合 GB 4728 中 1-13 电气图形符号的规定。绘制时要合理安排版面，项目代号应符合 GB 5924《电气技术中项目代号》的规定。例如，主电路一般排在左面或上面，控制电路或辅助电路排在右面或下面，元器件目录排在标题上方。为了帮助读图，有时以动作状态或工艺过程形式将主令开关的通断、电磁阀动作要求、控制流程等表示在图面上，也可以在控制电路的每一支路边上标出控制目的。

6.5.2　电气原理图的设计方法

电气原理图的设计方法主要有经验设计法和逻辑设计法两种。

1. 经验设计法

经验设计法又称为分析设计法，是根据生产工艺的要求去选择适当的基本控制环节（单元电路）或经过考验的成熟电路，按各部分的联锁条件组合起来并加以补充和修改，综合成满足控制要求的完整线路的方法。当找不到现成的典型环节时，可根据控制要求边分析边设计，将主令信号经过适当组合与变换，在一定条件下得到执行元件所需要的工作信号。设计过程中，要随时增减元器件和改变触点的组合方式，以满足拖动系统的工作条件和控制要求，经过反复修改得到理想的控制线路。由于这种设计方法是以熟练掌握各种电气控制线路的基本环节和具备一定的阅读分析电气控制线路的经验为基础的，所以又称为经验设计法。

经验设计法的特点是无固定的设计程序，设计方法简单，容易为初学者所掌握，对于具有一定工作经验的电气人员来说，也能较快地完成设计任务，因此在电气设计中被普遍采用。其缺点是设计方案不一定是最佳方案，当经验不足或考虑不周时会影响线路工作的可靠性。

2. 逻辑设计法

逻辑设计法是利用逻辑代数这一数学工具来进行电路设计的方法，即根据机械设备的拖动要求及工艺要求，将执行元件需要的工作信号以及主令电器的接通与断开状态看成逻辑变量，并根据控制要求将它们之间的关系用逻辑函数关系式来表达，然后再运用逻辑函数基本公式和运算规律进行简化，使之成为需要的最简"与"、"或"关系式，之后根据最简式画出相应的电路结构图，最后再作进一步的检查和完善，即能获得需要的控制线路。

采用逻辑设计法能获得理想、经济的方案，所用元件数量少，各元件能充分发挥作用，当给定条件变化时，能指出电路相应变化的内在规律，在设计复杂控制线路时，更能显示出它的优点。

任何控制线路，控制对象与控制条件之间都可以用逻辑函数式来表示，所以逻辑法不仅能用于线路设计，也可以用于线路简化和读图分析。逻辑代数读图法的优点是各控制元件的关系能一目了然，不会读错和遗漏。

由于这种方法设计难度较大，整个设计过程较复杂，还要涉及一些新概念，因此在一般常规设计中很少单独采用。

6.5.3　设计举例

下面以热循环泵的电气控制设计为例来进一步说明经验设计法和逻辑设计法。热循环泵是用来为民用建筑内的洗澡、洗脸和食堂洗涤等提供热水的电气设备。由于建筑内不同的地方需要的热水温度是不一样的，如洗澡用水一般不低于 60℃，洗脸用水较低，一般为 30℃，因此热循环泵提供的热水温度应有一定的范围，一般其供水出口的温度在 55~65℃，也就是要求热循环泵 55℃ 启泵，65℃ 停泵。热循环泵的拖动电机一般采用 10 kW 以下的鼠笼式电动机，对其电气控制的主要要求是：

（1）电动机一般采用三相鼠笼式异步电动机拖动，单方向运行；电动机容量通常在 10 kW 以下，故直接启动，自由停车。

（2）控制电路具有手动和自动两种控制方式。设置手动控制的目的主要是便于检修和维护。自动控制采用温度控制，应在 55℃ 启泵，65℃ 停泵。

（3）控制电路应能提供控制系统的运行状态信号。

（4）必要的电气保护措施，如主电路与控制电路的过电流保护、电动机的过载保护等。下面介绍热循环泵的电气控制设计过程。

1. 主电路的设计

（1）由于电动机单向运行，因此采用一个接触器 KM 控制电动机 M 的启动。

（2）在控制电路中用热继电器 FR 实现电动机的过载保护。采用断路器 QF 供电，并实现其短路保护。

根据以上两点可绘制出如图 6 - 11 所示的主电路。

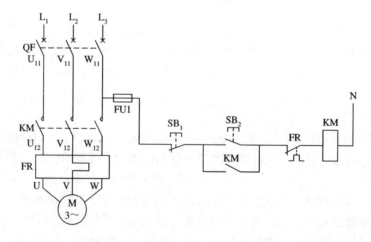

图 6 - 11　热循环泵电气控制草图 1

（3）加上必要的电气保护措施，如主电路与控制电路的过电流保护、电动机的过载保护等。

2. 控制电路的设计

1）用分析设计法

（1）根据控制要求有自动控制和手动控制，通常采用选择开关实现其转换。手动控制可采用按钮控制单向旋转、连续运行的基本控制环节，如图 6-11 所示。

（2）热循环泵根据温度的高低信号自动地启动和停止，因此需要一个检测温度信号的传感器。由于要求 55℃ 启泵，65℃ 停泵，因此所需的温度信号是一个两位信号，可采用具有电触头的温度计 ST。

温度计 ST 有一个温度控制范围，当温度达到温度计设定温度范围的上限时，ST 的电触头动作，其常开触头闭合，常闭触头断开；当温度达到温度计设定温度范围的下限时，ST 的常开触头断开，常闭触头闭合。ST 的常闭触头接通中间继电器 KA，再由中间继电器的常开触头控制接触器 KM 的断开。对接触器来讲，实际上由手动和自动两条路并联控制，由选择开关转换，如图 6-12 所示。

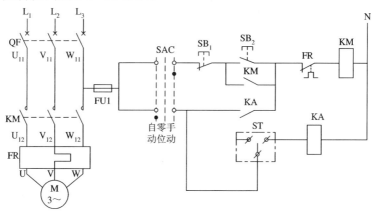

图 6-12 热循环泵电气控制电路草图 2

（3）根据控制要求，设置一个电源指示灯 HLG、自动位置指示灯 HLW 及热循环泵工作指示灯 HLR。当接通电源而热循环泵不工作时，HLG 亮；当热循环泵开始工作时，KM 通电，使 HLG 灭，HLR 亮；当选择开关放在自动位置时，HLW 亮。因此，可设计出如图 6-13 所示的控制线路。

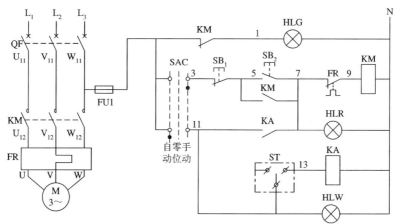

图 6-13 热循环泵电气控制电路图

2）用逻辑设计法

根据控制要求，当启动按钮 SB_2 动作且停止按钮 SB_1 不动作时，或选择开关处于接通时，电动机都可启动，即接触器 KM 通电。因此，可列出控制元件与执行元件的动作状态表，如表 6-6 所示。表中，"0"表示不通电或不动作状态，"1"表示通电或动作状态。

表 6-6　控制元件与执行元件的动作状态表

控 制 元 件			执行元件
SB_1	SB_2	ST	KM
0	0	0	0
0	0	1	1
0	1	0	1
0	1	1	1
1	0	0	0
1	0	1	1
1	1	0	0
1	1	1	1

根据状态表可知，SB_1、SB_2、ST 的状态共有 8 种，其中 5 种状态下 KM 会接通，即 KM 状态为"1"。这 5 种状态分别是 001、010、011、101、111，因此可写出 KM 的逻辑代数式：

$$
\begin{aligned}
KM &= \overline{SB_1} \cdot \overline{SB_2} \cdot ST + \overline{SB_1} \cdot SB_2 \cdot \overline{ST} + \overline{SB_1} \cdot SB_2 \cdot ST + SB_1 \cdot \overline{SB_2} \cdot ST \\
&\quad + SB_1 \cdot SB_2 \cdot ST \\
&= \overline{SB_1}(\overline{SB_2} \cdot ST + SB_2 \cdot \overline{ST} + SB_2 \cdot ST) + SB_1(\overline{SB_2} \cdot ST + SB_2 \cdot ST) \\
&= \overline{SB_1}[\overline{SB_2} \cdot ST + SB_2(\overline{ST} + ST)] + SB_1 \cdot ST \\
&= \overline{SB_1}[\overline{SB_2} \cdot ST + SB_2] + SB_1 \cdot ST \\
&= \overline{SB_1}(ST + SB_2) + SB_1 \cdot ST \\
&= \overline{SB_1} \cdot ST + \overline{SB_1} \cdot SB_2 + SB_1 \cdot ST \\
&= \overline{SB_1} \cdot SB_2 + ST
\end{aligned}
$$

根据简化了的逻辑式绘制控制电路，如图 6-14 所示。

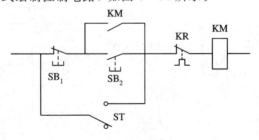

图 6-14　控制电路

接下来再考虑用一个组合开关来切换按钮控制电路和选择开关控制电路。由于接触器一般不用开关直接控制，因此可增加一个中间继电器，考虑到过载保护，可得到和图 6-14一样的电路。

6.6　电气元件布置图与接线图的设计

在完成电气原理设计及电气元件选择之后，就可以进行电气控制系统的工艺设计了。前面已经谈到工艺设计的主要内容，在工艺设计中最基本的是电气元件布置图和接线图的设计。

6.6.1　电气设备总体配置设计

各种电动机及电气元件根据各自的作用，都有一定的装配位置，例如拖动电动机与各种执行元件(电磁铁、电磁阀、电磁离合器、电磁吸盘等)以及各种检测元件(限位开关、传感器、温度、压力、速度继电器等)必须安装在机械设备的相应部位；各种控制电器(各种接触器、继电器、电阻、断路器、控制变压器、放大器等)、保护电器(熔断器、电流及电压保护继电器等)可以安放在单独的电器箱内；各种控制按钮、控制开关、指示灯、指示仪表、需经常调节的电位器等，则必须安放在控制台面板上。由于各种电气元件的安装位置不同，因此在构成一个完整的自动控制系统时，必须划分组件，同时要解决组件之间、电气箱之间以及电气箱与被控制装置之间的连线问题。

1. 组件的划分原则

(1) 功能类似的元件组合在一起。例如，用于操作的各种按钮、开关、键盘、指示检测元件、调节元件等集中为控制面板组件；各种继电器、接触器、熔断器、照明变压器等控制电器集中为电气板组件；各种控制电源及整流、滤波元件集中为电源组件。

(2) 尽可能减少组件之间的连线数量，接线关系密切的控制电器置于同一组件中。

(3) 强、弱电控制电器分离，以减少干扰。

(4) 力求整齐美观，外形尺寸、重量相近的电器组合在一起。

(5) 便于检查与调试，需经常调节、维护的元件和易损元件组合在一起。

2. 电气控制设备各部分及组件之间的接线方式

电气控制设备各部分及组件之间的接线方式通常有以下几种：

(1) 电气板、控制板、机床电器的进出线一般采用接线端子(按电流大小及进出线数选用不同规格的线端子)。

(2) 被控制设备与电气箱之间采用多孔接插件，便于拆装、搬运。

(3) 印制电路板及弱电控制组件之间宜采用各种类型的标准插件。

电气设备总体配置设计任务是根据电气原理图的工作原理与控制要求，将控制系统划分为几个组成部分(称为部件)。根据电气设备的复杂程度，每一部分又可划分成若干组件，如电路组件、电气安装板组件、控制面板组件、电源组件等。应根据电气原理图的接线关系整理出各部分的进出线号，并调整它们之间的连接方式。

总体配置设计是以电气系统的总装配图与总接线图形式来表达的，图中应以示意形式反映出各部分主要组件的位置及各部分接线关系、走线方式及使用管线要求等。

总装配图、接线图(根据需要可以分开，也可以并在一起画)是进行分步设计和协调各部分组成一个完整系统的依据。总体设计要使整个系统集中、紧凑，同时在场地允许的条件下，将发热严重，噪声、振动大的电气部件，如电动机组、启动电阻箱等尽量放在离操作者较远的地方或隔离起来，总电源紧急停止控制应安放在方便而明显的位置。总体配置设计合理与否将影响到电气控制系统工作的可靠性,并关系到电气系统的制造、装配质量以及调试、操作及维护是否方便。

6.6.2　电气元件布置图的设计

电气元件布置图是某些电气元件按一定原则的组合,例如电气控制箱中的电气板、控制面板、放大器等。电气元件布置的设计依据是部分原理图(总原理图的一部分)。同一组件中电气元件的布置应注意以下几点:

(1)体积大和较重的电气元件应安装在电器板的下面,而发热元件应安装在电气板的上面。

(2)强、弱电分开,注意屏蔽,防止外界干扰。

(3)需要经常维护、检修、调整的电气元件,安装位置不宜过高或过低。

(4)电气元件的布置应考虑整齐、美观、对称。外形尺寸与结构类似的电器安放在一起,以利于加工、安装和配线。

(5)电气元件的布置不宜过密,要留有一定的间距,若采用板前走线槽配线方式,则应适当加大各排电器间距,以利于布线和维护。

各电气元件的位置确定以后,便可绘制电气布置图。布置图根据电气元件的外形绘制,并标出各元件的间距尺寸。每个电气元件的安装尺寸及其公差范围应严格按产品手册标准标注,作为底板加工依据,以保证电器的顺利安装。

在电气布置图设计中,还要根据部件进出线的数量(由部件原理图统计出来)和采用的导线规格,选择进出线方式,并选用适当的接线端子板或接插件,按一定顺序标上进出线的接线号。

6.6.3　电气安装接线图的设计

电气部件接线图是根据部件电气原理及电气元件布置图绘制的。它表示的是成套装置的连接关系,是电气安装与查线的依据。接线图应按以下要求绘制:

(1)接线图和接线表的绘制应符合 GB 6988 中 5—86《电气制图接线图和接线表》的规定。

(2)电气元件按外形绘制,并与布置图一致,偏差不要太大。

(3)所有电气元件及其引线应标注与电气原理图中相一致的文字符号及接线号。原理图中的项目代号、端子号及导线号的编制分别应符合 GB 5904—85《电气技术中的项目代号》、GB 4026—83《电器接线端子的识别和用字母数字符号标志接线端子的通则》及 GB 4884—85《绝缘导线标记》等规定。

(4)与电气原理图不同,在接线图中同一电气元件的各个部分(触点、线圈等)必须画在一起。

(5)电气接线图一律采用细线条,走线方式有板前走线及板后走线两种,一般采用板前走线。对于电气控制部件简单、电气元件数量较少、接线关系不复杂的情况,可直接画出元件间的连线;但对于部件复杂、电气元件数量多、接线较复杂的情况,一般采用走线槽,只需在各电气元件上标出接线号,不必画出各元件间的连线。

(6)接线图中应标出配线用的各种导线的型号、规格、截面积及颜色要求。

（7）部件的进出线除大截面导线外，都应经过接线板，不得直接进出。

本 章 小 结

本章较为全面地介绍了电气控制系统的设计原则、设计内容、设计步骤、原理电路设计方法以及电气控制布置图和安装接线图的设计等。

（1）电气控制线路的设计常用的是分析设计法。它根据生产机械的工艺要求与工作过程，充分运用典型控制环节，经过补充修改，综合成所需的电气控制电路。当无典型环节借鉴时，只有采取边分析、边设计、边修改的方法来进行设计。此法易于掌握，但往往不易获得最佳方案，所以需反复推敲，进行多种方案的分析比较，选择最佳方案。有条件时最好进行模拟试验，进一步检查电路的工作情况，尤其是电气元件之间的相互配合，看是否有竞争现象，直至完全符合要求，运行正常为止。

（2）电气控制设计是一个实践性较强的教学内容，仅仅掌握理论知识是不够的，必须在实践中不断摸索、不断提高。要深入生产现场，熟悉各种电气控制设备的作用、结构、选用方法、电气箱的造型以及使用、维护等实际知识。

（3）电气控制设计中还必须考虑电机的选择与保护。

思 考 题

6-1　分析图 6-15 所示电路中电器触点布置是否合理，并改进之。

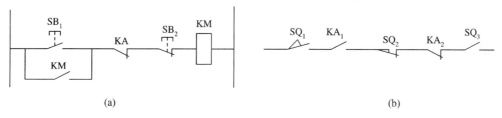

图 6-15　题 6-1 图

6-2　电气控制设计中应遵循的原则是什么？设计内容包括哪些主要方面？

6-3　分析图 6-16 所示电路工作时有无竞争。

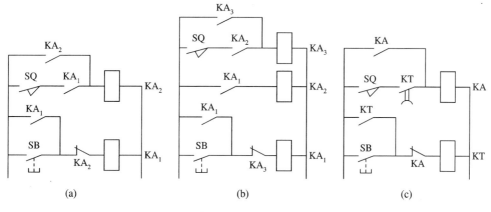

图 6-16　题 6-3 图

6－4　简化图6－17所示的控制电路。

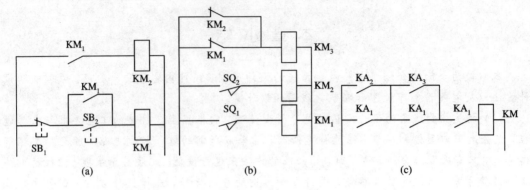

图6－17　题6－4图

6－5　正确选用电动机容量有什么意义？如何根据拖动要求正确选择电动机容量？

6－6　电气控制原理设计的主要内容有哪些？原理设计的主要任务是什么？

6－7　电气原理电路设计方法有几种？

6－8　电动机常用的保护环节有哪些？它们各由哪些电器来实现保护？

6－9　电动机的短路保护、过载保护、过流保护各有何相同和不同之处？

6－10　设计一个符合下列条件的室内照明控制线路：房间入口处装有开关A，室内两张床头分别有开关B、C，晚上进入房间时，拉动A，灯亮，上床后拉动B或C，灯灭，以后再拉动A、B、C中的任何一个，灯亮。

用三个触点a、b、c控制一个电器L，逻辑关系如表6－7所示，试设计该控制线路。

表6－7　题6－10表

a	b	c	L	a	b	c	L
0	0	0	1	1	0	0	1
0	0	1	0	1	0	1	0
0	1	0	1	1	1	0	1
0	1	1	0	1	1	1	0

6－11　电气元件布置图设计中要注意哪些问题？

6－12　电气安装接线图设计要根据哪些要求进行？

第 7 章　典型生产机械电气控制线路

学 习 目 标

◇ 掌握典型生产机械电气控制线路的基本分析方法。

◇ 通过典型生产机械电气控制线路的分析，加深对典型控制环节的理解、掌握及应用。

◇ 了解机床等电气设备上机械、电气、液压之间的配合关系。

◇ 运用电气控制的典型环节进行电气控制系统的设计，并了解其安装、调试、故障检修等。

在掌握了电动机启动、制动、反向、调速等基本控制后，更为重要的在于应用，因此，要能对生产机械的电气控制进行分析，掌握基本的分析方法。本章将在前面所述内容的基础上，通过对典型生产机械电气控制的分析，培养读者阅读电气图的能力，使其进一步掌握分析电气图的方法，加深对生产机械中液压、机械、电气紧密配合的理解，学会从设备加工工艺出发，掌握各种典型设备的电气控制，为电气控制设备的安装、调试、运行与维修打下基础。

在分析具体生产机械电气控制之前，下面先介绍一下分析生产机械电气控制的基本方法。生产机械电气控制分析的基本方法是：先机后电，先主后辅，化整为零，集零为整，统观全局，总结特点。

（1）先机后电：首先应了解生产机械的基本结构、运行情况、工艺要求、操作方法，以期对生产机械的结构及其运行有个总体的了解，进而明确对电力拖动自动控制的要求，为阅读和分析电路做好前期准备。

（2）先主后辅：先阅读主电路，看设备由几台电动机拖动，了解各台电动机的作用，结合加工工艺分析电动机的启动方法，并分析有无正、反转控制，采取何种制动方式，采用哪些电动机保护，之后再分析控制电路，最后阅读辅助电路。

（3）化整为零：在分析控制电路时，从加工工艺出发，一个环节一个环节地去阅读和分析各台电动机的控制电路，先把各台电动机的控制电路划分成若干个局部电路（每一台电动机的控制电路按启动环节、制动环节、调整环节、反向环节来分析）；然后分析辅助电路（辅助电路包括信号电路、检测电路与照明电路等），这部分电路具有相对的独立性，仅起辅助作用，不影响主要功能，但这部分电路大多是由控制电路中的元件来控制的，可结合控制电路一并分析。

（4）集零为整，统观全局：在逐个分析完局部电路之后，还应统观全部电路，分析各局部电路之间的联锁关系，机、电、液的配合情况，电路中设有的保护环节，以期对整个电路有清晰的理解，对全部电路中的每个局部电路以及每个电器中每一对触头的作用都了如指掌。

（5）总结特点：各种设备的电气控制虽然都是由各种基本控制环节组合而成的，但其整机的电气控制都有各自的特点，这也是各种设备电气控制的区别之所在，应很好总结。只有这样，才能加深对电气设备电气控制的理解。

下面对常用典型机床的电气控制进行分析。

7.1　CA6140 型普通车床的电气控制线路

车床是机械加工中最常用的一种机床，约占机床总数的 20%～35%，在各种车床中，用得最多的是普通车床。普通车床的加工范围大，适用于加工各种轴类、套筒类和盘类零件上的回转表面，如车削内外圆柱面、圆锥面、端面及加工各种常用公、英制螺纹，还可以钻孔、扩孔、铰孔、滚花等。

CA6140 型车床是普通车床的一种，它的加工范围较广，但自动化程度低，适于小批量生产及修配车间使用。

7.1.1　主要结构及运动特点

普通车床主要由床身、主轴变速箱、进给箱、溜板箱、刀架、尾架、丝杠和光杠等部件组成。图 7-1 所示是 CA6140 型普通车床的外观结构图。

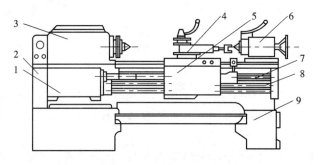

1—进给箱；2—挂轮箱；3—主轴变速箱；
4—溜板与刀架；5—溜板箱；6—尾架；7—光杠；8—丝杠；9—床身

图 7-1　CA6140 型普通车床的外观结构图

主轴变速箱的功能是支承主轴和传动其旋转，包含主轴及其轴承、传动机构、起停及换向装置、制动装置、操纵机构及滑润装置。CA6140 型普通车床的主传动可使主轴获得 24 级正转转速(10～1400 r/min)和 12 级反转转速(14～1580 r/min)。

进给箱的作用是变换被加工螺纹的种类和导程，以及获得所需的各种进给量。它通常由变换螺纹导程和进给量的变速机构、变换螺纹种类的移换机构、丝杠和光杠转换机构以及操纵机构等组成。

溜板箱的作用是将丝杠或光杠传来的旋转运动转变为直线运动并带动刀架进给，控制刀架运动的接通、断开和换向等。

刀架用来安装车刀并带动其作纵向、横向和斜向进给运动。

车床有两个主要运动：一个是卡盘或顶尖带动工件的旋转运动，另一个是溜板带动刀架的直线移动。前者称为主运动，后者称为进给运动。中、小型普通车床的主运动和进给运动一般是采用一台异步电动机驱动的。

此外，车床还有辅助运动，如溜板和刀架的快速移动、尾架的移动以及工件的夹紧与放松等。

7.1.2　电气控制要求

根据车床的运动情况和工艺要求，车床对电气控制提出了如下要求：

（1）主拖动电动机一般选用三相鼠笼式异步电动机，并采用机械变速。

（2）为车削螺纹，主轴要求正、反转，小型车床由电动机正、反转来实现。CA6140 型车床靠摩擦离合器来实现，电动机只作单向旋转。

（3）一般中、小型车床的主轴电动机均采用直接启动。停车时为实现快速停车，一般采用机械制动或电气制动。

（4）车削加工时，需用切削液对刀具和工件进行冷却。为此，设有一台冷却泵电动机，拖动冷却泵输出冷却液。

（5）冷却泵电动机与主轴电动机有着联锁关系，即冷却泵电动机在主轴电动机启动后才可选择启动与否；当主轴电动机停止时，冷却泵电动机立即停止。

（6）为实现溜板箱的快速移动，由单独的快速移动电动机拖动，且采用点动控制。

（7）电路应有必要的保护环节，以及安全可靠的照明电路和信号电路。

7.1.3　CA6140 型车床的控制线路

CA6140 型车床的电气原理图如图 7-2 所示。图中，M_1 为主轴及进给电动机，拖动主轴和工件旋转，并通过进给机构实现车床的进给运动；M_2 为冷却泵电动机，拖动冷却泵输出冷却液；M_3 为溜板快速移动电动机，拖动溜板实现快速移动。

1. 主轴及进给电动机 M_1 的控制

由启动按钮 SB_1、停止按钮 SB_2 和接触器 KM_1 构成电动机单向连续运转启动-停止电路。

按下 SB_1→KM_1 线圈通电并自锁→M_1 单向全压启动，通过磨擦离合器及传动机构拖动主轴正转或反转，以及刀架的直线进给。

停止时，按下 SB_2→KM_1 断电→M_1 自动停车。

2. 冷却泵电动机 M_2 的控制

M_2 的控制由 KM_2 电路实现。

主轴电动机启动之后，KM_1 辅助触点（9—11）闭合，此时合上开关 SA_1→KM_2 线圈通电→M_2 全压启动。停止时，断开 SA_1 或使主轴电动机 M_1 停止，则 KM_2 断电，使 M_2 自由停车。

3. 快速移动电动机 M_3 的控制

由按钮 SB_3 控制接触器 KM_3，可实现 M_3 的点动。操作时，先将快、慢速进给手柄扳到所需移动方向，可接通相关的传动机构，再按下 SB_3，即可实现该方向的快速移动。

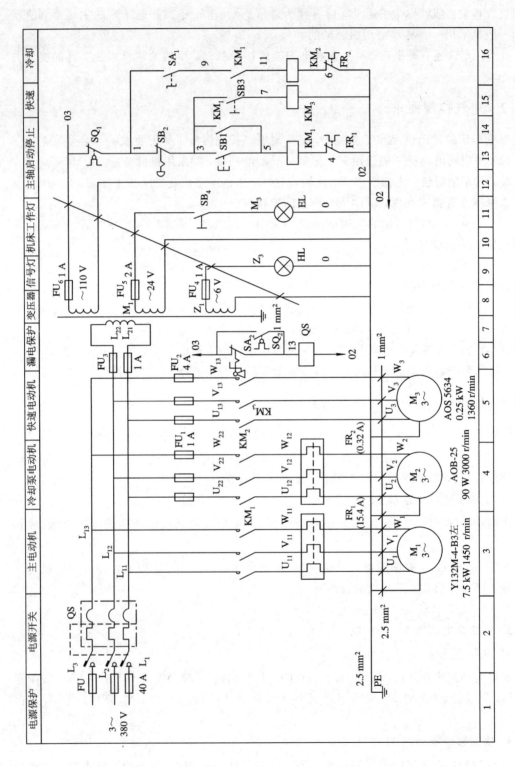

图 7-2　CA6140型卧式车床的电气原理图

4. 保护环节

（1）电路电源开关是带有开关锁 SA_2 的断路器 QS。机床接通电源时需用钥匙开关操作，再合上 QS，这样增加了安全性。当需合上电源时，先用开关钥匙插入 SA_2 开关锁中并右旋，使 QS 线圈断电，再扳动断路器 QS 将其合上，机床电源接通。

若将开关锁 SA_2 左旋，则触头 SA_2（03—13）闭合，QS 线圈通电，断路器跳开，机床断电。

（2）打开机床控制配电盘壁龛门，自动切除机床电源的保护。在配电盘壁龛门上装有安全行程开关 SQ_2，当打开配电盘壁龛门时，安全开关的触头 SQ_2（03—13）闭合，使断路器 QS 线圈通电而自动跳闸，断开电源，确保人身安全。

（3）机床床头皮带罩处设有安全开关 SQ_1。当打开皮带罩时，安全开关触头 SQ_1（03—1）断开，将接触器 KM_1、KM_2、KM_3 线圈电路切断，电动机将全部停止旋转，确保了人身安全。

（4）为满足打开机床控制配电盘壁龛门进行带电检修的需要，可将 SQ_2 安全开关传动杆拉出，使触头 SQ_2（03—13）断开，此时 QS 线圈断电，QS 开关仍可合上。带电检修完毕，关上壁龛门后，将 SQ_2 开关传动杆复位，SQ_2 保护作用照常起作用。

（5）电动机 M_1、M_2 由热继电器 FR_1、FR_2 实现电动机长期过载保护；断路器 QS 实现电路的过流、欠压保护；熔断器 FU、FU_1～FU_6 实现各部分电路的短路保护。

此外，电路还设有 EL 机床照明灯和 HL 信号灯，用于刻度照明。

7.2　T68 型卧式镗床的电气控制线路

镗床也是一种常用的普通机床，其用途广泛，可加工精密圆柱孔，也可进行镗、钻、扩、铰、铣等加工。

镗床按用途不同分为卧式、坐标式、金钢式、专门式等，其中卧式镗床最为常见。下面以 T68 型卧式镗床为例说明其电气控制原理。

7.2.1　主要结构和运动特点

T68 型镗床的主要结构如图 7-3 所示。床身 1 是一个整体的铸件，一端固定有前立柱 3，另一端是后立柱 7。前立柱的垂直导轨上装有镗头架，镗头架可沿前立柱上的导轨垂直上下移动，移动时，前立柱内部空心部分有一对重物与之平衡。镗头架上装有主轴部件、主轴变速箱、进给箱与操纵机构等部件。切削刀具固定在镗轴前端的锥形孔里，或装在平旋盘上的刀具溜板上。镗削加工时，镗轴一边旋转，一边沿轴向作进给运动，并且穿过平旋盘中空部分。平旋盘只能旋转，但装在其上的刀具溜板可以作径向进给运动。镗轴和平旋盘经由各自的传动链传动，因此镗轴和平旋盘可独自旋转，也可以不同转速同时旋转。

后立柱导轨上安放有尾座，与镗头架同时升降，用来支撑镗轴，保证轴心在水平线上。工作台安放在床身中部的导轨上，用来安装工件。它由下溜板、上溜板与可转动的工作台组成。下溜板可沿床身导轨作横向运动，上溜板可沿下溜板的导轨作纵向运动，工作台相对于上溜板可作回转运动。

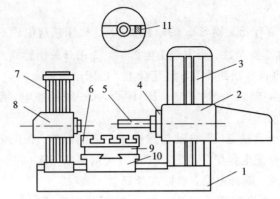

1—床身；2—镗头架；3—前立柱；4—平旋盘；5—镗轴；
6—工作台；7—后立柱；8—尾座；9—上溜板；10—下溜板；11—刀具溜板

图 7 - 3　T68 型镗床的主要结构

由上可知，T68 型镗床的运动主要有以下三种：

（1）主运动：镗轴和平旋盘的旋转运动。

（2）进给运动：包括镗轴的轴向进给、平旋盘刀具溜板的径向进给、镗头架的垂直进给、工作台（上、下溜板）的纵向进给和横向进给。

（3）辅助运动：包括工作台的回转、后立柱的轴向移动、尾座的垂直移动及各部分的快速移动等。

7.2.2　电力拖动及控制要求

镗床加工范围广，运动部件多，调速范围大，而进给运动直接影响切削量，切削量又与主轴转速、刀具、工件材料、加工精度等有关，所以一般卧式镗床的主运动与进给运动由一台主轴电动机拖动，由各自传动链传动。为缩短辅助时间，镗头架、工作台除工作进给外，还应有快速移动，为此，由另一台快速电动机拖动。

T68 型卧式镗床对电气控制的要求是：

（1）主轴旋转与进给量都有较大的调速范围，为简化传动机构，采用双速鼠笼式异步电动机拖动。

（2）由于各种进给运动都需正、反不同方向的运转，因此要求主电动机能正、反转。

（3）加工过程中有时需要调整，为此主电动机应能实现正、反转的点动控制。

（4）要求主轴停车迅速、准确，为此主电动机应有制动停车环节。T68 型镗床采用电磁铁控制的机械制动装置。

（5）主轴变速和进给变速在主电动机运转时进行。为便于变速时齿轮啮合，应有变速冲动。

（6）为缩短辅助时间，各进给方向均能快速移动，为此设有专门的快速移动电动机，且采用正、反转的点动控制方式。

（7）应有必要的联锁和保护环节。

7.2.3　电气控制线路

图 7 - 4 所示为 T68 型卧式镗床的电气控制原理图。

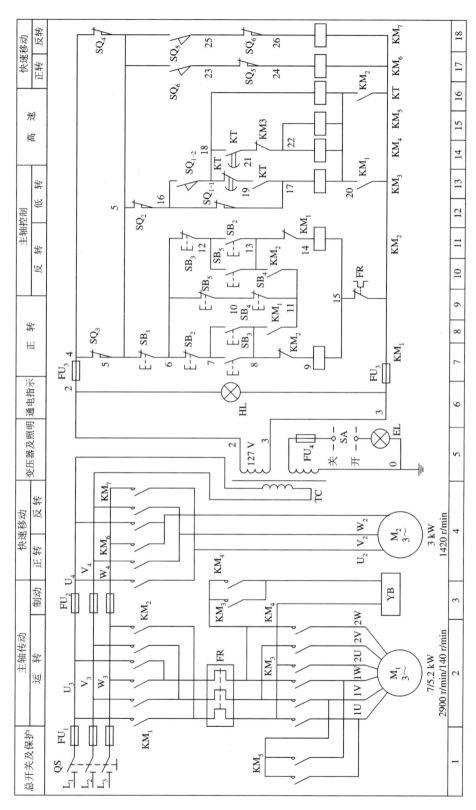

图 7-4　T68 型卧式镗床的电气控制原理图

1. 主电路分析

主电路共有两台三相异步电动机。其中，M_1 为主电动机，由接触器 KM_1、KM_2 主触头控制其正、反转。KM_3 主触头闭合时，M_1 三相定子绕组连成三角形，磁极为 4 极，M_1 低速运转。KM_4、KM_5 主触头闭合时，M_1 定子绕组连成双星形，磁极为 2 极，此时 M_1 高速运转。YB 为主轴制动电磁铁线圈，线圈通电时不起制动作用，断电时起制动作用，由 KM_3 和 KM_4 辅助触头控制。M_2 为快速移动电动机，由 KM_6、KM_7 主触头控制其正、反转。FR 为 M_1 长期过载保护的热继电器，而 M_2 为短时点动，因此不需过载保护。

2. 控制电路分析

控制电路由控制变压器 TC 供给 127 V 电压。

1）主电动机启动控制

（1）低速启动控制。T68 型镗床有一主轴速度选择手柄在前立柱上，将其置于"低速"挡，SQ_1 是与高低速选择手柄机械关联的行程开关（称为高低速行程开关），此时处于释放状态，其触头 SQ_{1-1}(16—17)闭合，SQ_{1-2}(16—18)断开。SQ_2 称为变速行程开关，与主轴变速和进给变速手柄机械关联。变速手柄置于推合位置时，SQ_2 不受压，其触头(5—16)处于闭合状态。

此时，按下 SB_3 或 SB_2→KM_1 或 KM_2 线圈通电并自锁→KM_3 线圈通电→YB 线圈通电吸合，电磁抱闸松开，主电动机定子绕组连成三角形，全压正向或反向启动，并低速运转。

（2）高速启动控制。将高低速选择手柄置于"高速"挡，此时 SQ_1 被压合，SQ_{1-1} 断开，SQ_{1-2} 闭合。

此时，按下 SB_3 或 SB_2→KM_1 或 KM_2 线圈通电并经由 SB_4 和 SB_5 常闭触点自锁→时间继电器 KT 线圈通电，其瞬动触点(19—17)马上闭合→KM_3 线圈通电→YB 线圈通电吸合，电磁抱闸松开，主电动机定子绕组连成三角形，正向或反向低速启动。经过一定延时，KT 触点(18—19)断开，而(18—21)闭合→KM_3 断电→KM_4、KM_5 同时通电→YB 线圈经由 KM_4 常开触头闭合，M_1 电动机由三角形转为双星形连接，由低速转为高速运行。

（3）点动控制。以正向点动为例，按下正向点动按钮 SB_4→KM_1、KM_3、YB 线圈相继通电，电磁抱闸松开→M_1 定子绕组连成三角形，低速启动运转。松开 SB_4 按钮后，KM_1、KM_3、YB 相继断电，电磁抱闸制动，电动机 M_1 立即停止旋转。

（4）停车制动。当主电动机正向或反向运行时，按下停止按钮 SB_1→KM_1 或 KM_2 断电→M_1 断电，同时 KM_3 或 KM_4、KM_5 断电→YB 线圈断电，电磁抱闸立即对电动机制动。

2）进给的控制

T68 型镗床的进给由进给手柄和进给方向选择手柄配合进行控制，由主电动机来拖动。进给方向选择手柄装设在工作台前方，其作用是接通相关的传动机构。手柄在中间时，可扳动旋转，对应有三个"停止"位置。在某一停止位置时，又可向"前"和向"后"扳动，分别用于接通镗头架的垂直传动机构、下溜板的横向传动机构和上溜板的纵向传动机构，控制垂直上下、横向左右和纵向前后进给。进给手柄设在镗头架前方，往下扳时，接通进给选择手柄所选择的传动机构，此时如果主电动机已经启动，则相关机构就按选择的方向进给。

需要说明的是，镗床的主电动机可以正、反转，正转时，假如工作台向前进给，则反转时工作台向后进给。如果电动机的转向保持不变，则可以扳动进给方向选择手柄来选择向前还是向后。也就是说，可以通过两种方法改变工作部件的进给方向，这正是镗床控制的一个方便之处。

3）主轴及进给的变速控制

变速的操作过程可分为三个步骤：① 拉出操纵盘上的变速操纵手柄；② 转动变速盘，选好速度或进给量；③ 将手柄推回。

在拉出与推回变速手柄时，与之机械关联的 SQ_2 相应动作，在手柄拉出时 SQ_2 压下，手柄推回时 SQ_2 不受压。

主电动机在运行中进行变速时，将主轴变速手柄拉出，变速开关 SQ_2 压下，其触头 $SQ_2(5—16)$ 断开，接触器 KM_3 或 KM_4、KM_5 与 YB 线圈都断电，使主电动机 M_1 迅速制动停车；转动变速盘，在主轴转速选择好之后，将变速手柄推回，则变速开关不再受压，其触头 $SQ_2(5—16)$ 恢复闭合状态，主电动机又自动启动工作，而主轴在新的转速下旋转。

进给变速时，拉出进给变速手柄，变速开关 SQ_2 压下，触头 $SQ_2(5—16)$ 断开，主电动机制动停车，选好合适进给量后，将进给变速手柄推回，SQ_2 不再受压，触头 $SQ_2(5—16)$ 恢复为原来的接通状态，电动机 M_1 又自动启动工作。

当变速手柄推合时，若传动机构的齿轮齿对齿，则推合不上。此时，可来回推动几次，从而使手柄通过弹簧装置反复压合变速开关 SQ_2，SQ_2 便反复断开、接通几次，从而使主电动机 M_1 产生低速冲动，带动齿轮组冲动，以便于齿轮啮合，直到变速手柄推上为止，变速完成。

4）快速移动的控制

T68 型镗床的快速移动操作手柄也就是装设在镗头架前方的进给手柄，当把其向下扳时，控制工作进给，而向里和向外扳动则可以控制快速移动。镗床的进给和快速移动采用了机械互锁。

快速移动的控制过程是：当向里或向外扳动快速手柄时，压合相关行程开关发出电信号，使快速移动电动机 M_2 旋转，通过进给方向选择手柄所选择的进给部件和方向，实现快速移动。例如，控制上溜板的纵向前后运动时，其控制过程及工作原理是：将快速移动操作手柄向里压→压合行程开关 SQ_5，其常开触头闭合→快速移动接触器 KM_6 线圈通电吸合→电动机 M_2 正转启动，通过进给选择手柄所接通的纵向传动机构，使上溜板向前快速移动。在快速移动到位后，将快速移动操作手柄松开，其自动返回到中间"停止"位置，快速移动开关 SQ_5 不受压，其触头 $SQ_5(5—25)$ 断开，KM_6 线圈断电释放，M_2 断电，上溜板停止快速移动。当把手柄往"后"扳时，压合的是 SQ_6，使 KM_7 通电吸合，M_2 反转启动，通过纵向传动机构带动上溜板向后移动。

镗头架的垂直上下移动和下溜板的横向左右快速移动与此类同，不再赘述。

5）联锁保护环节

（1）进给的联锁。镗床的五种进给（即主轴的轴向进给、平旋盘刀具的径向进给、工作台的横向和纵向进给、镗头架的垂直进给）全部实现联锁。若为防止机床或刀具损坏，则电路应保证主轴进给与工作台进给不同时进行，为此设置了两个联锁行程开关 SQ_3 与 SQ_4。其中，SQ_3 是与主轴及平旋盘进给操作手柄联动的行程开关，当操作手柄处于"进给"位置时，压下 SQ_3，其常闭触头 SQ_3（4—5）断开；SQ_4 是与工作台及主轴箱（镗头架）进给手柄相联动的行程开关，当操作手柄处于"进给"位置时，压下 SQ_4，其常闭触头 SQ_4（4—5）断开。将这两个行程开关的常闭触头并联后串接在控制电路中，当这两个进给操作手柄中的任一个手柄在"进给"位置时，电动机 M_1 和 M_2 都可以启动。但若两个进给操作手柄同时扳在"进给"位置，则 SQ_3、SQ_4 的常闭触头都断开，控制电路断电，电动机 M_1、M_2 无法启动，避免了误操作而造成事故。工作台进给和镗头架进给由进给方向选择手柄实现。

（2）其他联锁环节。主电动机 M_1 正、反转控制电路，高速与低速控制电路，快速电动机 M_2 正、反转控制电路均设有互锁控制环节，防止误操作而造成事故。

（3）保护环节。熔断器 FU_1 对主电路进行短路保护，FU_2 对 M_2 及控制变压器进行短路保护，FU_3 对控制电路进行短路保护，FU_4 对局部照明电路进行短路保护。

热继电器 FR 对主电动机 M_1 进行长期过载保护。

控制电路采用接触器自锁控制，具有失压、欠压保护功能。

3. 辅助电路分析

因为控制电路使用电器较多，所以采用一台控制变压器 TC 供电，控制电路电压为 127 V，并有 36 V 安全电压给局部照明灯 EL 供电，由 SA 照明开关控制。

电路还有电源接通指示灯 HL，接在 TC 输出的 127 V 电压上。

T68 型镗床的控制按钮和行程开关的作用如下：

SQ_1——主轴高低速开关；

SQ_2——主轴冲动开关；

SQ_3——主轴及平旋盘的进给开关；

SQ_4——工作台及镗头架的进给开关；

SQ_5、SQ_6——快速移动行程开关；

SB_1——主轴停止按钮；

SB_2——正转连续控制按钮；

SB_3——反转连续控制按钮；

SB_4——正转点动控制按钮；

SB_5——反转点动控制按钮。

7.3　X62W 型铣床的电气控制线路

铣床主要用于加工零件的平面、斜面、沟槽等型面，装上分度头以后，可以加工直齿轮或螺旋面，装上回转圆工作台则可以加工凸轮和弧形槽。铣床用途广泛，在金属切削机床中的使用数量仅次于车床。

铣床的种类很多，有卧铣、立铣、龙门铣、仿形铣以及各种专用铣床。X62W 型卧式万能铣床是应用最广泛的铣床之一。

7.3.1　主要结构和运动特点

X62W 型万能铣床主要由床身、悬梁、刀杆支架、工作台、上下溜板和升降台等几部分组成。其正面外形结构如图 7-5 所示。床身固定在底座上，内装主轴电动机及传动、变速机构；床身顶部有水平导轨，悬梁可沿导轨水平移动，用以调整铣刀的位置；刀杆支架装在悬梁上，可在悬梁上水平移动；升降台可沿床身上的垂直导轨上下移动；下溜板在升降台的水平导轨上可作平行于主轴轴线方向的横向移动；工作台安装在上溜板上，可在下溜板导轨上作水平方向垂直于主轴轴线的纵向移动。

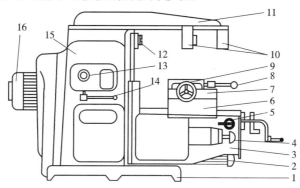

1—底座；2—进给电动机；3—升降台；4—进给变速手柄及数字盘；5—工作台升降及横向操纵手柄；
6—下溜板；7—上溜板；8—纵向操纵手柄；9—工作台；10—刀杆支架；11—悬梁；12—主轴；
13—主轴变速数字盘；14—主轴变速手柄；15—床身(立柱)；16—主轴电动机

图 7-5　X62W 型万能铣床的外形结构

此外，溜板可绕垂直轴线左、右旋转 45°，所以工作台还能在倾斜方向进给，以加工螺旋槽。该铣床还可以安装圆工作台以扩大铣削能力。

由上述分析可知，X62W 型卧式万能铣床有三种运动。

（1）主运动：主轴带动铣刀的旋转运动。

（2）进给运动：加工中工作台带动工件的移动（包括升降台的上下移动、下溜板的横向移动和上溜板工作台的纵向移动）或圆工作台的旋转运动。

（3）辅助运动：工作台带动工件在三个方向的快速移动以及悬梁、刀杆支架的移动。

7.3.2　电力拖动及控制要求

根据加工工艺要求，铣床对电力拖动和电气控制提出了以下要求：

（1）X62W 型万能卧式铣床的主运动和进给运动之间没有速度比例协调的要求，所以主轴与工作台各自采用单独的鼠笼式异步电动机拖动。

（2）主轴电动机 M_1 是在空载时直接启动的，为完成顺铣和逆铣，要求有正、反转。可根据铣刀的种类预先选择转向，在加工过程中不变换转向。

（3）为了减小负载波动对铣刀转速的影响以保证加工质量，主轴上装有飞轮，其转动惯量较大。为此，要求主轴电动机有停车制动控制，以提高工作效率。

（4）工作台的纵向、横向和垂直三个方向的进给运动由一台进给电动机 M_2 拖动，三个方向的选择由两套操纵手柄通过不同的传动链来实现。每个方向有正、反向运动，要求 M_2 能正、反转。同一时间只允许工作台向一个方向移动，故三个方向的运动之间应有联锁保护。

（5）为了缩短调整运动的时间，提高生产效率，工作台应有快速移动控制，X62W 型铣床是采用快速电磁铁吸合改变传动链的传动比来实现快速移动控制的。

（6）使用圆工作台时，要求圆工作台的旋转运动与工作台的垂直、横向和纵向三个方向的运动之间有联锁控制，即圆工作台旋转时，工作台不能向其他方向移动。

（7）为适应加工的需要，主轴转速与进给速度应有较宽的调节范围，X62W 型铣床是采用机械变速的方法，通过改变变速箱传动比来实现速度调节的。为保证变速时齿轮易于啮合，减小齿轮端面的冲击，要求变速时电动机有冲动（短时转动）控制。

（8）主轴旋转与工作台进给应有先后顺序控制，否则可能打坏刀具，出现安全事故，即进给运动要在铣刀旋转之后才能进行，加工结束必须在铣刀停转前停止进给运动。

（9）冷却泵由一台电动机 M_3 拖动，供给铣削时的冷却液可单独进行控制。

（10）为操作方便，主轴电动机的启动、停止及工作台快速移动需要两地控制。

7.3.3　主轴电动机的控制线路

X62W 型卧式万能铣床的电气控制原理图如图 7-6 所示。在分析电气原理之前，下面先了解一下与机械操纵部件紧密相关的电器的工作情况。SQ_1、SQ_2 是工作台纵向进给行程开关，与纵向操纵手柄机械关联；SQ_3、SQ_4 是工作台横向、升降行程开关，与横向、升降操纵手柄机械关联；SQ_6、SQ_7 分别是工作台进给变速和主轴变速冲动开关，由各自的变速控制手柄控制。SA_1 是圆工作台转换开关，用于选择是圆工作台工作还是长工作台工作；SA_3 是冷却泵控制开关；SA_4 是照明灯开关；SA_5 是主轴转向预选开关，实现按铣刀类型预选主轴转向。表 7-1、表 7-2、表 7-3 分别列出了工作台纵向进给行程开关 SQ_1、SQ_2 与工作台横向、升降进给行程开关 SQ_3、SQ_4 以及圆工作台转换开关 SA_1 在操作相关操纵部件时的状态（即触点的通断状态）。

表 7-1　SQ_1、SQ_2 的工作状态

纵向操纵手柄／触点	向前	中间（停）	向后
SQ_{1-1}	—	—	+
SQ_{1-2}	+	—	+
SQ_{2-1}	+	—	+
SQ_{2-2}	—	+	+

表 7-2　SQ_3、SQ_4 的工作状态

升降及横向操纵手柄／触点	向左 向下	中间（停）	向右 向下
SQ_{3-1}	+	—	—
SQ_{3-2}	—	+	+
SQ_{4-1}	—	—	+
SQ_{4-2}	+	+	—

表 7-3　SA_1 的工作状态

位置／触点	接通圆工作台	断开圆工作台
SA_{1-1}	—	+
SA_{1-2}	+	—
SA_{1-3}	—	+

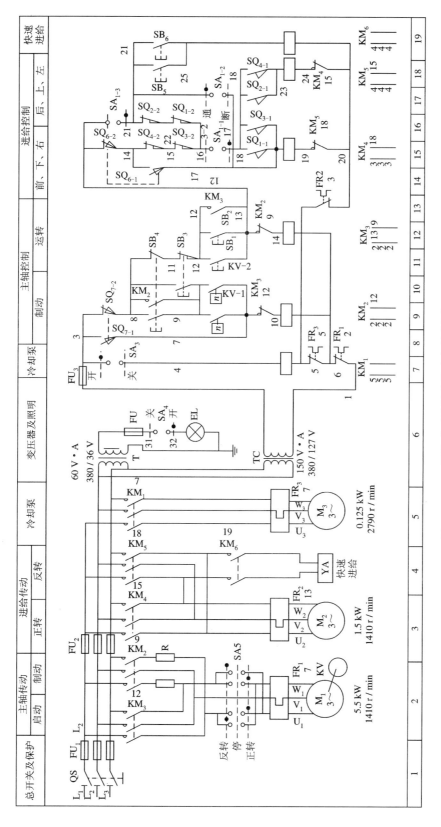

图 7-6　X62W 型卧式万能铣床的电气控制原理图

1. 主电路分析

主电路中共有三台电动机，其中 M_1 为主轴拖动电动机，M_2 为工作台进给拖动电动机，M_3 为冷却泵拖动电动机。QS 为电源隔离开关。KV 为速度继电器。YA 为快速进给电磁铁。

M_1 由接触器 KM_3、KM_2 和转换开关 SA_5 共同控制。KM_3 控制启动时接通电源；SA_5 是转向选择开关，用来预选 M_1 的转向；KM_2 的主触点串联两相电阻，与速度继电器 KV 配合实现 M_1 的停车反接制动。

M_2 由接触器 KM_4、KM_5 的主触点控制，实现加工中的正、反向进给控制，并由接触器 KM_6 的主触点控制快速电磁铁，决定工作台的移动速度。KM_6 接通为快速移动，断开为慢速自动进给。

冷却泵拖动电动机由接触器 KM_1 控制，单方向运转。

M_1、M_2、M_3 均为直接启动，连续运行。

2. 控制电路分析

（1）控制电路电源。因为控制电器较多，所以控制电路电压为 127 V，由控制变压器 TC 供给。

（2）主轴电动机的启停控制。在非变速状态，SQ_7 不受压。根据所用的铣刀，由 SA_5 选择转向，合上 QS，启动控制过程和电气原理如下：

按下 SB_1（或 SB_2）→KM_3 线圈通电并自锁→M_1 直接启动，当转速 n 高于速度继电器 KV 动作值（120 r/min）时，正转触点 KV_{-1}（或反转触点 KV_{-2}）动作接通，为反接制动作好准备。

加工结束，需要停止时，按下 SB_3（或 SB_4）→KM_3 线圈断电→KM_2 线圈通电并自锁→M_1 串 R 反接制动。n 很快下降，当低于 KV 释放值（100 r/min）时，触点 KV_{-1}（或 KV_{-2}）释放断开→KM_2 线圈断电→M_1 停止。

SB_1 与 SB_2、SB_3 与 SB_4 分别位于机床的正面与侧面，其功能完全一样，实现两地控制。

（3）主轴变速冲动控制。X62W 型卧式万能铣床主轴的变速采用孔盘机构，集中操纵。从控制电路的设计来看，既可以在停车时变速，也可以在 M_1 运转时进行变速。图 7-7 所示为主轴变速操纵机构简图。

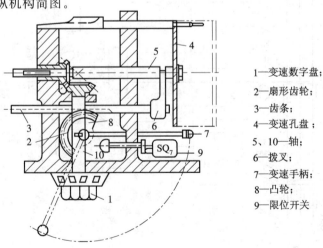

1—变速数字盘；

2—扇形齿轮；

3—齿条；

4—变速孔盘；

5、10—轴；

6—拨叉；

7—变速手柄；

8—凸轮；

9—限位开关

图 7-7　主轴变速操纵机构简图

变速时的操作过程是：拉出变速手柄 7，由扇形齿轮带动齿条 3 和拨叉 6，使变速孔盘 4 移出，并由与扇形齿轮 2 同轴的凸轮 8 触动（压合）变速限位开关 9（SQ_7），然后转动变速数字盘 1 至所需要的转速，再迅速将变速手柄 7 推回原处。当快接近终位时，应减慢推动的速度，以利于齿轮的啮合，使孔盘 4 顺利推入。此时，凸轮 8 又触动一下 SQ_7，当孔盘完全推入时，SQ_7 恢复原位。当手柄推不到底（孔盘推不上）时，可将手柄扳回再推一两次，便可推回原处。

从上面的分析可知，在变速手柄拉出和推回的过程中，使变速冲动开关 SQ_7 短时压合，其触点动作，即 SQ_{7-2} 分断，SQ_{7-1} 闭合。

X62W 型卧式万能铣床能够在运转中直接进行变速操作。其控制过程是：拉出变速手柄→SQ_7 短时受压→KM_2 通电，主触点闭合→M_1 反接制动，转速迅速降低。此时传动机构脱开，可进行变速盘操作。变速完成后推回手柄→SQ_7 再次短时受压→KM_2 通电，主触点闭合→M_1 短时启动，带动齿轮转动一下，此时有利于齿轮的啮合。主轴重新启动后，便运转于新的转速。

也可在主轴不转的情况下进行变速。控制过程是：拉出变速手柄→SQ_7 短时压合→KM_2 通电，主触点闭合→M_1 短时启动，带动齿轮转动一下，有利于齿轮的分开。变速后，将手柄推回→SQ_7 再次短时受压→KM_2 通电，主触点闭合→M_1 短时启动，带动齿轮转动一下，有利于齿轮的啮合。

7.3.4　进给运动的电气控制线路

工作台移动控制电路的电源从 13 点引出，串入 KM_3 的自锁触点，以保证主轴旋转与工作台进给的顺序动作要求。进给电动机 M_2 由 KM_4、KM_5 控制，实现正、反转。工作台移动方向由各自的操作手柄来选择。SA_1 是圆工作台选择开关，当工作台进给时，其触点的通断情况见表 7-3。各方向进给控制分析如下。

1. 工作台纵向移动

工作台纵向进给是由纵向操作手柄控制的。此手柄有前、中、后三个位置，各位置对应的限位开关 SQ_1、SQ_2 的工作状态如表 7-1 所示。扳动手柄时，合上纵向进给的机械离合器，相应传动链接通，同时压合 SQ_1 或 SQ_2，实现纵向按选定的进给速度自动进给。纵向向前的控制过程与电路工作过程是：将纵向进给手柄往前扳，即与工作台进给方向一致，压合 SQ_1→KM_4 通电，电流流经路径为（13→SQ_{6-2}→SQ_{4-2}→SQ_{3-2}→SA_{1-1}→SQ_{1-1}→KM_4 线圈→KM_5 常闭触点→20）→进给电动机 M_2 正向启动，通过纵向传动机构拖动工作台纵向向前进给。欲停止向前移动，只要将手柄扳回中间位置→SQ_1 不受压→KM_4 释放→M_2 停止→工作台停止移动。

纵向向后的控制过程和电路工作过程是：扳动纵向进给手柄接通纵向传动机构，同时压合 SQ_2→KM_4 通电，电流流经路径为（13→SQ_{6-2}→SQ_{4-2}→SQ_{3-2}→SA_{1-1}→SQ_{2-1}→KM_5 线圈→KM_4 常闭触点→20）→M_2 反向启动，并通过纵向传动机构拖动工作台纵向向后进给。

工作台纵向进给设有限位保护，进给至终端时，利用工作台下方安装的左、右终端撞块撞击操纵手柄，使手柄回到中间停车位置，即可实现限位保护。

2. 工作台左右(横向)和上下(升降)进给控制

工作台横向和升降运动是通过十字开关操纵手柄来控制的。该手柄有五个位置,即上、下、左、右和中间零位。在扳动十字开关操纵手柄时,通过联动机构将控制运动方向的机械离合器合上,同时压下相应的行程开关 SQ_3 或 SQ_4。

工作台向上运动的工作情况是:将操作手柄向上扳→接通垂直传动机构,同时压合 SQ_3→KM_4 线圈通电(接通路径:13→SA_{1-3}→SQ_{2-2}→SQ_{1-2}→SA_{1-1}→SQ_{4-1}→KM_4 线圈→KM_5 互锁触点→20)→M_2 正向启动,并通过垂直传动机构拖动工作台(床身)向上进给。

欲停止上升,只要把手柄扳回中间位置即可。

工作台向下运动,只要将手柄扳向下,则 KM_5 线圈得电,使 M_2 反转即可,其控制过程与上升类似。

工作台横向左右运动的控制与电路工作情况大致相同,只是将手柄扳向左或右。

工作台上、下、前、后运动都有限位保护,当工作台运动到极限位置时,利用固定在床身上的挡铁撞击十字手柄,使其回到中间位置,工作台便停止运动。

3. 快速移动的控制

每个方向的移动都有两种速度,上面介绍的六个方向的进给都是慢速自动进给移动(工作进给)。需要快速移动时,可在慢速向某一方向移动过程中按下 SB_5 或 SB_6(两地控制),则 KM_6 得电吸合,快速电磁铁 YA 通电,工作台便按原移动方向快速移动。快速移动为短时点动,松开 SB_5 或 SB_6,快速移动停止,工作台仍按原方向继续慢速进给。

若要求在主轴不转的情况下进行工作台快速移动,可将主轴换向开关 SA_5 扳到停止位置,然后扳动进给手柄,按下主轴启动按钮和快速移动按钮,工作台就可进行快速调整。

4. 工作台各运动方向的联锁

在同一时间内,工作台只允许向一个方向运动,这种联锁是利用机械和电气的方法来实现的。例如,工作台向左、向右控制是由同一手柄操作的,手柄本身起左、右运动的机械联锁作用。同理,工作台的横向和升降运动四个方向的联锁是由十字手柄本身来实现的,而工作台的纵向与横向升降运动的联锁则是利用电气方法来实现的。由纵向进给操作手柄控制的触头 SQ_{1-2} 与 SQ_{2-2} 和横向、升降进给操作手柄控制的触头 SQ_{4-2} 与 SQ_{3-2} 构成的两个并联支路控制着接触器 KM_4 和 KM_5 的线圈,若两个手柄都扳动,则把这两个支路都断开,使 KM_4 或 KM_5 都不能工作,达到联锁的目的,防止两个手柄同时操作而损坏机构。

5. 工作台进给变速冲动控制

为了获得不同的进给速度,X62W 型铣床是通过机械方法改变变速齿轮传动比来实现的。与主轴变速类似,为了使变速时齿轮易于啮合,控制电路中也设置了瞬时冲动控制环节。变速应在工作台停止移动时进行。进给变速操作过程是:先启动主轴电动机,拉出蘑菇形变速手轮,同时转动至所需要的进给速度,再把手轮用力往外一拉,并立即推回原处。在手轮拉到极限位置的瞬间,其连杆机构推动 SQ_6,使 SQ_{6-2} 分断,SQ_{6-1} 闭合,接触器 KM_4 短时通电,M_2 短时冲动,便于变速过程中齿轮的啮合。其电流路径为 13→SA_{1-3}→SQ_{2-2}→SQ_{1-2}→SQ_{3-2}→SQ_{4-2}→SQ_{6-1}→KM_4 线圈→KM_5 常闭触点→20。

7.3.5 圆形工作台的控制线路

为了扩大机床的加工能力,可在工作台上安装圆工作台。在使用圆工作台时,工作台纵向手柄及十字操作手柄都应置于中间位置。在机床开动前，先将圆工作台转换开关 SA_1 扳到"接通"位置，此时 SA_{1-2} 闭合、SA_{1-1} 和 SA_{1-3} 断开，当按下主轴启动按钮 SB_1 或 SB_2 时，主轴电动机便启动，而进给电动机也因接触器 KM_4 得电而旋转（电流的路径为 13→ SQ_{6-2}→SQ_{4-2}→SQ_{3-2}→SQ_{1-2}→SQ_{2-2}→SA_{1-2}→KM_4 线圈→KM_5 常闭触点→20）。电动机 M_2 正转并带动圆工作台旋转。由于只有 KM_4 可以通电，因此圆工作台的旋转只能是单方向的。其旋转速度也可通过蘑菇状变速手轮进行调节。由于圆工作台的控制电路中串联了 SQ_1～SQ_4 的常闭触点，因此扳动工作台任一方向的进给操作手柄，都将压合 SQ_1～SQ_4 其中的一个，使圆工作台停止转动，这就起到了圆工作台转动与工作台三个方向移动的联锁保护。

　　通过转换开关 SA_3 控制接触器 KM_1，可控制冷却泵电动机 M_3 的启动和停止。

7.4　M7130 型平面磨床的电气控制线路

7.4.1　主要结构及运动特点

　　图 7-8 为 M7130 型平面磨床的外形结构图（侧面）。在箱形床身 1 中装有液压传动装置，工作台 2 通过活塞杆 10 由液压驱动在床身导轨上作纵向往复运动（从图中右侧正面看）。工作台表面有 T 形槽，用以安装电磁吸盘或直接安装大型工件。工作台往复运动的行程长度由装在工作台下方的两个撞块 8 的位置来改变。换向撞块 8 通过碰撞换向手柄 9 来改变油路方向，控制工作台的换向，从而实现工作台的往复运动。

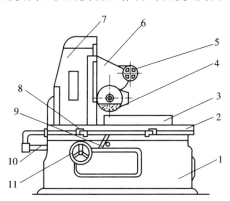

1—床身；2—工作台；3—电磁吸盘；4—砂轮箱；
5—砂轮箱横向移动手轮；6—滑座；7—立柱；8—工作台换向撞块；
9—工作台往复运动换向手柄；10—活塞杆；11—砂轮箱垂直进刀手轮

图 7-8　M7130 型平面磨床的外形结构图

　　在床身上固定有立柱 7，沿立柱 7 的导轨上装有滑座 6，砂轮箱 4 能沿滑座的水平导轨作横向移动。砂轮轴由装入式砂轮电动机直接驱动，并通过滑座内部的液压传动机构实现砂轮箱的横向移动。

　　滑座可在立柱导轨上作垂直移动，由垂直进刀手轮 11 操作。砂轮箱的水平轴向移动可由横向移动手轮 5 操作，也可由液压传动作连续或间断横向移动。连续移动用于调节砂轮位置或整修砂轮，间断移动用于进给。

　　由以上分析可知，平面磨床的运动有：

（1）主运动：砂轮的旋转运动。

（2）进给运动：砂轮箱的垂直进给，即滑座在立柱上的上下运动；横向进给，即砂轮箱在滑座上的水平运动；纵向进给，即工作台沿床身的往复运动。工作台每完成一次往复运动，砂轮箱便作一次间断性的横向进给；在加工完整个平面后，砂轮箱作一次间断性的垂直进给。

7.4.2　电力拖动及控制要求

1．对电力拖动的要求

（1）M7130 型平面磨床采用多电动机拖动，其中砂轮电动机拖动砂轮旋转；液压电动机拖动液压泵，供出压力油，经液压传动机构来实现工作台的纵向进给运动并通过工作台的撞块操纵床身上的液压换向阀（开关），改变压力油的流向，实现工作台的换向和自动往复运动；冷却泵电动机拖动冷却泵，供给磨削加工时需要的冷却液，从而使磨床具有最简单的机械传动机构。

（2）为保证加工精度，要求砂轮有较高转速，通常采用两极鼠笼式异步电动机拖动，并采用装入式电动机直接拖动，电动机与砂轮主轴同轴。

（3）为减小工件在磨削加工中的热变形，并在磨削加工时冲走磨屑和砂粒，以保证磨削精度，需使用冷却液。

（4）平面磨床常用电磁吸盘，以便吸持小工件，同时使工件在磨削加工中发热变形时得以自由伸缩，保证加工精度。

2．对电气控制要求

（1）砂轮电动机、液压泵电动机、冷却泵电动机都只要求单方向旋转。

（2）冷却泵电动机应在砂轮电动机启动后才可启动。

（3）在正常磨削加工中，若电磁吸盘吸力不足或吸力消失，则砂轮电动机与液压泵电动机应立即停止工作，以防工件被砂轮打飞而发生人身和设备事故。当不加工，即电磁吸盘不工作时，允许主轴电动机与液压泵电动机启动以便机床作调整运动。

（4）电磁吸盘吸牢工件、松开工件及取下工件时，分别要求正向励磁、断开励磁以及抵消剩磁的反向励磁控制。

（5）具有完善的保护环节，包括各电路的短路保护，各电动机的长期过载保护、零压与欠压保护，电磁吸盘吸力不足的欠电流保护和零压、欠压保护，以及电磁吸盘断开直流电源时的过电压保护等。

（6）具有机床安全照明与工件去磁环节。

7.4.3　主电机控制线路

图 7-9 所示为 M7130 型平面磨床的电气控制电路图。

1．主电路分析

砂轮电动机 M_1 由接触器 KM_1 控制；冷却泵电动机 M_2 在 KM_1 主触点闭合，即 M_1 电动机启动后才能插上插头 X_1 通电运行；液压泵电动机 M_3 由接触器 KM_2 控制。三台电动机都是单方向旋转。

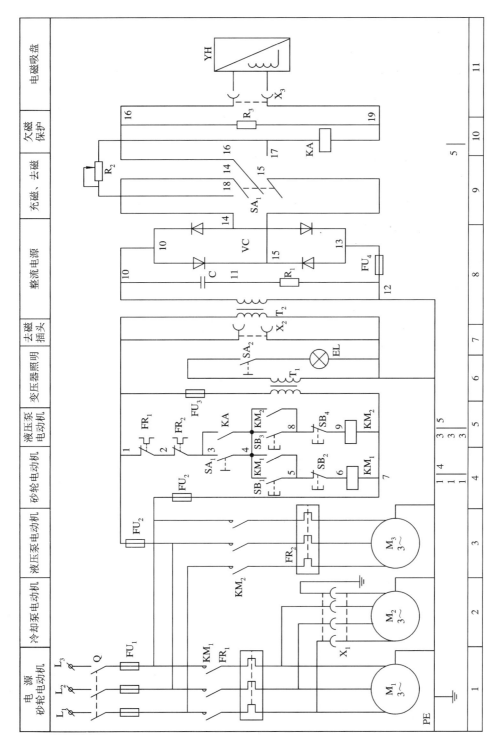

图 7-9 M7130 型平面磨床的电气控制电路图

三台电机共用熔断器 FU_1 作短路保护，M_1、M_2 由热继电器 FR_1 作过载保护，M_3 由 FR_2 作长期过载保护。

2. 电动机控制电路分析

按钮 SB_1、SB_2 与接触器 KM_1 构成砂轮电动机单向旋转启动-停止控制电路；按钮 SB_3、SB_4 与接触器 KM_2 构成液压泵电动机单向旋转启动-停止控制电路。此电路中的 KA 为欠电流继电器，当电磁吸盘通电工作且电流足够大时，即可将工件牢牢吸住，KA 线圈通电，其常开触点(3—4)闭合。当电磁吸盘不通电时，SA_1 置于"去磁"位置，其触头 SA_1 (3—4)闭合。

主轴电动机的控制过程是：按下 $SB_1 \rightarrow KM_1$ 通电并自锁 $\rightarrow M_1$ 电动机通电全压启动。按下 $SB_2 \rightarrow KM_1$ 断电 $\rightarrow M_1$ 断电并自由停车。

液压泵电动机的控制与此类似，不再赘述。

7.4.4 电磁吸盘控制线路

1. 电磁吸盘的控制

M7130 型矩形平面磨床采用长方形电磁吸盘，其结构原理图如图 7-10 所示。在线圈 2 中通入直流电流后，产生磁场，磁力线通过吸盘、盖板、工件闭合，使工件与盖板磁化并产生电磁吸力，将工件牢牢吸住。盖板中的隔磁层由铅、铜、黄铜及巴氏合金等非磁性材料制成，其作用是使磁力线通过工件再回到吸盘体，不致直接通过盖板闭合，增加对工件的吸持力。

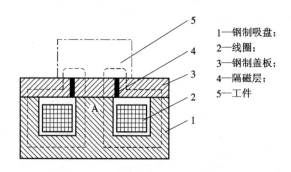

1—钢制吸盘；
2—线圈；
3—钢制盖板；
4—隔磁层；
5—工件

图 7-10 电磁吸盘的结构原理图

电磁吸盘控制电路由整流装置、控制装置及保护装置等部分组成，如图 7-9 所示。

电磁吸盘整流装置由整流变压器 T_2 与桥式全波整流器 VC 组成，输出 110 V 直流电压对电磁吸盘供电。

电磁吸盘由转换开关 SA_1 控制。SA_1 有三个位置：充磁、断电、去磁。当 SA_1 处于"充磁"位置时，触头 SA_1(14—16)与 SA_1(15—17)接通；当开关置于"去磁"位置时，触头 SA_1 (14—18)、SA_1(16—15)及 SA_1(4—3)接通；当开关置于"断电"位置时，SA_1 所有触头都断开。对应 SA_1 各位置，电路工作情况如下：

当 SA_1 置于"充磁"位置时，电磁吸盘 YH 获得 110 V 直流电压，同时欠电流继电器 KA 线圈与 YH 串联，当吸盘电流足够大时，KA 吸合，触头 KA(3—4)闭合，表明电磁吸盘吸力足以将工件吸牢，此时可分别操作按钮 SB_1 与 SB_3，启动 M_1 与 M_3 电动机进行磨削加工。加工完成后，按下停止按钮 SB_2 与 SB_4，M_1 与 M_3 停止旋转。为使工件易于从电磁吸盘上取下，需对工件进行去磁，其方法是将开关 SA_1 扳到"退磁"位置。

当 SA_1 扳至"退磁"位置时，电磁吸盘中通入反方向电流，并在电路中串入可变电阻 R_2，用以限制并调节反向去磁电流大小，这样可达到既退磁又不致反向磁化的目的。退磁结束，将 SA_1 扳到"断电"位置，便可取下工件。

2. 交流去磁控制

若工件对去磁要求严格，则在取下工件后，还可用交流去磁器进行去磁。交流去磁器的结构如图 7 - 11 所示。它由硅钢片制成铁芯 1，在其上套有线圈 2 并通以交流电，在铁芯柱上装有极靴 3，在由软钢制成的两个极靴之间隔有隔磁层 4。去磁时将工件在极靴平面上来回移动若干次，即可完成去磁。这是因为工件处于交变磁场下，其磁分子排列被打乱，当工件逐渐离开去磁器时剩磁也逐渐消失。

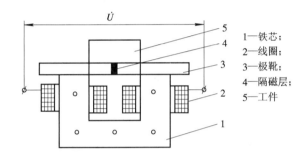

图 7 - 11　交流去磁器的结构

1—铁芯；
2—线圈；
3—极靴；
4—隔磁层；
5—工件

3. 电磁吸盘保护环节

电磁吸盘具有欠电流保护、过电压保护及短路保护等。

（1）电磁吸盘的欠电流保护。为了防止在磨削过程中，电磁吸盘出现断电或线圈电流减小，引起电磁吸力消失或吸力不足而使工件飞出，造成人身与设备事故，故在电磁吸盘线圈电路中串入欠电流继电器 KA。当励磁电流正常，吸盘具有足够的电磁吸力时，KA 才吸合动作，触头 KA(3—4)闭合，为启动 M_1、M_3 电动机进行磨削加工作好准备，否则不能开动磨床进行加工。当在磨削过程中出现吸盘线圈电流减小或消失现象时，将使 KA 释放，触头 KA(3—4)断开，KM_1、KM_2 线圈断电，M_1、M_2、M_3 电动机立即停止旋转，从而避免了事故的发生。

（2）电磁吸盘的过电压保护。电磁吸盘线圈匝数多，电感量大，在通电工作时，线圈中储存着大量的磁场能量，当线圈断电时，由于电磁感应，在线圈两端将产生很大的感应电动势，出现高电压，这会使线圈绝缘及其他电器设备损坏。为此，在吸盘线圈两端并联了电阻 R_3 作为放电电阻，吸收吸盘线圈储存的能量，实现过电压保护。

（3）电磁吸盘的短路保护。在整流变压器 T_2 的二次侧或整流装置输出端装有熔断器 FU_4 作短路保护。

（4）整流装置的过电压保护。当交流电路出现过电压或直流侧电路通断时，都会在整流变压器 T_2 的二次侧产生浪涌电压，该浪涌电压对整流装置 VC 的元件有害，为此将整流变压器 T_2 的二次侧接在 RC 阻容吸收装置上，吸收浪涌电压，实现整流装置的过电压保护。

7.5　Z3040 型摇臂钻床的电气控制线路

　　钻床是一种使用广泛的普通机床，可以进行钻孔、扩孔、铰孔、攻螺纹及修剖端面等多种形式的加工。

　　钻床按结构形式可分为立式钻床、卧式钻床、摇臂钻床、深孔钻床、多轴钻床等。在各种钻床中，摇臂钻床操作方便、灵活，适用范围广，特别适用于单件或成批生产中带有多孔的大型工件的孔加工，是机械加工中常用的机床设备，具有典型性。下面以 Z3040 型摇臂钻床为例，分析其电气控制线路。

7.5.1　主要结构和运动特点

　　摇臂钻床的结构如图 7 - 12 所示，它由底座、内立柱、外立柱、摇臂、主轴箱、工作台等部分组成。内立柱固定在底座的一端，外立柱套在内立柱上，并可绕内立柱回转 360°。摇臂的一端为套筒，它套在外立柱上，通过丝杠传动，即升降丝杠的正、反向旋转。摇臂可沿外立柱上下移动，并与外立柱一起绕内立柱回转。主轴箱由主传动电动机、主轴和主轴传动机构、进给和变速机构以及机床的操作机构等部分组成，主轴箱安装于摇臂的水平导轨上，通过手轮操作可使主轴箱沿摇臂水平导轨作径向运动。主轴和钻头由主轴电动机带动旋转，并可在垂直方向上进行纵向进给。

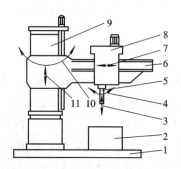

1—底座；2—工作台；3—主轴纵向进给运动；4—主轴旋转主运动；
5—主轴；6—摇臂；7—主轴箱沿摇臂径向运动；8—主轴箱；
9—内、外立柱；10—摇臂回转运动；11—摇臂垂直运动

图 7 - 12　摇臂钻床结构及运动情况示意图

　　由此可知，钻床的运动有三种：

　　(1) 主运动，即主轴的旋转运动。

　　(2) 进给运动，即钻头一面旋转，同时作垂直纵向进给运动。此时，主轴箱应通过夹紧装置紧固在摇臂的水平导轨上，摇臂与外立柱也应通过夹紧装置紧固在内立柱上。

　　(3) 辅助运动，即摇臂沿外立柱的垂直移动、主轴箱沿摇臂水平导轨的径向移动、摇臂与外支柱一起绕内立柱的回转运动。

7.5.2　电力拖动及控制要求

根据摇臂钻床的结构及运动情况，对其电力拖动和控制提出了如下要求：

(1) 摇臂钻床的运动部件较多，为简化传动装置，应采用多电动机拖动。

(2) 摇臂钻床的主运动与进给运动皆为主轴的运动，为此这两种运动由一台主轴电动机拖动，分别经主轴传动机构、进给传动机构实现主轴旋转和进给，所以主轴变速机构与进给变速机构都装在主轴箱内。

(3) 为适应多种加工方式的需要，要求主轴及进给有较大的调速范围。一般采用机械变速，有时为简化变速箱的结构，采用多速鼠笼式异步电动机。

(4) 加工螺纹时，要求主轴能正、反向旋转。摇臂钻床主轴正、反转一般采用机械方法来实现，因此，主轴电动机只需单方向旋转。

(5) 摇臂的升降由升降电动机拖动升降丝杠实现，要求电动机能正、反转。

(6) 内、外立柱的夹紧与放松，主轴箱与摇臂的夹紧与放松可采用手柄机械操作、电气-机械装置、电气-液压-机械装置等几种控制方法来实现。Z3040 型摇臂钻床采用液压泵电动机带动液压泵，通过夹紧机构来实现。其夹紧与松开是通过液压泵电动机的正、反转输出不同流向的压力油，通过液压传动机构推动活塞，带动菱形块动作来实现的，因此液压泵电动机要求正、反向旋转。

(7) 摇臂的移动(即上升和下降)，严格按照摇臂松开→摇臂移动→摇臂夹紧的程序自动进行。因此，摇臂的夹紧、放松与升降要实现自动控制。

(8) 钻削加工时，需提供冷却液进行冷却。这可通过单独控制冷却泵电动机拖动冷却泵来实现。

(9) 具有必要的联锁与保护环节。

(10) 具有机床安全照明电路与信号指示电路。

7.5.3　主电机控制线路

Z3040 型摇臂钻床有两种形式，相应的电气控制也有两种形式，下面进行具体分析。

该摇臂钻床具有两套液压控制系统：一套是操纵机构液压系统，由主轴电动机拖动齿轮泵送出压力油，通过操纵机构实现主轴正反转、停车制动、空挡、预选与变速；另一套是夹紧机构液压系统，由液压泵电动机拖动液压泵送出压力油，实现摇臂的夹紧与松开、主轴箱的夹紧与松开、立柱的夹紧与松开。前者安装在主轴箱内，后者安装在摇臂电器盒下部。

Z3040 型摇臂钻床的电器大都安装在摇臂后面的壁龛内，主轴电动机安装在主轴箱上，摇臂升降电动机安装在立柱上方，液压泵电动机安装在摇臂后面的电气盒下部，冷却泵电动机安装在底座上，而所有操纵手柄均集中安放在便于操纵的部位，且操纵轻便。

1. 机床操纵情况

(1) 主轴的操纵：主轴启动、正反转、空挡以及主轴变速和进给量变换皆由操纵手柄来实现。手柄有五个空间位置：垂直方向的上、下位置，水平方向的里、外位置以及中间位置。其中，向上为空挡，向下为变速，向外为正转，向里为反转，中间为停车。主轴启动时，先按下启动按钮，按钮中的指示灯亮，再扳动手柄转至所需的转向位置，主轴立即旋转。

主轴空挡时，将手柄向上扳至空挡位置，此时即可轻便地用手转动主轴。主轴变速及进给量变换时，首先转动预选旋钮，使其所需的转速及进给量的数值对准上部的箭头，然后将手柄向下压至变速位置，直到主轴开始转动后即可松手，这时手柄复位，转速及进给量均已变换完毕。在机床切削过程中也可转动预选旋钮。

（2）主轴进给的操纵：本机床可进行机动进给、手动进给、微动进给、定程切削和攻螺纹等多种进给形式，具体操作略。

（3）主轴箱和立柱夹紧或松开的操纵：主轴箱和立柱的夹紧或松开是同时进行的。要使主轴箱和立柱夹紧，可按下夹紧按钮，该按钮中的指示灯亮，表示夹紧动作已完成，此时即可松开按钮。若指示灯不亮，则可断续按动按钮，直至指示灯亮为止。若使主轴箱和立柱松开，则可按下松开按钮，按钮中的指示灯亮，表示主轴箱和立柱已松开。

（4）摇臂升降的操纵：按上升按钮，摇臂上升，按下降按钮，摇臂下降。上升或下降至所需位置时，松开按钮，升降运动立即停止，摇臂自动夹紧在外立柱上。

2. 主电机电气控制线路分析

图 7-13 所示为 Z3040 型摇臂钻床的电气控制电路图。图中，M_1 为主轴电动机，M_2 为摇臂升降电动机，M_3 为液压泵电动机，M_4 为冷却泵电动机。

（1）主电路分析：主轴电动机 M_1 由接触器 KM_1 控制，为单方向旋转，并由热继电器 FR_1 作电动机长期过载保护。主轴的正、反转则由机床液压系统操纵机构配合正、反转摩擦离合器实现。

（2）控制电路分析：停止按钮 SB_1、主轴启动按钮 SB_2 与 KM_1 构成主轴电动机的单方向启动-停止控制电路。

按下 $SB_2 \rightarrow KM_1$ 线圈通电并自锁 $\rightarrow M_1$ 启动；按下 $SB_1 \rightarrow KM_1$ 线圈断电 $\rightarrow M_1$ 自由停车。

KM_1 常开触点控制指示灯 HL_3，因此 HL_3 亮，表示主轴电动机启动旋转。

7.5.4　摇臂升降及夹紧、放松控制

1. 主电路分析

摇臂升降电动机 M_2 由正、反转接触器 KM_2、KM_3 控制实现正、反转。液压泵电动机 M_3 由正、反转接触器 KM_4、KM_5 控制，实现电动机的正、反转，拖动双向液压泵，送出压力油，经二位六通阀送至摇臂夹紧机构实现夹紧与松开。

2. 控制电路分析

控制电路保证在操纵摇臂升降时，首先使液压泵电动机 M_3 正向启动旋转，送出压力油，经液压系统将摇臂松开，然后才使电动机 M_2 启动，拖动摇臂上升或下降；在移动到位后，控制电路又保证 M_2 先停下，再自动使 M_3 反向启动，通过液压系统将摇臂夹紧，最后 M_3 停转。M_2 为短时工作，不用设长期过载保护。M_3 由接触器 KM_4、KM_5 实现正、反转控制，并有热继电器 FR_2 作长期过载保护。

摇臂升降的控制电路是由摇臂上升按钮 SB_3、下降按钮 SB_4 及正反转接触器 KM_2、KM_3 组成的，具有机械和电气双重互锁的电动机正、反转点动控制电路。摇臂夹紧、放松控制电路由 KM_4、KM_5、时间继电器 KT 及电磁阀 YV 电路组成。

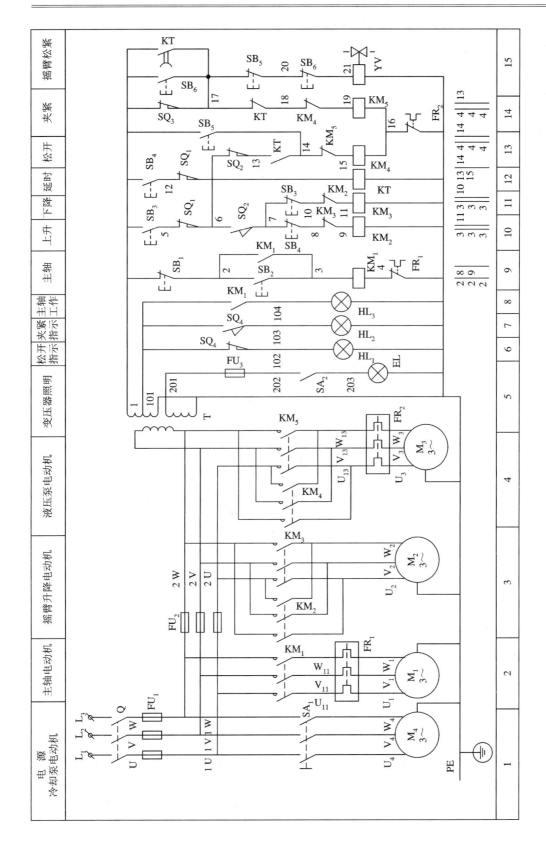

图 7-13　Z3040型摇臂钻床的电气控制电路图

下面以摇臂上升为例分析摇臂升降的控制。按下摇臂上升点动按钮 SB_3，时间继电器 KT 线圈通电，瞬动常开触头 KT(13—14)闭合，接触器 KM_4 线圈通电，液压泵电动机 M_3 正向启动旋转，拖动液压泵送出压力油，经二位六通阀进入摇臂夹紧油腔，推动活塞和菱形块，将摇臂松开。此时 KT 的断电延时的常闭触点 KT(1—17)闭合，电磁阀 YV 线圈通电。同时，活塞杆通过弹簧片压上行程开关 SQ_2，发出摇臂松开信号，即触头 SQ_2(6—13)断开，触头 SQ_2(6—7)闭合。前者断开 KM_4 线圈电路，液压泵电动机停止旋转，液压泵停止供油，摇臂维持在松开状态；后者接通 KM_2 线圈电路，使 KM_2 线圈通电，摇臂升降电动机 M_2 正向启动旋转，拖动摇臂上升。因此，行程开关 SQ_2 是用来反映摇臂是否松开且发出松开信号的元件。

当摇臂上升到所需位置时，松开 SB_3，KM_2 与 KT 线圈同时断电，M_2 依惯性旋转，摇臂停止上升，而 KT 线圈断电，其断电延时闭合触头 KT(17—18)经延时 $1\sim3$ s 后才闭合，断电延时断开触头 KT(1—17)经延时后才断开。在 KT 断电延时的 $1\sim3$ s 时间内 KM_5 线圈仍处于断电状态，电磁阀 YV 仍处于通电状态，这段延时就确保了摇臂升降电动机在断开电源后到完全停止运转才开始摇臂的夹紧动作。时间继电器 KT 延时的长短是根据电动机 M_2 切断电源到完全停止的惯性大小来调整的。

时间继电器 KT 断电延时时间到时，触头 KT(17—18)闭合，KM_5 线圈通电吸合，液压泵电动机 M_3 反向启动，拖动液压泵，供出压力油。同时触头 KT(1—17)断开，电磁阀 YV 线圈断电，这时压力油经二位六通阀进入摇臂夹紧油腔，反向推动活塞和菱形块，将摇臂夹紧。同时，活塞杆通过弹簧片压下行程开关 SQ_3，使触头 SQ_3(1—17)断开，KM_5 线圈断电，M_3 停止旋转，摇臂夹紧完成。因此，SQ_3 为摇臂夹紧信号开关。

摇臂升降的极限保护由行程开关 SQ_1 来实现。SQ_1 有两对常闭触头，分别接于 KM_2 和 KM_3 电路，当摇臂上升或下降到极限位置时，相应触头断开，切断对应的上升或下降接触器 KM_2 与 KM_3 电路，使 M_2 停止旋转，摇臂停止移动，实现极限位置的保护。

摇臂自动夹紧程度由行程开关 SQ_3 控制。若夹紧机构液压系统出现故障不能夹紧，则将使触头 SQ_3(1—17)断不开，或者由于 SQ_3 开关安装调整不当，摇臂夹紧后仍不能压下 SQ_3，则 KM_5 不能断电，这会使 M_3 长期处于过载状态，易将电动机烧毁。为此，M_3 主电路采用热继电器 FR_2 作过载保护。

7.5.5　主轴箱与立柱的夹紧与放松

主轴箱的夹紧与松开和立柱的夹紧与松开是同时进行的。按下松开按钮 SB_5，接触器 KM_4 线圈通电，液压泵电动机 M_3 正转，拖动液压泵送出压力油，这时电磁阀 YV 线圈处于断电状态，压力油经二位六通阀进入主轴箱与立柱松开油腔，推动活塞和菱形块，使主轴箱与立柱松开。由于 YV 线圈断电，因而压力油不会进入摇臂松开油腔，摇臂仍处于夹紧状态。当主轴箱与立柱松开时，行程开关 SQ_4 不受压，触头 SQ_4(101—102)闭合，指示灯 HL_1 亮，表示主轴箱与立柱确已松开。可以手动操作主轴箱在摇臂的水平导轨上移动，也可推动摇臂使外立柱绕内立柱作回转移动。当移动到位时，按下夹紧按钮 SB_6，接触器 KM_5 线圈通电，M_3 反转，拖动液压泵送出压力油至夹紧油腔，使主轴箱与立柱夹紧。当确已夹紧时，压下 SQ_4，触头 SQ_4(101—103)闭合，指示灯 HL_4 亮，而触头 SQ_4(101—102)断开，指示灯 HL_1 灭，指示主轴箱与立柱已夹紧，可以进行钻削加工。

冷却泵电动机 M_4 容量小，仅为 0.125 kW，由组合开关 SA 直接控制单向启动和停车。

照明与信号指示电路分析：HL_1 为主轴箱、立柱松开指示灯，灯亮表示已松开，可以手动操作主轴箱沿摇臂移动或摇臂回转；HL_2 为主轴箱、立柱夹紧指示灯，灯亮表示已夹紧，可以进行钻削加工；HL_3 为主轴旋转工作指示灯；照明灯 EL 由控制变压器 T 供给 36 V 安全电压，经开关 SA_2 操作实现钻床局部照明。

此电路具有完善的联锁、保护环节。行程开关 SQ_2 实现摇臂松开到位与开始升降的联锁，行程开关 SQ_3 实现摇臂完全夹紧与液压泵电动机 M_3 停止旋转的联锁。时间继电器 KT 实现摇臂升降电动机 M_1 断开电源待惯性旋转停止后再进行摇臂夹紧的联锁。摇臂升降电动机 M_2 正、反转具有双重互锁。SB_5 与 SB_6 常闭触头接入电磁阀 YV 线圈电路用于实现主轴箱与立柱夹紧、松开操作时压力油不进入摇臂夹紧油腔的联锁。熔断器 FU_1 为总电路和电动机 M_1、M_4 的短路保护。熔断器 FU_2 为电动机 M_2、M_3 及控制变压器 T 一次侧的短路保护。熔断器 FU_3 为照明电路的短路保护。热继电器 FR_1、FR_2 为电动机 M_1、M_3 的长期过载保护。组合开关 SQ_1 为摇臂上升、下降的极限位置保护。带自锁触头的启动按钮与相应接触器实现电动机的欠电压、失电压保护。

7.5.6　电气控制常见故障分析

Z3040 型摇臂钻床摇臂的控制是机-电-液的联合控制，这也是该钻床电气控制的重要特点。下面仅分析摇臂移动中的常见故障。

(1) 摇臂不能上升。由摇臂上升的电气动作过程可知，摇臂移动的前提是摇臂完全松开，此时活塞杆通过弹簧片压下行程开关 SQ_2，接触器 KM_4 线圈断电，液压泵电动机 M_3 停止旋转，而接触器 KM_2 线圈通电吸合，摇臂升降电动机 M_2 启动旋转，拖动摇臂上升。下面根据 SQ_2 有无动作来分析摇臂不能移动的原因。

若 SQ_2 不动作，则常见故障为 SQ_2 安装位置不当或位置发生移动。这样，摇臂虽已松开，但活塞杆仍压不上 SQ_2，致使摇臂不能移动。有时也会出现因液压系统发生故障，使摇臂没有完全松开，活塞杆压不上 SQ_2 的情况。为此，应配合机械、液压系统调整好 SQ_2 的位置并安装牢固。

有时电动机 M_3 的电源相序接反，此时按下摇臂上升按钮 SB_3，电动机反转，使摇臂夹紧，更压不上 SQ_2，摇臂也不会上升。因此，机床大修或安装完毕后，必须认真检查电源相序及电动机正、反转是否正确。

(2) 摇臂移动后夹不紧。摇臂移动到位后松开按钮 SB_3 或 SB_4，摇臂应自动夹紧，而夹紧动作的结束是由行程开关 SQ_3 来控制的。若摇臂夹不紧，则说明摇臂控制电路能动作，只是夹紧力不够，这是由于 SQ_3 动作过早，使液压泵电动机 M_3 在摇臂还未充分夹紧时就停止旋转，而这往往是由于 SQ_3 的安装位置不当，过早地被活塞杆压上动作所致。

(3) 液压系统的故障。有时电气控制系统工作正常，而电磁阀芯卡住或油路堵塞，会造成液压控制系统失灵，也会造成摇臂无法移动。因此，在维修工作中应正确判断是电气控制系统还是液压系统的故障，而这两者之间又相互联系，应相互配合，共同排除故障。

7.6　5 吨桥式起重机的电气控制线路

起重机是用来起吊和搬移重物的一种生产机械，通常也称为行车或天车。它广泛应用于工矿企业、车站、港口、仓库、建筑工地等场所，以完成各种繁重任务，改善人们的劳动条件，提高劳动生产率，是现代化生产不可缺少的工具之一。

按其结构的不同，起重机可分为桥式起重机、门式起重机、塔式起重机、旋转起重机及缆索起重机等。其中，桥式起重机的应用最为广泛。

起重机按起吊的重量可划分为三级：小型为 5～10 吨，中型为 10～50 吨，重型为 50 吨以上。本节分析 5 吨桥式起重机的电气控制。

7.6.1　主要结构和运动特点

桥式起重机由桥架、装有提升机构的小车、大车移行机构及操纵室等几部分组成，其结构如图 7-14 所示。

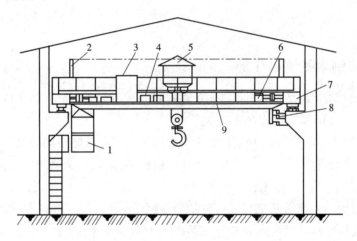

1—驾驶室；2—辅助滑线架；3—交流磁力控制盘；4—电阻箱；
5—起重小车；6—大车拖动电动机与传动机构；7—端梁；8—主滑线；9—主梁

图 7-14　桥式起重机的结构示意图

桥架是桥式起重机的基本构件，由主梁、端梁等几部分组成。主梁跨架在车间上空，其两端连有端梁，主梁外侧装有走台并设有安全栏杆。桥架上装有大车移行机构、电气箱、起吊机构、小车运行轨道以及辅助滑线架。桥架的一头装有驾驶室，另一头装有引入电源的主滑线。

大车移行机构由驱动电动机、制动器、传动轴、减速器和车轮等几部分组成。其驱动方式有集中驱动和分别驱动两种。目前我国生产的桥式起重机大部分采用分别驱动方式，该方式具有自重轻、安装维护方便等优点。整个起重机在大车移行机构的驱动下，沿车间长度方向前后移动。

小车运行机构由小车架、小车移行机构和提升机构组成。小车架由钢板焊成，其上装有小车移行机构、提升机构、栏杆及提升限位开关。小车可沿桥架主梁上的轨道左右移行。

在小车运动方向的两端装有缓冲器和限位开关。小车移行机构由电动机、减速器、卷筒、制动器等组成。电动机经减速后带动主动轮使小车运动。

提升机构由电动机、减速器、卷筒、制动器等组成,提升电动机通过制动轮、连轴节与减速器连接,减速器输出轴与起吊卷筒相连。

由以上分析可知,桥式起重机的运动形式有三种,即由大车拖动电动机驱动的前后运动,由小车拖动电动机驱动的左右运动以及由提升电动机驱动的重物升降运动。

7.6.2　电力拖动及控制要求

起重机械的工作条件恶劣,其电动机属于重复短时工作制。由于起重机的工作性质是间歇的(时开时停,有时轻载,有时重载),因而要求电动机经常处于频繁启动、制动、反向工作状态,同时能承受较大的机械冲击,并有一定的调速要求。为此,专门设计了起重用电动机,它分为交流和直流两大类。交流起重用异步电动机有绕线转子式和鼠笼式两种,一般用在中、小型起重机上;直流电动机一般用在大型起重机上。

为了提高起重机的生产效率及可靠性,对其电力拖动和自动控制等方面都提出了很高要求,这些要求集中反映在提升机构的控制上,而对大车及小车运行机构的要求就相对低一些,主要是保证有一定的调速范围和适当的保护。

起重机对提升机构电力拖动与自动控制的主要要求是:

(1) 空钩能快速升降,以减少辅助工作时间,提高效率。轻载的提升速度应大于额定负载的提升速度。

(2) 具有一定的调速范围,对于普通起重机调速范围一般为 3:1,而要求高的地方则应达到 5:1~10:1。

(3) 在提升之初或重物接近预定位置附近时,都需要低速运行。因此,升降控制应将速度分为几挡,以便灵活操作。

(4) 提升第一挡,为避免过大的机械冲击,消除传动间隙,使钢丝绳张紧,电动机的启动转矩不能过大,一般限制在额定转矩的一半以下。

(5) 负载下降时,根据重物的大小,拖动电动机的转矩可以是电动转矩,也可以是制动转矩,两者之间的转换是自动进行的。

(6) 为确保安全,要采用电气与机械双重制动,以减小机械抱闸的磨损,并防止突然断电而使重物自由下落造成设备和人身事故。

(7) 具有完备的电气保护与联锁环节。

由于起重机使用很广泛,因而它的控制设备已经标准化。根据拖动电动机容量的大小,常用的控制方式有两种:一种是采用凸轮控制器直接控制电动机的启停、正反转、调速和制动,这种控制方式由于受到控制器触点容量的限制,因而只适用于小容量起重电动机的控制;另一种是采用主令控制器与磁力控制屏配合的控制方式,适用于容量较大、调速要求较高的起重电动机和工作十分繁重的起重机。对于 15 吨以上的桥式起重机,一般同时采用两种控制方式,主提升机构采用主令控制器配合控制屏控制的方式,而大、小车移行机构和副提升机构则采用凸轮控制器控制方式。

7.6.3 5 吨桥式起重机的控制线路

凸轮控制器控制线路具有线路简单，维护方便，价格便宜等优点，适用于中、小型起重机的平移机构电动机和小型提升机构电动机的控制。5 吨桥式起重机的控制线路一般就采用凸轮控制器控制。

图 7 - 15 所示是采用 KT14 - 25J/1 与 KT14 - 60J/1 型凸轮控制器直接控制起重机平移和提升机构的启停、正反转、调速与制动的电路原理图。下面以控制提升机构为例加以分析。

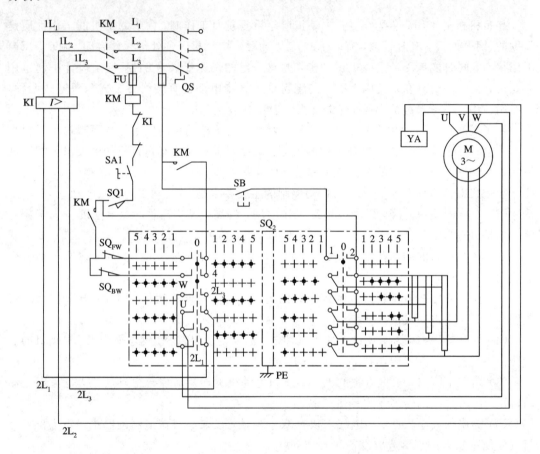

图 7 - 15 KT14 - 25J/1 与 KT14 - 60J/1 型凸轮控制器控制电路原理图

1. 主电路分析

QS 为电源开关；KI 为过电流继电器，用于过载保护；YA 为电磁制动抱闸的电磁铁，YA 断电时，在强力弹簧作用下制动器抱闸紧紧抱住电动机转轴进行制动，YA 通电时，在电磁铁的吸合作用下，电磁抱闸松开；M 为三相绕线式异步电动机，该电动机转子回路串联了几段不对称的调速电阻，以减少转子电阻的段数及控制触点的数目。由凸轮控制器在不同控制位置控制转子接入不同的电阻，以得到不同的转速，从而实现调速。

电磁制动器 YA 与电动机同时得电或失电，从而实现停电制动的目的。

凸轮控制器左右各有五个控制位置，采用对称接法，即对于正、反转各控制位置，电动机的工作情况完全相同，区别仅在于电源进线两相互换。

在电动机的定子与转子回路中共使用了凸轮控制器的 9 对触点。其中，4 对触点用于定子回路电源的倒相控制；5 对触点接在转子回路中，用于转子电阻的接入与切除，以实现调速。下面分别就凸轮控制器手柄在不同控制位置进行分析：

（1）当手柄处于中间"0"位时，凸轮控制器的全部触点都断开，电动机不通电，YA 也断电，电动机处于制动状态。

（2）手柄处于右边"1"位时，将凸轮控制器的 12 对触点从上至下、从左至右编号为：$1\sim6$，$7\sim12$。此时有三对触点接通，其余都是断开的。电动机的定子绕组的"W"端通过触点与"$2L_3$"相连，"U"端通过触点与"$2L_1$"相连，"V"直接与 $2L_2$ 相接。当接触器 KM 的三对主触点闭合时，电动机按正向接线通电，并且此时由于触点 $8\sim12$ 是断开的，M 三相转子串入全部电阻（记为 R_5）进行正向启动（电磁转矩向上），通过减速器、卷筒和钢丝绳带动重物。此时的机械特性见图 7-16 中第一象限的曲线 1。曲线 1 的斜率大，启动转矩小（一般小于额定负载转矩），此时如果重物较重，则不能提起重物，而只是张紧钢丝绳，消除齿轮间隙，为下一步启动作好准备，并防止大的机械冲击；如果重物较轻，则可实现低速上升。另外，此位置还有一个作用：如果原来重物已经提于空中且较重，则此时负载转矩特性曲线与机械特性曲线交于第 4 象限，即低速下放重物。

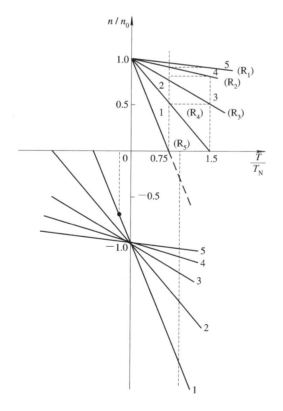

图 7-16 凸轮控制器控制电动机的机械特性

（3）手柄处于右边"2~5"位时，右边"2"位与右边"1"位相比较，凸轮控制器多了一对触点接通，即触点 8。其作用是切除右边电阻的一段（此时总电阻记为 R_4），对应的机械特性曲线为第一象限的曲线 2。曲线 2 的启动转矩比曲线 1 的启动转矩大了近一倍，此时的电磁转矩一般大于重物引起的负载转矩，可以提起重物上升。

同样，当把手柄依次置于"3～5"位时，凸轮控制器的触点 9～12 依次接通，又分别把其余的电阻依次切除（对应的电阻分别为 R_3、R_2、R_1，R_1 为 0），对应的机械特性曲线分别为曲线 3、4、5。由图很容易看出，提升速度依次升高。

（4）手柄处于左边"1"位，此时凸轮控制器接通的触点为 2、4、6。电动机的"U"端通过 4 接到"$2L_3$"，"W"端通过 6 接到"$2L_1$"，即电动机反向接线，电磁转矩向下。转子电路串入全部电阻，电动机机械特性曲线为图中第 3、4 象限的曲线 1。一般情况下，此时电动机工作在第 4 象限负载特性与机械特性的交点处，重物下降速度非常快。当空钩时，负载转矩不是向下的，而是向上（与运动方向相反）的，此时电动机可以工作在第 3 象限，实现空钩时的强力下放。

（5）手柄处于左边"2～5"位，与右边"2～5"位一样，凸轮控制器分别把转子电阻分段切除，对应的机械特性曲线如图中第 3、4 象限的曲线 2～5，电动机工作点的速度即下降速度依次降低。因此下降重物时，一开始应将手柄迅速扳到下降第 5 挡，以求先低速下降，再根据重物的情况来选择下降速度。

由上述分析可知，该控制线路的特点是：

（1）不能获得轻载的低速下降。在下降操作中需要准确定位时（如装配件），可采用点动操作方式，即控制器手柄扳至下降第一挡后立即扳回零位，经多次点动，并配合电磁抱闸便能实现准确定位。

（2）提升重物时，控制器的第一挡一般为预备级，用于张紧钢丝绳，但也可用于轻载的提升，在二、三、四、五挡时提升速度逐渐升高。

（3）下放重物时，电动机工作在发电制动状态，为此操作重物下降时应将控制器手柄从零位迅速扳至第五挡，中间不允许停留，以防下降速度过快。下降到位，往回操作时也应从下降第五挡快速扳至零位，以免引起重物的高速下落而造成事故。

（4）对于轻载提升，第一挡为启动级，第二、三、四、五挡提升速度逐渐升高，但提升速度变化不大。下降时若重物太轻而不足以克服摩擦转矩，则电动机工作在强力下降状态，即电磁转矩与重物重力矩方向一致，帮助下降。

2. 控制电路分析

凸轮控制器的另外三对触点 1、2、7 串接在控制回路中，以控制接触器 KM。

当操作手柄处于零位时，触点 1、2、7 都接通，SA_1、SQ_1 分别是紧急操作开关和安全门开关，正常运行时都应是闭合的。此时若按下启动按钮 SB→接触器得电吸合并自锁→电源接通，电动机的运行状态由凸轮控制器控制。

3. 保护联锁环节分析

本控制线路有过电流、失压、短路、安全门、极限位置及紧急操作等保护环节。其中，主电路的过电流保护由串接在主电路中的过电流继电器来实现，其控制触点串接在接触器 KM 的控制回路中，一旦发生过电流，KI 动作，KM 释放而切断控制回路电源，起重机便停止工作。由 KM 线圈和零位触点串联来实现失压保护。操作中一旦断电，KM 释放，必须将操作手柄扳回零位，并重新按启动按钮方能工作。控制电路的短路保护由 FU 实现，串联在控制电路中的 SA_1、SQ_1、SQ_{FW} 及 SQ_{BW} 分别是紧急操作开关、安全门开关及提升机构上极限与下极限位置保护开关。

7.7　电气控制系统故障查找与检修方法

电气控制电路发生故障，轻者使电气设备不能工作，影响生产，重者会造成人身伤害事故。因此，要求在发生故障后必须及时查明原因并迅速排除。但电气控制电路形式多样，其故障又常常和机械、液压等系统交错在一起，难以分辨。这就要求我们首先弄懂原理，并应掌握正确的排除故障的方法。

故障检修时，大体上可分为下列几个步骤：观察故障现象→分析故障部位→检查并确定故障点→修理或更新损坏的器件。当然，这并不是检修的固定程序，它们之间存在相互联系，有时要交替进行。

7.7.1　观察和调查故障现象

电气故障现象是多种多样的。例如，同一类故障可能有不同的故障现象，不同类故障可能产生同种故障现象，这种故障现象的同一性和多样性，给查找故障带来了困难。但是，故障现象是查找电气故障的基本依据，是查找电气故障的起点，因而要对故障现象仔细观察和分析，找出故障现象中最主要的、最典型的方面，搞清故障发生的时间、地点、环境等。

7.7.2　分析故障原因

根据故障现象分析故障原因，是查找电气故障的关键。分析的基础是电工基本理论及其对电气设备的构造、原理、性能的充分理解及其与故障实际的结合。某一故障产生的原因可能很多，重要的是在众多原因中找出最主要的原因。例如，某三相鼠笼式异步电动机出现了不能运转的故障，其原因可能是电源方面的，也可能是电路接线方面的，还可能是电动机本身的或负载方面的。在这些原因中，到底是哪个方面的原因使电动机不能运转，还要经过更深入、更详细的分析。如果电动机是第一次使用，就应从电源、电路、电动机和负载多方面进行检查分析；如果电动机是经修理后第一次使用，就应着手于电动机本身的检查分析；如果电动机运转一段时间突然不能运转，就应从电源及控制元件方面进行检查分析。经过以上分析，可确定造成电动机故障的比较具体的原因。

在分析电气设备故障时，常常需要用到以下方法。

1. 状态分析法

状态分析法是一种发生故障时根据电气设备所处的状态进行分析的方法。电气设备的运行过程总可以分解成若干个连续的阶段，这些阶段也可称为状态。例如，电动机的工作过程可以分解成启动、运转、正转、反转、高速、低速、制动、停止等工作状态。电气故障总是发生于某一状态，而在这一状态中，各种元件又处于什么状态，如电动机启动时哪些元件工作，哪些触头闭合等，是我们分析故障的重要依据。

2. 图形分析法

电气设备图是用以描述电气设备的构成、原理、功能，提供装接和使用维修信息的依据。分析电气设备必然要使用各类电气图，根据故障情况，从图形上进行分析，这就是图形分析法。电气设备图种类很多，如原理图、构造图、系统图、接线图、位置图等。分析电气故障时，常常要对各种图进行分析，并且要掌握各种图之间的关系，如由接线图变换成电路图，由位置图变换成原理图等。

3. 单元分析法

一个电气设备总是由若干单元构成的，每一个单元具有特定的功能。从一定意义上讲，电气设备故障意味着某个功能的丧失，由此可判定故障发生的单元。分析电气故障就应将设备划分为单元（通常是按功能划分），进而确定故障的范围，这就是单元分析法。

4. 回路分析法

电路中任一闭合的路径称为回路。回路是构成电气设备电路的基本单元，分析电气设备故障，尤其是分析电路断路、短路故障时，常常需要找出回路中的元件、导线及其连接，以确定故障的原因和部位，这就是回路分析法。

5. 推理分析法

电气设备中各组成和功能都有其内在的联系，如连接顺序、动作顺序、电流流向、电压分配等都有其特定的规律，因而某一部件、组件、元件的故障必然影响其他部分，表现出特有的故障现象。在分析电气故障时，常常需要从这一故障联系到对其他部分的影响，或由某一故障现象找出故障的根源。这一过程就是逻辑推理过程，也就是推理分析法。推理分析法又分为顺推理法和逆推理法。

6. 树形分析法

电气装置的各种故障存在着许多内在的联系，例如，某装置故障 1 可能是由故障 2 引起的，故障 2 可能是由故障 3、4 引起的，故障 3 又可能是由故障 5、6、7 引起的，等等。如果将这种种故障按一定顺序排列起来，则形似一棵树，故称为故障树，如图 7 - 17 所示。

根据故障树分析电气故障，在某些情况下更显得条理分明，脉络清晰。这也是常用的一种故障分析方法。

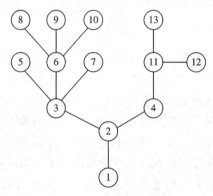

图 7 - 17　故障树示意图

7. 计算机辅助分析法

利用计算机对复杂的电气设备、电气网络等进行故障分析与处理，在某些情况下非常方便。计算机在故障分析中的应用通常有以下几种方法：

（1）状态模拟：将电气设备及网络中各种部件、元件的工作状态用"1"和"0"表示，如接通、有电流、高电位为"1"状态，而断开、无电流、低电位为"0"状态。当 A 触头故障断开，A 电路无电流，A 设备电位为 0 时，上述状态均变为"0"，计算机便可从这些状态变化中找出发生故障的部件、元件。

（2）参数比较分析法：将电气设备、网络中各部件、元件正常运行时的各种参数预先储存于计算机中，然后将测试出的某些参数输入计算机中，由计算机进行分析、比较，判断出其中的故障。参数输入的方式还可以通过电压、电流、温度、压力、位移等传感器和电平转换器直接输入计算机中。

7.7.3　确定故障部位

确定故障部位可理解成确定设备的故障点，如短路点、损坏元件等，也可理解成确定某些运行参数的变异，如电压波动、三相不平衡等。

确定故障部位是在对故障现象进行周密考察和细致分析的基础上进行的。在这一过程中，往往要采用多种手段和方法。

1. 调查研究法

在处理故障前，可通过"问、看、听、摸"来了解故障前后的详细情况，以便迅速判断故障的部位，并准确地排除故障。

"问"：向操作者了解故障发生的前后情况。一般询问的项目有：故障是经常发生还是偶尔发生；有哪些现象；故障发生前有无频繁启动、停止或过载等；是否经历过维护、检修或改动线路等。

"看"：看熔丝是否熔断；接线是否松动、脱落、断线；开关的触点是否接触好；有没有熔焊；继电器是否动作；撞块是否碰压行程开关等。

"听"：用耳朵倾听电动机、变压器和电气元件的声音是否正常，以助于寻找故障部位。例如，某三相电动机运行时有"嗡嗡"声，则可能是定子电源缺相运行或转子被机械卡住。

"摸"：当电动机、变压器、继电器线圈发生故障时，温度升高，可以通过手感检查。限位开关没有发信号而使动作中断时，也可以用手代替撞块去撞一下限位开关，如果动作和复位时有"嘀嗒"声，则一般情况下开关是好的，调整撞块位置就能排除故障。

值得注意的是，为确保人身和设备的安全，在听电气设备运行声音是否正常而需要通电时，应以不损坏设备和扩大故障范围为前提；在触摸靠近传动装置的电气元件和容易发生触电事故的故障部位前，必须切断电源。

2. 通电试验法

在外部检查发现不了故障时，可对电气控制电路作通电试验检查。通电试验检查时，应尽量使电动机和传动机构脱开，调节器和相应的转换开关置于零位，行程开关还原到正常位置。若电动机和传动机构不易脱开，则可使主电路熔体或开关断开，先检查控制电路，待其正常后，再恢复接通电源检查主电路。通电试验检查时，应先用万用表的交流电压挡检查电源电压是否正常，有无缺相或严重不平衡情况。通电试验检查应先易后难，分步进行。检查的顺序是先控制电路后主电路，先辅助系统后主传动系统，先开关电路后调整电路，先怀疑重点部位后怀疑一般部位。

通电试验检查也可采用分步试送法，即先断开所有的熔体，然后按顺序逐一接通要检查部位的熔体。合上开关，观察有无冒烟、冒火及熔断器熔断现象。若有，则故障部位就在该处；若无异常现象，再给以动作指令，观察各接触器和继电器是否按规定的顺序动作，也可发现故障。

通电试验时必须注意，如果可能发生飞车或损坏传动机构设备，则不宜通电；发现冒烟、冒火及异常声音时应立即停车检查；不能随意触碰带电电器；养成右手单独操作的习惯。

3. 测量法

测量法是指利用校验灯、试电笔、钳形电流表、万用表、示波器等对电路进行带电或断电测量，它是找出故障点的有效方法。

（1）带电测量法：对于简单的电气控制电路，可以用试电笔直接判断电源好坏。例如，电笔碰触主电路组合开关及三个熔断器输出端，若氖泡三处发光均较亮，则电源正常；若两相较亮，一相不亮，则存在电源缺相故障。但试电笔有时会引起误判断。例如，某额定电压为 380V 的线圈，若一根连接线正常而另一根断路，由于线圈本身有电阻，试电笔测量两端均正常发光，可能误判为电源正常而线圈损坏。这时最好用电压测量法，并选择合适的量程。测量线圈两端电压为额定值，但继电器不动作，则线圈损坏；否则线圈是好的，但电路不通。

在采用可控整流供电的电动机调速控制电路中，利用示波器来观察触发电路的脉冲波形和可控整流的输出波形，能很快地判断出故障所在。

（2）断电测量法：尽管带电测量法检查故障迅速准确，但不安全，所以我们经常用断电测量法检修，也就是在切断电源后，利用万用表的欧姆挡对怀疑有问题的控制电路中的触点、线圈、连接线测量其电阻值，以此来判断它们的短路或断路之处。

总之，电气控制线路的故障现象各不相同，我们一定要理论联系实际，灵活运用以上方法，及时总结经验，并做好检修记录，不断提高自己排除故障的能力。

4. 类比、替代法

在有些情况下，可采用与同类完好设备进行比较来确定故障的方法。例如，一个线圈是否存在匝间短路，可通过测量线圈的直流电阻来判定，但直流电阻多大才是完好的却无法判别，这时可以通过与一个同类型且完好的线圈的直流电阻值进行比较来判别。又如，某设备中的一个电容是否损坏（电容值变化）无法判别，可以用一个同类型的完好的电容器替换，如果替换后设备恢复正常，则故障部位就是这个电容。

本 章 小 结

本章对车床、镗床、铣床、磨床、钻床及交流桥式起重机等典型生产机械的电气控制进行了分析，其目的不仅在于使读者掌握常用生产设备和机械的电气控制原理，更重要的是让读者学会分析生产机械电气控制的一般方法，培养其分析与排除电气设备故障的能力。

1. 分析一般电气设备电气控制电路的方法

（1）了解设备的基本结构、运动情况、加工工艺要求、操作要求与方法，以期对设备有总体了解，进而明确设备对电力拖动和控制的要求，为阅读和分析电气控制电路做准备。

（2）阅读主电路，掌握拖动电动机的台数和作用，结合设备加工工艺的要求分析电动机的启动方法，有无正、反转，采用何种方法制动，电动机主电路具有哪些保护环节等。

（3）从加工工艺要求出发，一个环节一个环节去分析与阅读各台电动机的控制电路。

（4）根据设备对电气控制的要求进一步分析其控制方法和操作方法，明确机械操作手柄与电器开关的关系，明确各部分电路之间的联锁关系。

（5）统观全电路，分析电路的各种保护。

（6）进一步总结出该设备电气控制的特点，进而区分各种设备的电气控制。

2. 各典型设备电气控制的特点

本章对 CA6140 型车床、T68 型镗床、X62W 型卧式铣床、M7130 型平面磨床、Z3040 型摇臂钻床及 5 吨交流桥式起重机的电气控制进行了分析和讨论。在这些电路中，有许多控制环节是雷同的，它们都是由一些基本控制环节按设备电气控制要求组合而成的，然而由于各种设备加工工艺各异，对电气控制的要求不同，因而使设备的电气控制电路各具特色，只有抓住其个性，才能抓住本质，也才能将各种设备的电气控制区别开来。上述几种典型设备电气控制的主要特点如下：

（1）CA6140 型车床设有快速移动电动机，用来拖动车床溜板箱作快速移动；整个机床电路具有完善的人身安全保护环节；电源开关采用带开关锁的自动开关，机床控制配电盘壁龛门上装有安全开关，机床床头的皮带罩上设有安全开关。这就使操作者合上机床三相交流电源时必须采用钥匙开关操作。机床在运行时，若打开机床控制配电盘壁龛门或打开机床皮带罩，则将切断电源，确保人身安全。

（2）T68 型卧式镗床的主电动机采用双速电动机拖动，以扩大调速范围，简化机械传动变速机构，且具有正、反转的反接制动控制，以实现准确停车；主轴与进给变速时均采用连续低速冲动控制等。

（3）X62W 型卧式万能铣床采用一台电动机来拖动主轴旋转，而由另一台电动机实现工作台进给或快速移动；主轴与进给在变速时均设有变速冲动；在操作机械手柄的同时压合相应电气开关，实现机械挂挡和电气开关的控制；工作台六个方向的运行具有联锁保护等。

（4）M7130 型平面磨床采用平面电磁吸盘来吸持工件，确保磨削加工精度。对于电磁吸盘的控制和保护成为该机床的控制特点。

（5）Z3040 型摇臂钻床是机、电、液综合控制的机床，它有两套液压控制系统，一个是操纵机构液压系统，另一个是夹紧机构液压系统。该机床通过电路与油路的相互配合自动实现摇臂的松开、移动、夹紧的控制。

（6）交流桥式起重机是一种大型的起重设备，提升重物时，提升电动机处于正向电动状态，下放重物时，提升电动机可根据负载大小运行在反向电动状态、倒拉反接制动状态和再生发电制动状态，这是分析桥式起重机的关键。此外，起重机电气控制具有完善的保护与联锁，可确保起重机安全、可靠工作。

3. 典型设备的电气控制故障分析与检查

熟悉并掌握电气控制设备的电气控制原理，了解机械操作手柄与各电器开关元件的相互关系，这些都是分析电气故障的基础。了解故障发生情况及故障经过是分析电气故障的关键。用万用表检查电路故障和用导线短路法查找故障点是较为简便的方法。只有通过生产实践，不断提高读图和分析能力，才能提高排除故障的能力。

思 考 题

7-1　生产机械电气控制的一般分析方法是什么？

7-2　CA6140 型卧式车床电气控制具有哪些特点？

7-3　CA6140 型卧式车床电气控制具有哪些保护? 它们是通过哪些电气元件来实现的?

7-4　试述 T68 型镗床主轴电动机 M_1 高速启动时的操作过程和电路工作情况。

7-5　在 T68 型镗床电气控制电路中, 行程开关 $SQ_1 \sim SQ_6$ 的作用是什么? 它们安装在何处? 分别由哪些操作手柄控制?

7-6　T68 型镗床变速冲动与 X62W 型铣床变速冲动各有何特点?

7-7　T68 型镗床电气控制具有哪些特点?

7-8　在 X62W 型铣床电气控制电路中, 行程开关 $SQ_1 \sim SQ_6$ 的作用各是什么?

7-9　X62W 型铣床电气控制具有哪些联锁与保护? 为何设有这些联锁与保护? 它们是如何实现的?

7-10　X62W 型铣床进给变速能否在运行中进行? 为什么?

7-11　X62W 型铣床电气控制具有哪些特点?

7-12　在平面磨床中为何采用电磁吸盘来吸持工件? 电磁吸盘为何要用直流供电而不能采用交流供电?

7-13　M7130 型平面磨床电气控制具有哪些特点?

7-14　M7130 型平面磨床具有哪些保护环节? 它们是通过哪些电气元件来实现的?

7-15　试述工件从平面磨床电磁吸盘上取下时的操作步骤及 M7130 型平面磨床的工作情况。

7-16　在 Z3040 型摇臂钻床电气控制电路中, 试分析时间继电器 KT 与电磁阀 YV 在什么时候通电动作, 时间继电器 KT 各触头的作用是什么。

7-17　在 Z3040 型摇臂钻床电气控制电路中, 行程开关 $SQ_1 \sim SQ_4$ 的作用各是什么?

7-18　试述 Z3040 型摇臂钻床欲使摇臂向下移动时的操作及电路工作情况。

7-19　在 Z3040 型摇臂钻床电气控制电路中设有哪些联锁与保护?

7-20　提升重物与下降重物时提升机构电动机各处在何种工作状态? 它们是如何实现的?

7-21　桥式起重机具有哪些保护环节? 它们是如何实现的?

第 8 章　可编程控制器(PLC)及应用

学 习 目 标

◇ 了解 PLC 的基本组成和工作原理。

◇ 掌握 PLC 基本逻辑指令的功能及应用。

◇ 会使用 PLC 编程软件。

◇ 熟悉 PLC 梯形图程序设计的方法。

可编程控制器(PLC)是微机技术和继电器控制技术相结合的产物,它的起源可以追溯到 20 世纪 60 年代。美国通用汽车(GM)公司为了适应汽车型号不断翻新的需要,提出希望有这样一种控制设备:

(1) 它的继电控制系统设计周期短,更改容易,接线简单,成本低。

(2) 它能把计算机的许多功能和继电器控制系统结合起来,并且编程又比计算机简单易学,操作方便。

(3) 系统通用性强。

1969 年美国 DEC 公司研制出了第一台可编程控制器,用在 GM 公司生产线上获得了成功。其后日本、德国等相继引入,可编程控制器迅速发展起来。但这一时期它主要用于顺序控制,虽然也采用了计算机的设计思想,但实际只能进行逻辑运算,故称为可编程逻辑控制器,简称 PLC(Programmable Logic Controller)。

进入 20 世纪 80 年代,随着微电子技术和计算机技术的迅猛发展,可编程控制器有了突飞猛进的发展。其功能已远远超出逻辑控制、顺序控制的范围,故称为可编程控制器,简称 PC(Programmable Controller)。但由于 PC 容易和个人计算机(Personal Computer)混淆,因此人们仍习惯用 PLC 作为可编程控制器的缩写。

目前 PLC 功能日益增强,可进行模拟量控制、开关量控制等,特别是远程通信功能的实现,易于实现柔性加工和制造系统(FMS),使得 PLC 如虎添翼。人们将 PLC 称为现代工业控制的三大支柱(即 PLC、机器人和 CAD/CAM)之一。PLC 已广泛应用于冶金、矿业、机械、轻工业等领域,为工业自动化提供了有力的工具,加速了机电一体化的实现。

8.1　概　　述

8.1.1　PLC 的结构和工作原理

1. PLC 的结构

目前 PLC 生产厂家很多,产品结构也各不相同,但其基本组成部分都相同,如图 8 - 1

所示。由图可以看出，PLC采用了典型的计算机结构，主要包括CPU、RAM、ROM和输入/输出接口电路等。其内部采用总线结构，进行数据和指令的传输。外部的各种开关信号、模拟信号、传感器检测的各种信号均作为PLC的输入变量，它们经PLC外部输入端子输入到内部寄存器中，经PLC内部逻辑运算或其他运算处理后送到输出端子，再由这些输出变量对外围设备进行各种控制。

下面结合图8-1具体介绍各部分的作用。

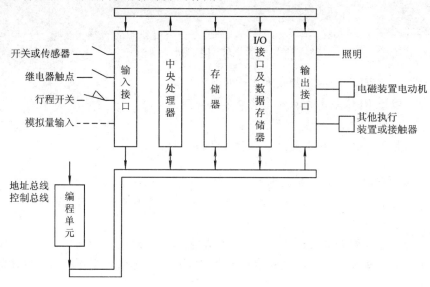

图8-1 PLC的结构示意图

1) 中央处理器

中央处理器(CPU，Centre Processing Unit)是PLC的核心部件，它好比人的大脑，是PLC进行控制的指挥中心。它的主要功能是：

(1) 接收并存储从编程器输入的用户程序。

(2) 采集现场输入装置的状态和数据，并存入寄存器。

(3) 执行用户指令规定的程序。

(4) 诊断电源及PLC内部电路的工作状态和编程过程中的语法错误。

(5) 响应各种外围设备(如编程器、打印机等)的请求。

目前PLC中所用的CPU多为单片机，在高档机中现已采用16位甚至32位CPU，功能极强。

2) 存储器

存储器是具有记忆功能的半导体电路，用来存放系统程序、用户程序、逻辑变量和其他信息。

PLC内部存储器有两类。一类是随机存储器RAM。RAM是可读可写存储器，读出时，RAM中的内容不被破坏；写入时，刚写入的信息就会覆盖原有的内容。RAM主要用来存放用户程序、逻辑变量，是供内部程序使用的工作单元。另一类是ROM。ROM是只读存储器，CPU只能从中读取，而不能写入。ROM中的主要内容是由PLC的制造厂家写入的系统程序，主要包括检查程序、翻译程序、监控程序。程序都事先固化在ROM芯片中，开机后便可运行。

3) I/O 接口电路

I/O 接口是 PLC 与被控设备相连接的部件。输入接口接收用户设备需输入 PLC 的各种控制信号，如限位开关、操作按钮、选择开关、行程开关，以及其他传感器输入的开关量或模拟量(需通过模拟变换进入)等，并将这些信号转换成中央处理器能够接收和处理的信号。输出接口电路将中央处理器送出的弱电信号转换成现场需要的强电信号并输出，以驱动电磁阀、接触器、电动机等被控设备元件。

PLC 对 I/O 接口的要求：一是要有较强的抗干扰能力，二是能够满足现场各种信号的匹配要求。常用输入接口电路结构如图 8-2，输出接口电路结构如图 8-3 所示。

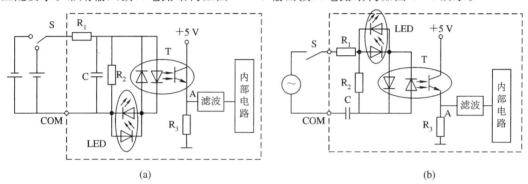

图 8-2　开关量输入接口电路

(a) 直流输入接口电路；(b) 交流输入接口电路

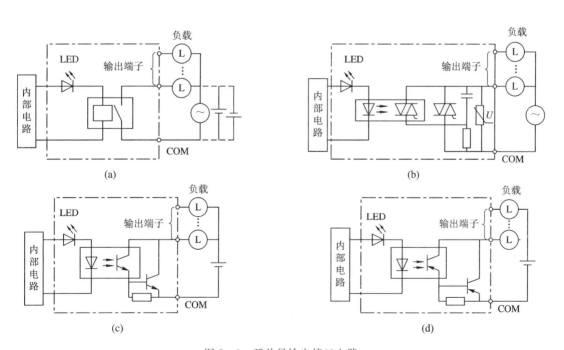

图 8-3　开关量输出接口电路

(a) 继电器输出接口电路；(b) 晶闸管输出接口电路；

(c) 晶体管输出接口电路(NPN 集电极开路)；(d) 晶体管输出接口电路(PNP 集电极开路)

由图 8-2 和图 8-3 可见，这些接口电路具有以下特点：

（1）输入采用滤波电路和光电耦合电路，滤波电路有抗干扰的作用，光电耦合电路有抗干扰和产生标准信号的双重作用。

（2）输出也采用光电隔离并有三种方式，即继电器、晶体管和晶闸管。这使得 PLC 可以适合各种用户的不同要求，如低速、大功率负载一般采用继电器输出，高速、大功率负载则采用晶闸管输出，高速、小功率负载采用晶体管输出。有些输出电路做成模块式，可插拔，更换起来十分方便。

4）电源部件

电源部件的作用是将交流电源经过整流、滤波、稳压等处理后转换成供 PLC 的 CPU、存储器、I/O 接口等内部电路使用的直流电源。

5）编程器

编程器是开发、维护 PLC 控制系统的必备设备。它通过电缆与 PLC 相连，主要作用有向 PLC 输入用户程序、在线监视 PLC 的运行情况和完成一些特定功能。编程器有便携式和 CRT 智能式两大类。

除了上面介绍的这几个主要部分外，PLC 上还配有和各种外围设备的接口，均用插座引出到外壳上，可配接编程器、打印机、录音机、ADC、DAC、串行通信模块等，可以十分方便地用电缆进行连接。

2．PLC 的工作原理

PLC 以微处理器为核心，具有微机的许多特点，但它的工作方式却与微机不同。微机采用的是等待命令和中断的工作方式，如键盘扫描方式或 I/O 扫描方式，若有键按下或 I/O 接口状态发生变化，则转入相应的程序，若没有则继续扫描。PLC 采用的是"顺序扫描，不断循环"的工作方式。在 PLC 中，CPU 从第一条指令开始执行程序，直至遇到结束指令后又返回去执行第一条指令，如此循环下去。这种工作方式在系统软件的控制下，顺次扫描各输入点的状态，按用户程序进行运算处理，然后顺序给各输出点发出相应的控制信号。整个工作过程可分为五个阶段，如图 8-4 所示。

图 8-4　PLC 的工作过程

1）自诊断

在每开始一个扫描周期之前，CPU 都要进行一次自检，若发现故障则报警。

2）检查通信请求

PLC 检查是否有与编程器或计算机的通信请求，若有，则进行相应处理，如接收由编程器送来的程序、命令和各种数据，并把要显示的状态、数据、出错信息等发送给编程器进行显示。如果有与计算机等的通信请求，则在这段时间完成数据的接收和发送任务。

3）输入采样

PLC 的中央处理器对各个输入端进行扫描，将输入端的状态送到输入状态寄存器中。即使输入端的状态再发生变化，输入状态寄存器的内容也不会发生改变，直到下一个扫描周期开始。

　4) 执行用户程序

根据用户输入的应用程序,从第一条开始逐条执行,并将相应的结果存入对应的内部辅助寄存器和输出状态寄存器。

　5) 输出刷新

当所有的指令执行完毕时,集中把输出状态寄存器的状态通过输出部件转换成被控设备所能接收的电压或电流信号,以驱动被控设备。

经过这五个阶段的工作过程,称为一个扫描周期。完成一个周期后,又重新执行上述过程,扫描周而复始地进行。扫描周期是 PLC 的重要指标之一,其长短取决于应用程序的长短和 CPU 执行指令的速度,一般大约为几毫秒到几十毫秒。

PLC 与继电器-接触器控制的重要区别之一就是工作方式不同。继电器-接触器控制是按"并行"方式工作的,也就是说是按同时执行的方式工作的,只要形成电流通路,就可能有几个继电器同时动作。PIC 是以循环扫描的方式工作的,它循环、连续逐条执行程序,任一时刻只能执行一条指令,所以 PLC 按"串行"方式工作。这种串行工作方式可以避免继电器-接触器控制的触点竞争和程序失配问题。总之,采用循环扫描的工作方式也是 PLC 区别于微机的最大特点,使用者应特别注意。

8.1.2　PLC 的特点与应用领域

1. PLC 的主要特点

(1) 运行可靠,抗干扰能力强。

PLC 是专门为工业控制而设计的,它针对工业生产现场环境较恶劣、各种电磁干扰严重、连续工作时间长的特点,在设计时采取一系列措施提高其抗干扰能力和工作可靠性。为保证 PLC 能在工业环境下可靠工作,设计和生产过程中采取了一系列硬件和软件的抗干扰措施,主要有以下几个方面:

① 所有 I/O 接口电路均采用光电隔离,在 I/O 接口电路和电源电路中设置了多种滤波电路,这些都有效地抑制了外部干扰源对 PLC 的影响。

② 滤波是抗干扰的另一个主要措施。在 PLC 的电源和电路的输入、输出电路中设置了多种滤波电路,用以对高频干扰信号进行有效抑制。

③ 采用开关电源,保证用电质量。输入/输出接口电路的电源彼此独立,以避免电源之间的干扰。

④ 内部设置联锁、环境检测与诊断、Watching("看门狗")等电路,一旦发现故障或程序循环执行的时间超过了警戒时钟 WDT 的规定时间(预示程序进入了死循环),立即报警,以保证 CPU 可靠工作。

⑤ 利用系统软件定期进行系统状态、用户程序、工作环境和故障检测,并采取信息保护和恢复措施。对用户程序及动态工作数据进行电池后备,以保障停电后有关状态或信息不丢失。

⑥ 采用密封、防尘、抗震的外壳封装结构,以适应工作现场的恶劣环境。另外,PLC 是以集成电路为基本元件的电子设备,内部处理过程不依赖机械触点,这也是保障可靠性高的重要原因,而采用循环扫描的工作方式,也提高了抗干扰能力。

通过以上措施,保证了 PLC 能在恶劣的环境中可靠地工作,使平均故障间隔时间 (MTBF)高,故障修复时间短。目前,MTBF 一般已达到$(4\sim5)\times10^4$ h。

(2) 功能完善,通用性强。

现代 PLC 所具有的功能及各种扩展单元、智能单元和特殊模块,可以方便、灵活地组成各种不同规模和要求的控制系统,以适应各种工业控制的要求。此外,PLC 已实现了产品的系列化、通用化,各种模块品种丰富,规格齐全,通用性好,功能多,用户可以根据需要很方便地在各种 PLC 产品中进行选用。

(3) 软件简单易学,编程方便。

① PLC 的主要特点之一,就是采用易学易懂的梯形图语言。它是以计算机软件构成人们习惯的继电器模型,形成一套独具风格的以继电器梯形图为基础的形象编程语言。梯形图的符号和定义与常规继电器展开图完全一致,电气操作人员使用起来得心应手 。正因为如此,PLC 被称为"蓝领计算机",梯形图也被称为"面向蓝领的编程语言"。尽管现在 PLC 也可以采用高级语言编制复杂的程序,但梯形图仍被广泛地使用。

② PLC 能提供许多内部"软继电器"供用户编程使用,而且其"触点"的数量和使用次数均不受限制,这给用户编程带来了极大的方便。

③ 控制程序可在线修改。当生产设备更新或生产工艺流程改变时,可在不改变硬件设备的情况下改变控制程序,灵活方便,具有很强的"柔性"。

(4) 设计、安装、调试的周期短,维护方便。

① 由于 PLC 用软件功能取代了继电器控制系统中大量的中间继电器、时间继电器,因而大大减小了控制板(柜)设计、安装、接线的工作量。

② 在系统设计完成后,硬件安装和软件设计调试可以同时进行,从而缩短了设计和调试时间。

③ PLC 的各种模块上均有运行状态和故障状态指示灯,便于用户了解其运行情况和查找故障。由于许多 PLC 采用模块式结构,因此,某一模块发生故障时,用户可通过更换模块使系统迅速恢复运行。PLC 本身的故障率极低,因此大大减少了维修的工作量。

(5) 体积小,重量轻,功耗低。

由于 PLC 是专为工业控制而设计的,其结构紧密、坚固,体积小巧,易于装入机械设备内部,因此它是实现机电一体化的理想控制设备。

2. PLC 的应用领域

PLC 诞生以后,日本、德国、法国等国家都相继开发了自己的 PLC,受到工业界的欢迎。随着微电子技术的迅猛发展,PLC 的制造成本不断降低,而其功能却大大增强。20 世纪 70 年代末 80 年代初,PLC 已经成为工业控制领域中占主导地位的基础自动化设备。目前在先进工业国家中 PLC 已成为控制的标准设备,它的应用几乎覆盖了所有的工业企业。显然,PLC 技术应用已经成为世界潮流,作为工业自动化三大支柱(PLC、ROBOT、CAD/CAM)之一的 PLC 技术,其应用范围不断扩大。

8.1.3 PLC 的发展趋势

PLC 从诞生至今,其发展大体经历了三个阶段:从 20 世纪 70 年代至 80 年代中期,以单机为主发展硬件技术,为取代传统的继电器－接触器控制系统而设计了各种 PLC 的基本型号；到 20 世纪 80 年代末期，为适应柔性制造系统(FMS)的发展，在提高单机功能的同时，加强了软件的开发，提高了通信能力；20 世纪 90 年代以来，为适应计算机集成制造系统(CIMS)的发展，采用了多 CPU 的 PLC 系统，不断提高运算速度和数据处理能力。随着计算机网络技术的迅速发展，强大的网络通信功能更使 PLC 如虎添翼；各种高功能模块和应用软件的开发，加速了 PLC 向电气控制、仪表控制、计算机控制一体化和网络化的方向发展。因此有人认为，还用"PLC"来表述当今的可编程控制系统已不再合适，因为其中已注入了工业计算机和计算机集散系统的特点，所以应称其为"PCC"(可编程计算机控制器)。

今后，PLC 将主要朝着以下几个方面发展：

(1) 在系统构成规模上向大、小两个方向发展。发展小型化、专用化、模块化、低成本的 PLC 以真正替代最小的继电器系统；发展大容量、高速度、多功能、高性能、低价格的 PLC，以满足现代企业中那些大规模、复杂系统自动化的需要。

(2) 功能不断增强，各种应用模块不断推出。加强过程控制和数据处理功能，提高组网和通信能力，开发多种功能模块，以使各种规模的自动化系统其功能更强、更可靠，组成和维护更加灵活方便，使 PLC 的应用范围更加扩大。

(3) 产品更加规范化、标准化。PLC 换代频繁，丰富多样，在不断提高功能的同时，日益向 MAP(制造自动化协议)靠拢，并使 PLC 的基本部件，如输入/输出模块、接线端子、通信协议、编程语言和工具等方面的技术规格化、标准化，使不同产品间能相互兼容，易于组网，以方便用户真正利用 PLC 来实现工厂的自动化。

8.2　PLC 的指令系统及编程

程序的编制就是用一定的编程语言把一个控制任务描述出来。程序的表达方式有：梯形图、指令表、逻辑功能图和高级语言。对于可编程控制器来说，指令是最基本的编程语言。本节将介绍松下 FP1 - C24 型 PLC 的梯形图符号、助记符的功能和用法。由于篇幅有限，重点放在基本指令部分，对于高级指令，只介绍它们的类型和一些典型的指令。

8.2.1　PLC 的指令

FP1 的指令分为两大类：基本指令和高级指令。基本指令又包括顺序指令、功能指令、控制指令和比较指令；高级指令则包括数据传输指令、数据运算指令、数据转换指令和数据移位指令。

1. 顺序指令

(1) ST：开始指令；ST/：开始非指令；OT：输出指令。

指令描述：

ST：开始逻辑运算，输入的触点作为 A 型(常开)触点。

ST/：开始逻辑运算，输入的触点作为 B 型(常闭)触点。

OT：将逻辑运算的结果输出到线圈。

程序示例：如图 8 - 5 所示。

梯形图		助记符		
X0　　　　　　　　　　Y10 0 ┤├ ─────────────── ─[ ]─		0	ST	X	0
		1	OT	Y	10
X0　　　　　　　　　　Y11 2 ┤╱├ ─────────────── ─[ ]─		2	ST/	X	0
		3	OT	Y	11

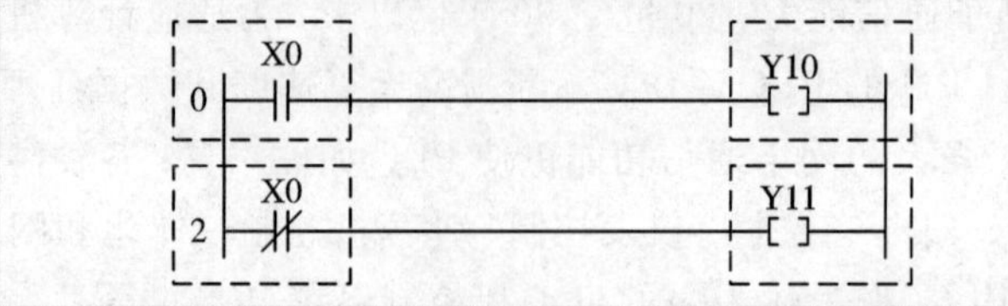

图 8-5　ST、ST/、OT 指令的使用

示例说明：当 X0 闭合时，Y10 闭合。当 X0 断开时，Y11 闭合。

(2) /：逻辑非指令。

指令描述：

/：将本指令处的逻辑运算结果取反。

程序示例：如图 8-6 所示。

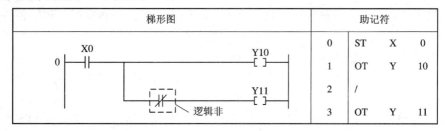

梯形图	助记符		
	0	ST	X	0
	1	OT	Y	10
	2	/		
	3	OT	Y	11

图 8-6　/ 指令的使用

示例说明：当 X0 闭合时，Y10 闭合，Y11 断开；当 X0 断开时，Y10 断开，Y11 闭合。

(3) AN：逻辑与指令；AN/：逻辑与非指令。

指令描述：

和前面直接串联的逻辑运算结果执行逻辑"与"运算。

当和常开触点（A 型触点）串联时，使用 AN 指令。

当和常闭触点（B 型触点）串联时，使用 AN/指令。

程序示例：如图 8-7 所示。

梯形图		助记符		
X0　X1　X2　　　　　Y10 0 ┤├┤├┤╱├ ──────── ─[ ]─ 　　逻辑与　逻辑与非		0	ST	X	0
		1	AN	X	1
		2	AN/	X	2
		3	OT	Y	10

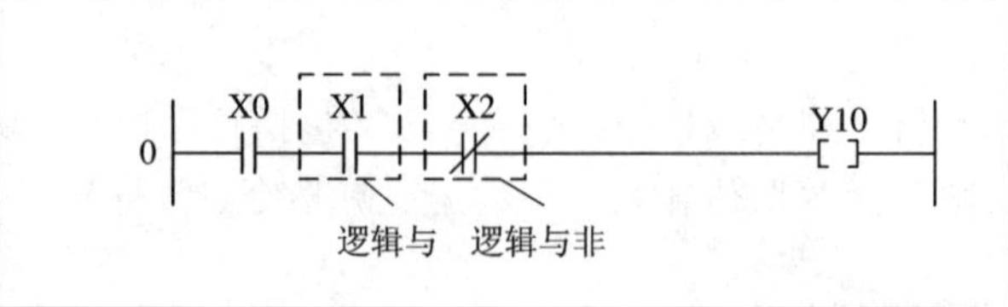

图 8-7　AN、AN/指令的使用

示例说明：当 X0 和 X1 均闭合且 X2 断开时，Y10 闭合。

(4) OR：逻辑或指令；OR/：逻辑或非指令。

指令描述：

与并联的触点进行逻辑"或"运算。

当和常开触点（A 型触点）并联时，使用 OR 指令。

当和常闭触点(B 型触点)并联时，使用 OR/指令。

程序示例：如图 8-8 所示。

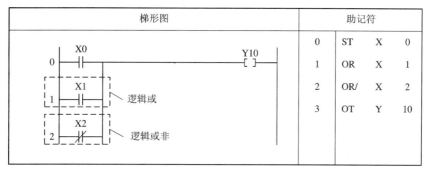

图 8-8　OR、OR/指令的使用

示例说明：当 X0 或 X1 之一闭合或 X2 断开时，Y10 闭合。

(5) ANS：组逻辑与指令。

指令描述：

ANS：用于触点组和触点组之间的串联。

程序示例：如图 8-9 所示。

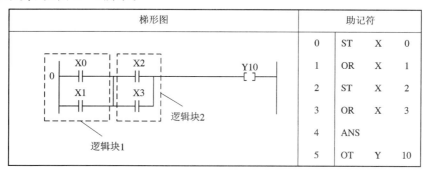

图 8-9　ANS 指令的使用

示例说明：当 X0 或 X1 闭合并且 X2 或 X3 闭合时 Y10 闭合。

(6) ORS：组逻辑或指令。

指令描述：

ORS：用于触点组和触点组之间的并联。

程序示例：如图 8-10 所示。

梯形图	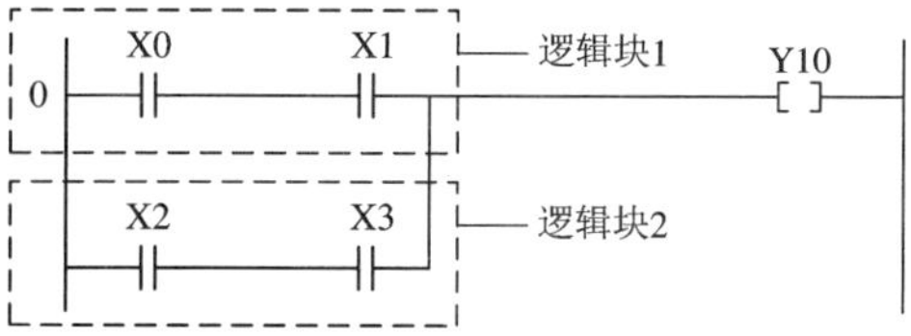	助记符		
	0	ST	X	0
	1	AN	X	1
	2	ST	X	2
	3	AN	Y	3
	4	ORS		
	5	OT	Y	10

图 8-10　ORS 指令的使用

示例说明：当 X0 和 X1 都闭合或 X2 和 X3 都闭合时，Y10 闭合。

(7) DF：上升沿微分指令；DF/：下降沿微分指令。

指令描述：

DF：在检测到控制触点闭合的一瞬间（上升沿），输出继电器仅接通一个扫描周期。

DF/：在检测到控制触点断开的一瞬间（下降沿），输出继电器仅接通一个扫描周期。

程序示例：如图 8 - 11 所示。

梯形图	助记符		
上升沿	0	ST	X	0
X0 上升沿 Y10	1	DF		
0 —(DF)— [ ]	2	OT	Y	10
X1 Y11	3	ST	X	1
3 —(DF /)— [ ]	4	DF/		
下降沿	5	OT	Y	11

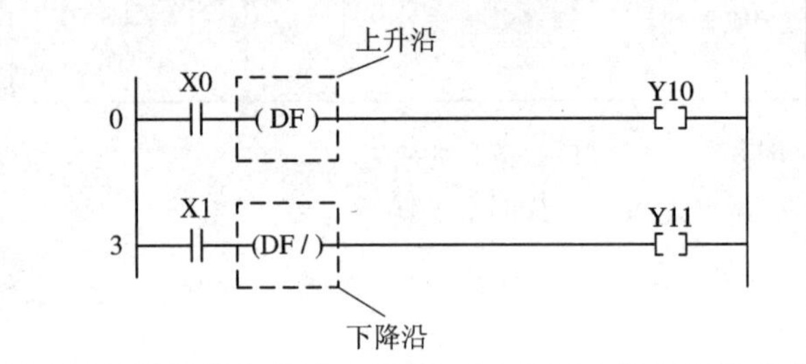

图 8 - 11　DF、DF/指令的使用

示例说明：在检测到 X0 的上升沿（OFF→ON）时，Y10 仅接通一个扫描周期；在检测到 X1 的下降沿（ON→OFF）时，Y11 仅接通一个扫描周期。

(8) PSHS：推入堆栈指令；RDS：读出堆栈指令；POPS：弹出堆栈指令。

指令描述：

PSHS：存储该指令之前的运算结果。

RDS：读取由 PSHS 指令所存储的运算结果。

POPS：读取并清除由 PSHS 所存储的运算结果。

程序示例：如图 8 - 12 所示。

梯形图	助记符		
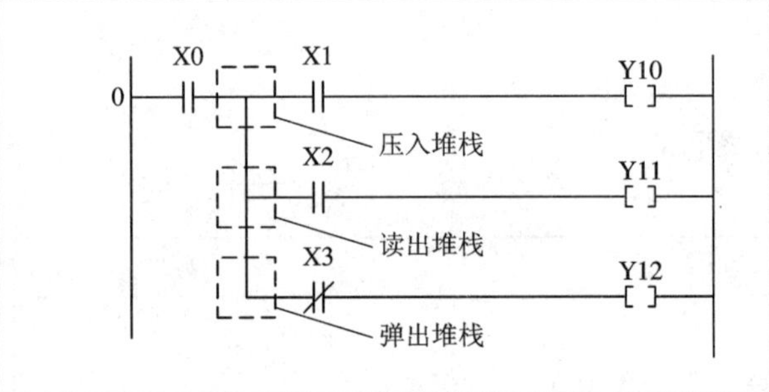 X0 X1 Y10	0	ST	X	0
0 —‖—┬—‖— [ ]	1	PSHS		
压入堆栈	2	AN	X	1
X2 Y11	3	OT	Y	10
—‖— [ ]	4	RDS		
读出堆栈	5	AN	X	2
X3 Y12	6	OT	Y	11
—/‖— [ ]	7	POPS		
弹出堆栈	8	AN/	X	3
	9	OT	Y	12

图 8 - 12　堆栈指令的使用

示例说明：当 X0 闭合时，

① 由 PSHS 指令保存之前运算结果，并且当 X1 闭合时 Y10 为 ON。

② 由 RDS 指令来读取所保存的运算结果，并且当 X2 闭合时 Y11 为 ON。

③ 由 POPS 指令来读取所保存的运算结果,并且当 X3 断开时 Y12 为 ON,同时清除由 PSHS 指令存储的运算结果。

(9) SET:置位指令;RST:复位指令。

指令描述:

SET:当满足执行条件时,输出变为 ON,并且保持 ON 的状态。

RST:当满足执行条件时,输出变为 OFF,并且保持 OFF 的状态。

程序示例:如图 8 - 13 所示。

梯形图	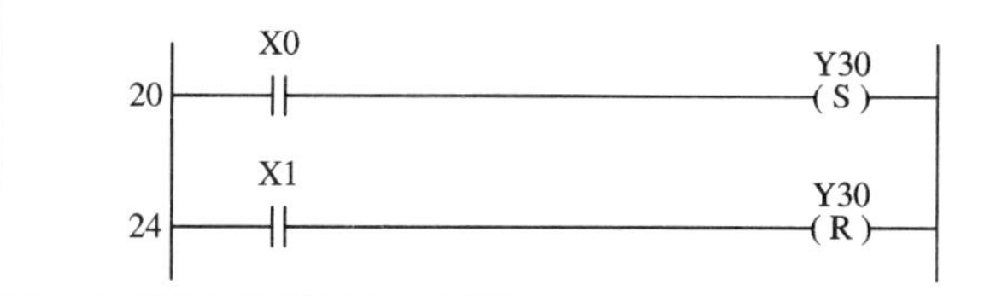	助记符		
X0　　　　　　　　　　　Y30 20 ┤├　　　　　　　　　　　(S)		20	ST	X	0
		21	SET	Y	30
X1　　　　　　　　　　　Y30 24 ┤├　　　　　　　　　　　(R)		24	ST	X	1
		25	RST	Y	30

图 8 - 13　SET、RST 指令的使用

示例说明:当 X0 闭合时,Y30 为 ON 并保持 ON;当 X1 闭合时,Y30 为 OFF 并保持 OFF。

(10) KP:保持指令。

指令描述:

根据置位或复位的输入信号进行输出,并且保持该输出状态。当置位输入信号闭合时,指定继电器的输出变为 ON 并保持 ON 状态。当复位输入信号闭合时,输出继电器变为 OFF。无论置位信号的输入状态是 ON 或 OFF,输出继电器的 ON 状态都将保持不变,直至复位信号输入闭合。若置位输入和复位输入同时变为 ON,则复位输入信号优先。

程序示例:如图 8 - 14 所示。

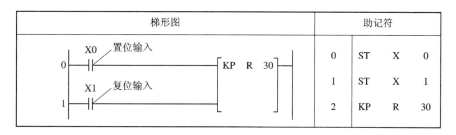

梯形图		助记符		
X0　置位输入 0 ┤├　　　　　　KP　R　30		0	ST	X	0
X1　复位输入 1 ┤├		1	ST	X	1
		2	KP	R	30

图 8 - 14　KP 指令的使用

示例说明:当 X0 闭合时,输出继电器 R30 变为 ON 并保持 ON 状态;当 X1 闭合时,R30 变为 OFF 并保持 OFF 状态。

(11) NOP:空操作指令。

指令描述:

NOP 指令不进行任何操作,本条指令对该点的操作结果没有任何影响。如果没有 NOP 指令,操作结果完全相同。使用 NOP 指令便于程序的检查和核对。当需要删除某条指令而又不能改变程序指令的地址时,可以写入一条 NOP 指令(覆盖以前的指令);当需

要改变程序指令的地址而又不能改变程序时，也可以写入一条 NOP 指令。使用本条指令可以方便灵活地将较长、较复杂的程序区分为若干比较简短的程序块。

程序示例：如图 8-15 所示。

梯形图	助记符		
	0	ST	X	0
	1	AN	X	1
X0 X1 X2 Y10 0 ┤├─┤├─ NOP ─┤/├──────( )	2	NOP		
空操作	3	AN/	X	2
	4	OT	Y	10

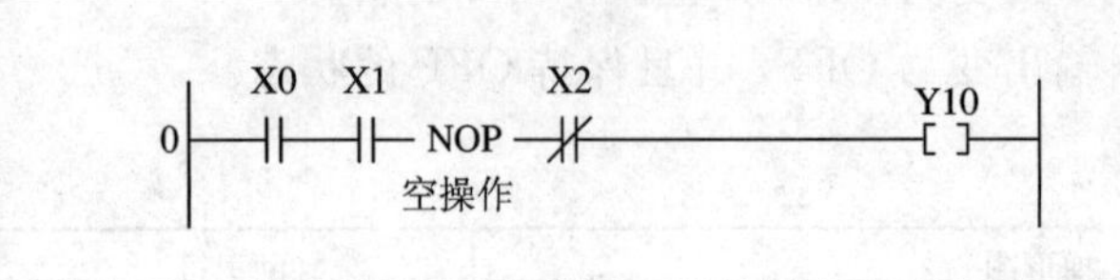

图 8-15　NOP 指令的使用

2. 功能指令

（1）TMR、TMX、TMY：定时器指令。

指令描述：

TMR：设置以 0.01 s 为定时单位的延时定时器。

TMX：设置以 0.1 s 为定时单位的延时定时器。

TMY：设置以 1 s 为定时单位的延时定时器。

TM 指令是一减计数型预置定时器。TM 后面的 R、X、Y 分别表示预置时间单位，可使用预置时间单位和预置值来设定延时时间。预置时间单位分别是：R＝0.01 s，X＝0.1 s，Y＝1 s。定时器的预置时间（也就是延时时间）为预置时间单位×预置值。预置值只能用十进制数给出，编程格式是在十进制数的前面加一大写英文字母"K"，其取值范围为K0～K32767。

程序示例：如图 8-16 所示。

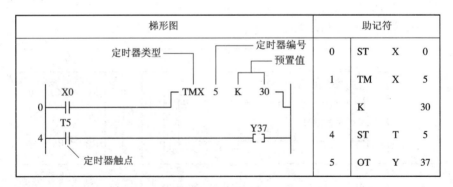

图 8-16　定时指令的使用

示例说明：在本例中，定时器编程格式为 TMX5 K30，其中，TM 为定时器，X 表示预置时间单位取 0.1 s，5 表示使用了第 5 号定时器（本系列 PLC 共有 100 个定时器，编号为 0～99），K30 表示预置值为十进制数 30，则定时器的预置时间（也就是延时时间）为0.1 s×30＝3 s，即当 X0 接通 3 秒后 Y37 接通。

应用示例：

定时器的串联如图 8-17 所示。

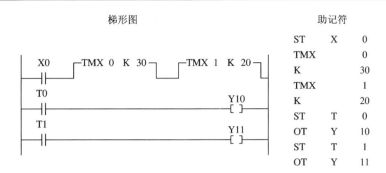

图 8 - 17　定时指令的串联使用

定时器的并联如图 8 - 18 所示。

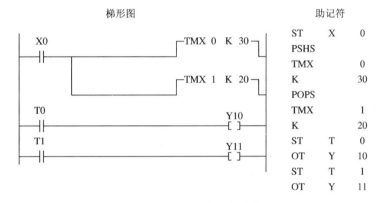

图 8 - 18　定时指令的并联使用

（2）CT：计数器指令。

指令描述：

CT：计数器指令，从预置值开始进行递减计数。

程序示例：如图 8 - 19 所示。

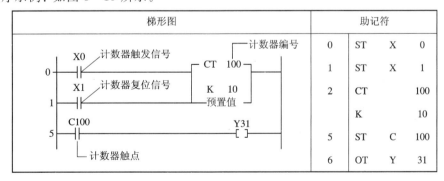

图 8 - 19　计数器指令的使用

示例说明：当 X0 的上升沿被检测到 10 次后，计数器的触点 C100 闭合，Y31 变为 ON。当 X1 闭合时，计数器被复位。和定时器一样，每个计数器都有编号（本系列 PLC 共有 44 个定时器，编号为 100～143）。

（3）SR：移位寄存器指令。

指令描述：

SR：左移寄存器指令，16 位(字内部继电器(WR))数据左移一位。

程序示例：如图 8 - 20 所示。

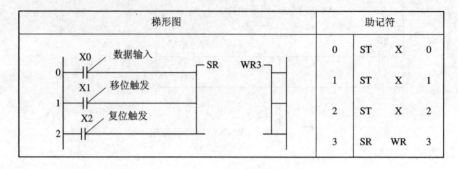

图 8 - 20　移位寄存器指令的使用

示例说明：若在 X2 为 OFF 状态时 X1 闭合，则内部继电器的寄存器 WR3(对应内部继电器 R30 至 R3F)的内容左移一位；若 X0 为 ON，则将"1"移入 R30；若 X0 为 OFF，则将"0"移入 R30；若 X2 接通，则 WR3 的内容复位为 0。

3. 控制指令

控制指令用来决定程序执行的顺序和流程。控制指令在 PLC 的指令系统中占有重要的地位，用好控制指令能够使程序更加清晰、整齐、易懂。

(1) MC：主控继电器指令；MCE：主控继电器结束指令。

指令描述：

当控制触点闭合时，执行 MC 至 MCE 间的指令；当控制触点断开时，执行 MC 至 MCE 以外的指令。

程序示例：如图 8 - 21 所示。

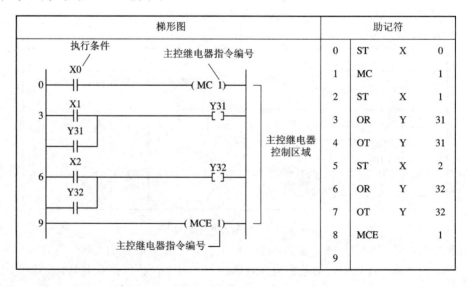

图 8 - 21　MC、MCE 指令的使用

示例说明：当执行条件 X0 为 ON 时，执行由 MC1 指令到 MCE1 指令之间的程序；若执行条件为 OFF，则位于 MC1 和 MCE1 指令之间的程序不进行输出处理，输出被置

为 OFF。

应当指出，当 MC 指令的控制触点断开时，在 MC 与 MCE 之间的程序只是处于停控状态，此时 CPU 仍然扫描这段程序，因此不能简单地认为可编程控制器跳过了这段程序。

应当注意：

① MC 与 MCE 之间的程序中所有的输出(Y、R 等)均处于断开状态。

② MC 与 MCE 之间的程序中所有的 KP、SET、RET 均呈保持状态，即使已经执行过 MC 与 MCE 之间的程序后再断开控制触点，由 KP、SET、RET 指令设置的状态仍然会保持着控制触点断开前的状态。

③ MC 与 MCE 之间的程序中所有的定时器 TM 复位，计数器 CT 和左移移位寄存器 SR 均保持原有的经过值，但不继续工作，其他指令也不再执行。

④ MC 与 MCE 之间的程序中所有的微分指令均无效。

(2) JP：跳转指令；LBL：跳转标记指令。

指令描述：

当控制触点闭合时，跳转至和 JP 有相同编号的 LBL 处，不执行 JP 和 LBL 之间的程序，转而执行 LBL 指令以下的程序，标记号取 0~63 以内的任何整数。

程序示例：如图 8-22 所示。

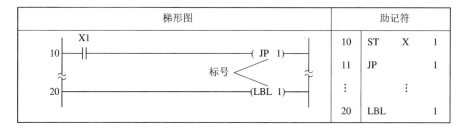

图 8-22　跳转指令的使用

示例说明：如图 8-23 所示。

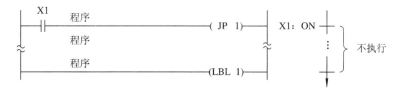

图 8-23　跳转指令的说明

当执行条件 X1 闭合时，不执行 JP1 与 LBL1 之间的程序，程序由 JP1 跳转至 LBL1 处，执行 LBL1 指令以下的程序，达到了条件转移的控制目的。

(3) LOOP：循环指令；ŁBL：循环标记指令。

指令描述：

LOOP 和 LBL 循环标记编号取 0~63 以内的任何整数。当控制触点闭合时，反复执行 LOOP 和 LBL 之间的程序，直至指定操作数的数值变为 0。

程序示例：如图 8-24 所示。

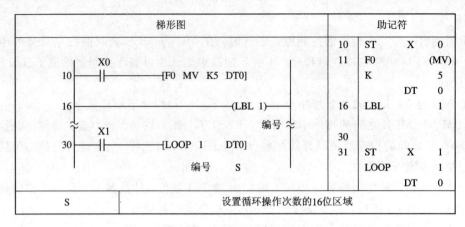

图 8-24 循环指令的使用

示例说明：初始时，将常数 K5 送至 DT0 中（设置循环次数为 5），当执行条件 X1（触发器）变为 ON 时，S（即 DT0）中的数值将减 1，并且如果结果不为 0，程序将跳转到与指定编号相同的标号（LBL 指令）。然后，程序从作为循环目标的标号所在的指令开始继续执行。利用 LOOP 指令设置程序的执行次数。当 S 中所设置的次数（K 常数）达到 0 时，即使执行条件（触发器）为 ON，也不会执行跳转。如果由 S 指定的存储区的内容开始即为 0，则不执行跳转操作（被忽略）。不允许在程序中有两个或多个 LBL 指令使用相同的编号。

（4）ED：结束指令；CNED：条件结束指令。

指令描述：

结束指令 ED 表示常规程序的结束；条件结束指令 CNED 表示当执行条件（触发器）为 ON 时，程序的一次扫描结束。

程序示例：如图 8-25 所示。

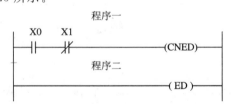

图 8-25 结束指令的使用

示例说明：当 X0 断开时，PLC 执行完程序一后并不结束，直到程序二被执行完之后才结束全部程序，并返回起始地址。在这次程序执行中，由于 CNED 执行条件不满足，因此 CNED 不起作用。当 X0 接通时，PLC 执行完程序一后遇到 CNED 指令，所以不再执行下面的程序，而是返回起始地址，重新执行程序一。

（5）NSTP、NSTL、SSTP、CSTP 和 STPE：步进指令。

指令描述：

SSTP：指定步进程序的开始，表示开始执行该段步进程序。

NSTP：启动指定的步进程序（脉冲式）。当检测到触发器的上升沿时，执行 NSTP。程序转入下一段步进程序，并将前面程序所用过的数据区清除，输出关断，定时器复位。

NSTL：启动指定步进程序（扫描式）。若触发器闭合，则每次扫描都执行 NSTL。程序转入下一段步进程序，并将前面程序所用过的数据区清除，输出关断，定时器复位。

CSTP：将指定的过程复位。当最后的一个步进段的程序结束后，使用本条指令清除数据区，输出关断，定时器复位。

STPE：指定步进程序区的结束。

程序示例：如图 8 - 26 所示。

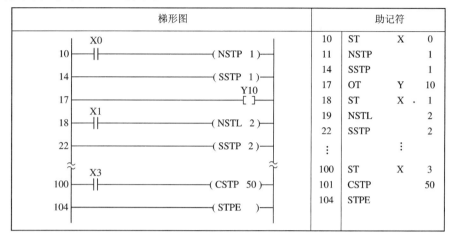

图 8 - 26　步进指令的使用

示例说明：

在控制触点 X0 闭合的一瞬间，开始执行第一段程序(SSTP1 到 SSTP2)。

在控制触点 X1 闭合后，清除第一段程序占用的数据区，执行第二段程序。

在控制触点 X3 闭合的一瞬间，清除由第 50 段程序占用的数据区，整个步进程序执行过程结束。

尽管在每个步进程序段中的程序都是相对独立的，但在各段程序中的输出继电器、内部继电器、定时器、计数器不能出现相同的编号，否则按出错处理。

4. 比较指令

比较指令的基本格式为

$$[(1) (2) S1 S2]$$

其中，"(1)"表示助记符 ST、AN、OR 等；"(2)"表示比较符号＜、＞、＝；S1 表示比较的内容一(寄存器或常数)；S2 表示比较的内容二(寄存器或常数)。比较寄存器使用的操作数如表 8 - 1 所示。

表 8 - 1　比较寄存器使用的操作数

继电器			定时器/计数器		寄存器	索引寄存器		常数	
WX	WY	WR	SV	EV	DT	IX	IY	K	H

(1) STD＝：双字比较，相等时初始加载；

STD＜＞：双字比较，不等时初始加载；

STD＞：双字比较，大于时初始加载；

STD＞＝：双字比较，大于等于时初始加载；

STD＜：双字比较，小于时初始加载；

STD<=：双字比较，小于等于时初始加载。

指令描述：

将两个双字数据（32 bit）项进行比较作为运算条件，根据比较结果决定触点闭合或断开。

程序示例：如图 8-27 所示。

梯形图		助记符		
			STD=	
		0	DT	0
			DT	100
		9	OT Y	30
		10	STD>	
			DT	0
		19	DT	100
			OT Y	31
S1	被比较的32位常数或存放32位常数的低16位区			
S2	被比较的32位常数或存放32位常数的低16位区			

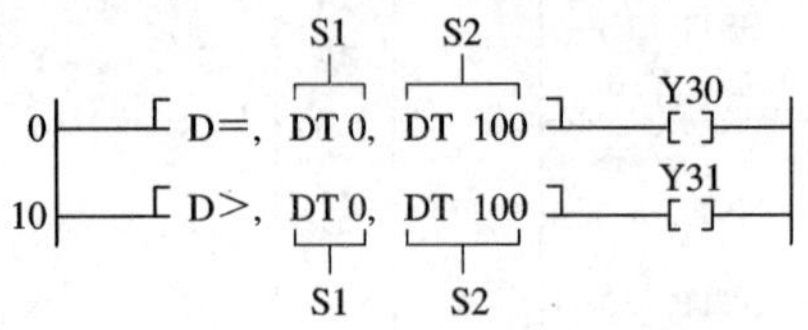

图 8-27 双字比较指令的使用

示例说明：将数据寄存器（DT1，DT0）与数据寄存器（DT101，DT100）的内容进行比较。若（DT1，DT0）＝（DT101，DT100），则外部输出继电器 Y30 为 ON；若（DT1，DT0）＞（DT101、DT100），则外部输出继电器 Y31 为 ON。

（2）AN＝：字比较：相等时逻辑与；

AN<>：字比较，不等时逻辑与；

AN>：字比较，大于时逻辑与；

AN>=：字比较，大于等于时逻辑与；

AN<：字比较，小于时逻辑与；

AN<=：字比较，小于等于时逻辑与。

指令描述：

将两个字数据（16 bit）项进行比较作为 AND 逻辑的运算条件，根据比较结果触点闭合或断开。与其他触点串联使用。

程序示例：如图 8-28 所示。

梯形图		助记符		
		0	ST X	0
		1	AN>=	
			DT	0
			K	60
			OT	30
		6		
S1	被比较的16位常数或存放常数的16位区			
S2	被比较的16位常数或存放常数的16位区			

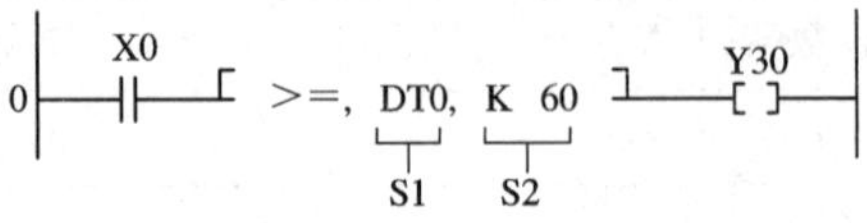

图 8-28 字比较指令的使用

示例说明：当 X0 闭合时，将数据寄存器 DT0 的内容与常数 K60 进行比较。在 X0 为闭合的状态下，如果 DT0≥K60，则外部输出继电器 Y30 为 ON；如果 DT0＜K60 或者 X0 处于断开状态，则外部输出继电器 Y30 为 OFF。

5. 高级指令

(1) F0(MV)：16 位数据传输。

指令描述：

将 16 位数据复制到指定的 16 位区。

程序示例：如图 8 - 29 所示。

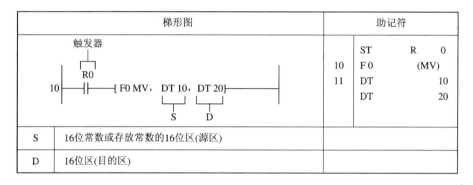

图 8 - 29 16 位数据传输指令的使用

示例说明：当触发器 R0 为 ON 时，将数据寄存器 DT10 的内容复制到数据寄存器 DT20 中。

F0(MV)指令可以使用的作为数据区的寄存器和常数如表 8 - 2 所示。

表 8 - 2 F0(MV)指令可以使用的作为数据区的寄存器和常数

操作数	继电器				定时器/ 计数器		寄存器	索引寄存器		常数		索引变址
	WX	WY	WR	WL	SV	EV	DT	IX	IY	K	H	
S	A	A	A	A	A	A	A	A	A	A	A	A
D	N/A	A	A	A	A	A	A	A	A	N/A	N/A	A

注：A 表示可以使用；/A 表示不可以使用。

(2) F60(CMP)：16 位数据比较。

指令描述：

对两个指定的 16 位数据进行比较，并将结果输出到特殊内部继电器。

程序示例：如图 8 - 30 所示。

示例说明：当触发器 R0 为 ON 时，将数据寄存器 DT11 和 DT10 构成的 32 位数据与数据寄存器 DT1 和 DT0 的内容(32 位)进行比较。

当(DT1，DT0)＞(DT11，DT10)时，R900A 为 ON，且外部输出继电器 Y10 为 ON。

当(DT1，DT0)＞(DT11，DT10)时，R900B 为 ON，且外部输出继电器 Y11 为 ON。

当(DT1，DT0)＞(DT11，DT10)时，R900C 为 ON，且外部输出继电器 Y12 为 ON。

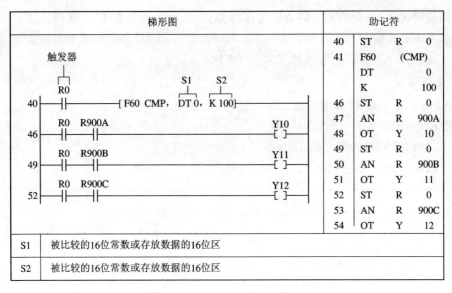

图 8 - 30　16 位数据比较指令的使用

F60(CMP)指令可以使用的作为数据区的寄存器和常数如表 8 - 3 所示。

表 8 - 3　F60(CMP)指令可以使用的作为数据区的寄存器和常数

操作数	继电器				定时器/计数器		寄存器	索引寄存器		常数		索引变址
	WX	WY	WR	WL	SV	EV	DT	IX	IY	K	H	
S1	A	A	A	A	A	A	A	A	A	A	A	A
S2	N/A	A	A	A	A	A	A	A	A	N/A	N/A	A

对于高级指令，本节只介绍了两条。其他高级指令的格式和编程方式同这两条指令大致相同。

8.2.2　PLC 的应用编程

程序编写是 PLC 控制系统设计环节中很重要的一步。要根据具体的控制要求编写程序，使程序运行后满足控制要求。

1. 程序编写的原则

(1) 程序要符合 PLC 的技术要求。

(2) 编写的程序力求简短、清晰。

2. 程序编写的步骤

(1) 分析和了解被控对象的控制要求和动作过程，确定输入和输出的性质(模拟或数字)，明确划分控制过程的各个状态。

(2) 确定控制方案。

(3) 分配输入/输出点。

(4) 根据控制要求和被控对象的动作过程，确定输入信号(一般为按钮、开关量)和输出信号(一般为接触器、电磁阀、指示灯)，并对这些输入、输出信号编号。

（5）根据以往的经验编写程序。对于复杂的控制系统，应该画出流程图，再编写程序。

（6）运行、调试、完善程序。将程序送入 PLC 运行，检验程序是否满足控制要求。如果没有满足，则应该不断调试、修改直至成功。

下面根据上述原则和步骤，举例说明编程的具体过程。

例 8-1　电机的正、反转控制。图 8-31 所示的是电机正、反转的电气控制线路，由 KM0、KM1 的辅助触点实现自锁、互锁。试用 PLC 编程实现其电器控制。

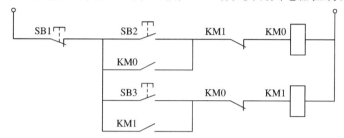

KM0—正转继电器线圈；KM1—反转继电器线圈；
SB1—停止按钮；SB2—正转启动按钮；SB3—反转启动按钮

图 8-31　电动机正、反转的电气控制图

解　编程的具体过程如下：

（1）确定 I/O 点数。SB1、SB2、SB3 这三个外部按钮是 PLC 的输入变量，可分配为 X0、X1、X2；输出只有两个继电器 KM0、KM1，可分配为 Y0、Y1。因此整个系统需要用 5 个 I/O 点，其中，三个输入点，两个输出点。列出 I/O 分配表：

输入　SB1：X0　　　　　　　输出：KM0：Y0

　　　SB2：X1　　　　　　　　　　KM1：Y1

　　　SB3：X2

（2）编制梯形图。根据 I/O 表编制梯形图，如图 8-32 所示。

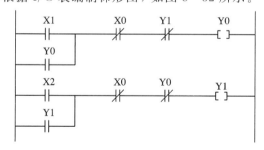

图 8-32　电动机正、反转 PLC 控制梯形图

8.3　梯形图程序设计的规则和方法

8.3.1　梯形图设计规则

在学习了 PLC 的指令系统之后，即可根据实际系统的控制要求编制程序。下面说明程序编写的基本规则和方法。

PLC 的编程有以下基本规则：

（1）外部输入/输出继电器、内部继电器、定时器、计数器等器件的触点可多次重复使用，无需用复杂的程序结构来减少触点的使用次数。

（2）梯形图每一行都是从左母线开始的，线圈接在最右边。触点不能放在线圈的右边。在继电器控制的原理图中，热继电器的触点可以加在线圈的右边，但 PLC 的梯形图是不允许的。

（3）线圈不能直接与左母线相连。如果需要，可以通过一个没有使用的内部继电器的常闭触点或者特殊内部继电器 R9010（常 ON）的常开触点来连接。

（4）同一编号的线圈在一个程序中使用两次称为双线圈输出。双线圈输出容易引起误操作，应尽量避免线圈重复使用。

（5）梯形图程序必须符合顺序执行的原则，即从左到右、从上到下地执行。不符合顺序执行的电路不能直接编程。

（6）在梯形图中串联触点使用的次数没有限制，可无限次地使用。

（7）两个或者两个以上线圈可以并联输出。

8.3.2　梯形图的经验设计法

可编程控制器使用与继电器电路图极为相似的梯形图语言。如果用可编程控制器改造继电器控制系统，则根据继电器电路图来设计梯形图是一条捷径。这是因为原有的继电器控制系统经过长期使用和考验，已经被证明能完成系统要求的控制功能，而继电器电路图又与梯形图有很多相似之处，因此可以将继电器电路图"翻译"成梯形图，即用可编程控制器的外部硬件接线和梯形图软件来实现继电器系统的功能。

这种设计方法一般不需要改动控制面板，保持了系统原有的外部特性，操作人员不用改变长期形成的操作习惯。下面介绍其基本设计方法。

在分析可编程控制器控制系统的功能时，可以将它想象成一个继电器控制系统中的控制箱，其外部接线图描述了这个控制箱的外部接线。梯形图是这个控制箱的内部"线路图"，梯形图中的输入位（X）和输出位（Y）是这个控制箱与外部世界联系的"中间继电器"，这样就可以用分析继电器电路图的方法来分析可编程控制器控制系统。在分析时可以将梯形图中输入位的触点想象成对应的外部输入器件的触点，将输出位的线圈想象成对应的外部负载的线圈。外部负载的线圈除了受梯形图的控制外，还可能受外部触点的控制。

将继电器电路图转换为功能相同的可编程控制器的外部接线围和梯形图的步骤如下：

（1）了解和熟悉被控设备的工艺过程和机械的动作情况，根据继电器电路图分析和掌握控制系统的工作原理，这样才能做到在设计和调试控制系统时心中有数。

（2）确定可编程控制器的输入信号和输出负载，以及与它们对应的梯形图中的输入位、输出位的地址，画出可编程控制器的外部接线图。

（3）确定与继电器电路图的中间继电器、时间继电器对应的梯形图中的存储器（M）和定时器（T）的地址。这两步建立了继电器电路图中的元件和梯形图中的位地址之间的对应关系。

（4）根据上述对应关系画出梯形图。

8.4 PLC 在控制中的应用

8.4.1 PLC 的选型

在满足控制要求的前提下,选型时应选择最佳的性能价格比,具体应考虑以下几点。

1. 性能与任务相适应

对于开关量控制的应用系统,当对控制速度要求不高时,选用小型 PLC 就能满足要求,如对小型泵的顺序控制、单台机械的自动控制等。

对于以开关量控制为主,带有部分模拟量控制的应用系统,如对工业生产中常遇到的温度、压力、流量、液位等连续量的控制,应选用带有 A/D 转换的模拟量输入模块和带有 D/A 转换的模拟量输出模块,配接相应的传感器、变送器(对温度控制系统,可选用温度传感器直接输入的温度模块)和驱动装置,并且选择运算功能较强的中、小型 PLC。

对于比较复杂的大、中型控制系统,如闭环控制、PID 调节、通信联网等,可选用大、中型 PLC。当系统的各个控制对象分布在不同的地域时,应根据各部分的具体要求来选择 PLC,以组成一个分布式的控制系统。

2. PLC 的处理速度应满足实时控制的要求

PLC 工作时,从输入信号到输出控制存在着滞后现象,即输入量的变化一般要在 $1\sim2$ 个扫描周期之后才能反映到输出端,这对于一般的工业控制是允许的。但有些设备的实时性要求较高,不允许有较大的滞后时间。例如,PLC 的 I/O 点数在几十到几千点范围内,这时用户应用程序的长短对系统的响应速度会有较大的差别。滞后时间应控制在几十毫秒之内,应小于普通继电器的动作时间(普通继电器的动作时间约为 100 ms),否则就没有意义了。为了提高 PLC 的处理速度,可以采用以下几种方法:

(1) 选择 CPU 处理速度快的 PLC,使执行一条基本指令的时间不超过 0.51 s。

(2) 优化应用软件,缩短扫描周期。

(3) 采用高速响应模块,例如高速计数模块,其响应的时间可以不受 PLC 扫描周期的影响,而只取决于硬件的延时。

3. PLC 应用系统结构应合理,机型系列应统一

PLC 的结构分为整体式和模块式两种。

整体式结构:把 PLC 的 I/O 和 CPU 放在一块电路板上,省去插接环节,体积小,每一 I/O 点的平均价格比模块式结构的便宜,适用于工艺过程比较稳定、控制要求比较简单的系统。

模块式结构:PLC 的功能扩展、I/O 点数的增减、输入与输出点数的比例,都比整体式方便灵活。维修更换模块、判断与处理故障快速方便,适用于工艺过程变化较多、控制要求复杂的系统。在使用时,应按具体情况进行选择。在一个单位或一个企业中,应尽量使用同一系列的 PLC,这不仅使模块通用性好,减少了备件量,而且给编程和维修带来了极大的方便,也给系统的扩展升级带来了方便。

4. 选择在线编程和离线编程

小型 PLC 一般使用简易编程器,它必须插在 PLC 上才能进行编程操作,其特点是编程器与 PLC 共用一个 CPU。在编程器上有一个运行/监控/编程(RUN/MONITOR/

PROGRAM)选择开关,当需要编程或修改程序时,将选择开关转到"编程"位置,这时 PLC 的 CPU 不执行用户程序,只为编程器服务,这就是"离线编程"。程序编好后再把选择开关转到"运行"位置,CPU 则去执行用户程序,对系统实施控制。简易编程器结构简单,体积小,携带方便,很适合在生产现场调试、修改程序时使用。图形编程器或者个人计算机与编程软件包配合可实现在线编程。PLC 和图形编程器有各自的 CPU。编程器的 CPU 可随时对键盘输入的各种编程指令进行处理。PLC 的 CPU 主要完成对现场的控制,并在一个扫描周期的末尾与编程器通信,编程器将编好或修改好的程序发送给 PLC,在下一个扫描周期,PLC 将按照修改后的程序或参数进行控制,实现"在线编程"。图形编程器价格较贵,但它功能强大,适应范围广,不仅可以用指令语句编程,还可以直接用梯形图编程,并可存入磁盘或用打印机打印出梯形图和程序。一般大、中型 PLC 多采用图形编程器。使用个人计算机进行在线编程,可省去图形编程器,但需要编程软件包的支持,其功能类似于图形编程器。

8.4.2 PLC 在控制中的应用举例

1. 时间控制

在可编程控制器的工程应用中,时间控制是非常重要的一个方面。在 FP1 - C24 型可编程控制器中共有 100 个定时器。为了今后在编程中利用好这些定时器,本节将介绍一些基本时间控制程序。

1）延时断开控制

在可编程控制器中提供的定时器都是延时闭合定时器。图 8 - 33 所示为两个延时断开定时器控制梯形图。

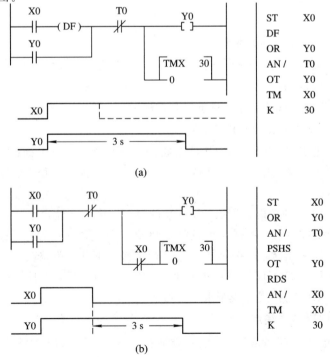

图 8 - 33 延时断开定时器控制梯形图

图 8-33 中，(a)、(b)两图表示的时间控制线路虽然都完成延时断开控制功能，但还是有些不同的。对于图(a)，X0 闭合后立即启动定时器，接通输出继电器 Y0，延时 3 s 以后，不管 X0 是否断开，输出继电器 Y0 都断电。对于图(b)，当 X0 闭合后，输出继电器 Y0 立即接通，但定时器不能启动，只有将 X0 断开，才能启动定时器。从 X0 断开后算起，延时 3 s 后输出继电器 Y0 断电。

2) 闪烁控制

图 8-34 所示的梯形图是一闪烁控制梯形图，其功能是输出继电器 Y0 周期性接通和断开，故此电路又称振荡电路。

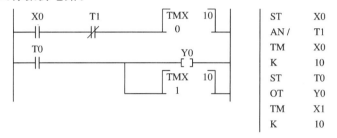

图 8-34 闪烁控制梯形图

X0 闭合后，输出继电器 Y0 闪烁，接通和断开交替进行，接通时间 1 s 由定时器 T1 决定，断开时间 1 s 由定时器 T0 决定。

2. 顺序控制

顺序控制器是工业控制领域中最常见的一种控制装置。用可编程控制器来实现顺序控制可以说是物尽其用。用可编程控制器实现顺序控制有多种方法，在实际编程中应用哪一种方法要视具体情况而定。

1) 联锁式顺序步进控制

联锁式顺序步进控制梯形图如图 8-35 所示。

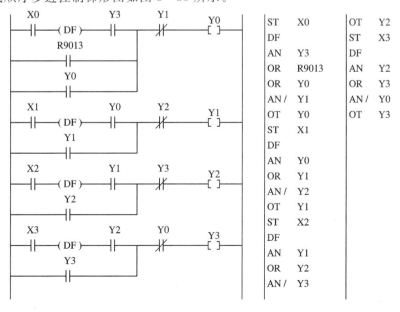

图 8-35 联锁式顺序步进控制梯形图

　　从图 8-35 中可以看出，动作的发生是按顺序步进控制方式进行的。将前一个动作的常开触点串联在后一个动作的启动线路中，作为后一个动作发生的必要条件，同时将代表后一个动作的常闭触点串入前一个动作的关断线路中，这样只有前一个动作发生了，才允许后一个动作发生，而一旦后一个动作发生了，就立即迫使前一个动作停止。因此，该控制梯形图可以实现各动作严格依预定的顺序逐步发生和转换，保证不会发生顺序的错乱。

　　图 8-35 中使用了特殊内部继电器 R9013，这是一个初始闭合继电器，只在运行中第一次扫描时闭合，从第二次扫描开始断开并保持断开状态。在这里使用 R9013 是程序初始化的需要。一进入程序，输出继电器 Y0 就通电，此后 R9013 就不再起作用了。在程序中使用微分指令是使 X0、X1、X2 和 X3 具有按钮的功能，若 X0、X1、X2 和 X3 就是按钮，则微分指令可以去掉。

　　2）定时器式顺序控制

　　定时器式顺序控制梯形图如图 8-36 所示。从图中可以看出，动作的发生是在定时器的控制下自动按顺序一步步进行的。这种控制方式在工程中常能见到。下一个动作发生时，自动把上一个动作关断，这样一个动作接着一个动作发生。在实际工程应用中，该控制梯形图常用于设备的顺序启动的控制。图中的四个动作分别用 Y0、Y1、Y2 和 Y3 代表，闭合启动控制触点 X0 后，输出继电器 Y0 接通，延时 5 s 后，Y1 接通，再延时 5 s 后，Y2 接通，又延时 5 s，Y3 接通，Y3 接通并保持 5 s 后，Y0 又接通，以后就周而复始，按顺序循环下去。X1 是停止控制触点。

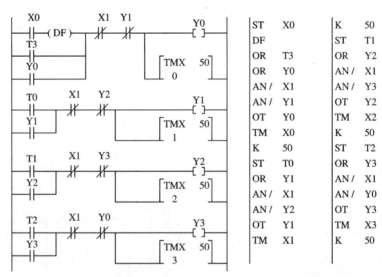

图 8-36　定时器式顺序控制梯形图

　　3）计数器式顺序控制

　　计数器式顺序控制梯形图如图 8-37 所示，只需操作控制触点 X0 就能达到顺序步进控制功能。X0 为计数控制触点，C100 与 X0 的串联触点为计数复位触点。进入程序后，四个动作分别用 Y0、Y1、Y2 和 Y3 代表，闭合计数控制触点 X0 后，输出继电器 Y0 接通，依次闭合 X0，Y1、Y2 和 Y3 相应接通。由于使用了条件比较指令，因而每当一个动作发生时，都将前一个动作关断。计数器为一预置型减 1 计数器。当预置值减至 0 时，C100 触点闭合，此时 X0 也是闭合的，计数器复位。当 X0 断开时，值区 EV100 复位为 4，再闭合 X0，接通 Y0，以后又顺序循环下去。

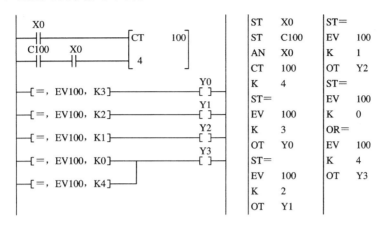

图 8 - 37　计数器式顺序控制梯形图

本 章 小 结

本章讲述了 PLC 的发展、基本原理、系统组成及各部分的作用，以松下 FP1 - C24 型 PLC 为例，介绍了 PC 的指令系统、程序编制和应用。PLC 具有可靠性高、编程简单、控制程序可变等显著特点，因而被广泛应用于工业控制领域。

(1) PLC 是一种专为工业环境下应用而设计的电子微处理系统，它主要由微处理器、输入/输出单元、存储器及各种接口组成，各部分之间通过总线连成一个整体。

(2) PLC 采用循环扫描的方式进行工作，整个过程分五个阶段进行，即自诊断、检查通信请求、输入采样、执行用户程序和输出刷新。

(3) PLC 程序编制方法一般是根据控制要求绘出工艺流程图和梯形图，然后根据梯形图，按规定的指令及指令格式，自上而下，从左向右，逐句编写出完整的程序。

思 考 题

8-1　简述可编程控制器的简称及定义。

8-2　PLC 主要由哪几部分组成？

8-3　在 PLC 的 I/O 电路中，光电隔离器的主要功能是什么？

8-4　简述 PLC 的工作原理。

8-5　简述 PLC 的特点和应用范围。

8-6　梯形图主要有哪几个组成部分？

8-7　PLC 编程时应遵循哪些基本原则？

8-8　利用 PLC 实现下列各项控制要求，分别绘出各自的梯形图：

(1) 电动机 M_1 先启动 20 s 后，M_2 才能启动，M_2 能单独停车；

（2）M_1 启动 50 s 后，M_2 才能启动，M_2 能点动；

（3）M_1 先启动，经过 10 s 后，M_2 能自动启动；

（4）启动时，M_1 启动后 M_2 才能启动；停止时，M_2 停止后 M_1 才能停止。

8-9 将图 5-16 所示的电动机接触器星形-三角形降压启动控制线路由 PLC 来实现，绘制出梯形图并写出其程序（延迟时间为 3 s）

第 9 章　实验与实训

实验一　单相变压器的空载、短路及负载实验

一、实验目的

（1）通过空载和短路实验测定变压器的变比和参数。

（2）通过负载实验测取变压器的运行特性。

二、实验设备及仪器

（1）MEL 系列电机教学实验台主控制屏（含交流电压表、交流电流表）。

（2）功率及功率因数表（MEL - 20 或含在主控制屏内）。

（3）三相组式变压器（MEL - 01）或单相变压器（在主控制屏的右下方）。

（4）三相可调电阻 900 Ω（MEL - 03）。

（5）波形测试及开关板（MEL - 05）。

（6）三相可调电抗器（MEL - 08）。

三、实验内容和方法

1. 空载实验

测取空载特性 $U_0 = f(I_0)$，$P_0 = f(I_0)$。

1）实验线路

如图 9 - 1 所示，变压器 T 选用 MEL - 01 三相组式变压器中的一只或单独的组式变压器。A、V_1、V_2 分别为交流电流表和交流电压表，W 为功率表。变压器 T 的铭牌值为：$P_N = 77$ W，$U_{1N}/U_{2N} = 220/55$，$I_{1N}/I_{2N} = 0.35/1.4$。

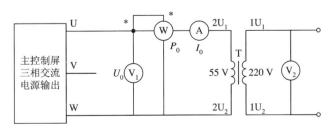

图 9 - 1　空载实验接线图

2）实验方法

（1）实验时，将变压器低压线圈 $2U_1$、$2U_2$ 接电源，高压线圈 $1U_1$、$1U_2$ 开路。接线时，需注意电压线圈和电流线圈的同名端，避免接错线。

（2）启动三相交流电源前，应将调压器旋钮逆时针方向旋转到底，并选择好各仪表量程。

（3）合上交流电源总开关，即按下绿色"闭合"开关，顺时针调节调压器旋钮，使变压器空载电压达到 $U_0 = 1.2U_N$。

（4）逐渐降低电源电压，在 $(1.2 \sim 0.5)U_N$ 的范围内测取变压器的 U_0、I_0、P_0，共取 6 组或 7 组数据，记录于表 9-1 中。其中，$U_0 = U_N$ 点的数据必须测，且在该点附近测试点应多些。为了计算变压器的变比，在 U_N 以下测取一次电压 U_0（即 $U_{2U_1,2U_2}$）的同时测取二次电压 $U_{1U_1,1U_2}$。实验数据填入表 9-1 中。

（5）测量数据以后，切断三相电源。

表 9-1　变压器空载电压、电流、功率的测定

序号	实 验 数 据				计算数据
	U_0/V	I_0/A	P_0/W	$U_{1U_1,1U_2}$	$\cos\varphi_0$
1					
2					
3					
4					
5					
6					
7					

2. 短路实验

测取短路特性 $U_k = f(I_k)$，$P_k = f(I_k)$。

1）实验线路

如图 9-2 所示（每次改接线路时，都要关断电源），A、V、W 分别为交流电流表、电压表、功率表，选择方法同空载实验。

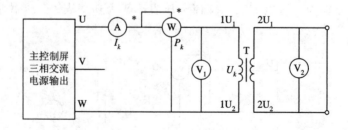

图 9-2　短路实验接线图

2）实验方法

（1）实验时，变压器 T 的高压线圈接电源，低压线圈直接短路。

（2）断开三相交流电源，将调压器旋钮逆时针方向旋转到底，使输出电压为零。

（3）合上交流电源绿色"闭合"开关，接通交流电源，逐次增加输入电压，直到短路电流等于 $1.1I_N$ 为止。在 $(0.5\sim1.1)I_N$ 范围内测取变压器的 U_k、I_k、P_k，共取 6 组或 7 组数据，记录于表 9－2 中，其中 $I_k=I_N$ 的点必须测，并记录实验时的周围环境温度 $\theta(℃)$。

表 9－2　变压器短路电压、电流、功率的测定

序号	实 验 数 据			计算数据
	U_k/V	I_k/A	P_k/W	$\cos\varphi_k$
1				
2				
3				
4				
5				
6				
7				

3. 注意事项

在变压器空载和短路实验中，应注意电压表、电流表、功率表的合理布置，以减小测量误差。

短路实验操作要快，否则线圈发热会引起电阻的阻值变化。

四、实验报告

1. 计算变比

从空载实验测得的变压器一、二次电压数据中任取三组数据，分别计算出变比，然后取其算术平均值作为变压器的变比。

2. 绘制空载特性曲线和计算励磁参数

（1）根据实验数据和计算数据绘制空载特性曲线：

$$U_0 = f(I_0)，\quad P_0 = f(I_0)，\quad \cos\varphi_0 = f(I_0)$$

式中，$\cos\varphi_0 = P_0/(U_0 I_0)$。

（2）计算励磁参数。从空载特性曲线上查出对应于 $U_0=U_N$ 时 I_0 和 P_0 的值，并由下式算出励磁参数：

$$r_m = \frac{P_0}{I_0^2}，\quad Z_m = \frac{U_0}{I_0}，\quad X_m = \sqrt{Z_m^2 - r_m^2}$$

3. 绘出短路特性曲线并计算短路参数

（1）根据实验数据和计算数据绘出短路特性曲线：

$$U_k = f(I_k)，\quad P_k = f(I_k)，\quad \cos\varphi_k = f(I_k)$$

（2）计算短路参数。从短路特性曲线上查出对应于短路电流 $I_k=I_N$ 时 U_k 和 P_k 的值，由下式算出实验环境温度为 $\theta(℃)$ 时的短路参数：

$$Z_k = \frac{U_k}{I_k}，\quad r_k = \frac{P_k}{I_k^2}，\quad X_k = \sqrt{Z_k^2 - r_k^2}$$

折算到低压侧：

$$Z_k' = \frac{Z_k}{K^2}, \quad r_k' = \frac{r_k}{K^2}, \quad X_k' = \frac{X_k}{K^2}$$

式中，K 为变压器的变压比。

由于短路电阻 r_k 随温度变化，因此，算出的短路电阻应该按国家标准换算到基准工作温度 75℃ 时的阻值。

$$r_{k75℃}' = r_{k\theta}' \frac{234.5 + 75}{234.5 + \theta}$$

$$Z_{k75℃}' = \sqrt{r_{k75℃}'^2 + X_k'^2}$$

式中，234.5 为铜导线的温度系数，若采用铝导线，则该系数为 228。

实验二　交流电动机绝缘电阻的测定

一、实验目的

绝缘电阻反映电机绕组对机壳和各相绕组之间的绝缘程度。通过测定绝缘电阻可以检查绕组是否受潮，有无接地等故障。通过实验，掌握测量绝缘电阻的仪表的使用方法和绝缘电阻的测量方法，熟悉交流电动机绕组的绝缘电阻要求。

二、实验设备及仪器

(1) 三相鼠笼式异步电动机一台。
(2) 兆欧表一块。
(3) 万用表一块。
(4) 电工工具及导线若干。

三、实验内容和方法

1. 检查摇表是否正常

兆欧表俗称摇表，内有一个手摇发电机作为表内电源。表内设有游丝，不摇动其手柄时，表针可以停留在任意位置，读数没有意义。摇表外设三个接线柱，分别是接地柱"E"、线路柱"L"和屏蔽环柱"G"。从"E"、"L"处接出两根引线(单股线)。两根引线开路，摇动手柄，表针指向∞处；两根引线短路，摇动手柄，表针指向"0"处，表示摇表正常。屏蔽环柱"G"用于测量电缆绝缘电阻时接电缆绝缘包扎物，测量电机绕组的绝缘时不用接。兆欧表的选用可参照表 9-3 所列数据。

表 9-3　兆欧表的选用

电机额定电压/V	兆欧表规格/V
500 以下	500
500～3000	1000
3000 以上	2500

2. 测量绝缘电阻

电机各相绕组分别有出线端引出时,应分别测量各绕组对机壳(或铁芯)及各绕组之间的绝缘电阻,测量时"E"端接机壳(或铁芯),"L"端接绕组测量端。若各绕组已经在电机内部连接起来,则允许仅测量一个绕组对机壳的绝缘电阻。

手摇兆欧表内发电机发出的电压与转速有关。转速一般为 120 r/min,不可低于 80 r/min,否则测量不准。为了维持加在被测设备上的电压一定,测量时应以兆欧表规定的转速均匀地摇动兆欧表,待指针稳定后方可读数。

3. 绝缘电阻的折算

(1)国家标准规定,电机绕组的绝缘电阻在热态 75℃时,应不低于下式确定的数值:

$$R_{75℃} = \frac{U}{1000 + \frac{P_N}{100}}$$

式中,U 为电机绕组的额定电压(V);P_N 为电机的额定功率(W)。

未经干燥的检修电动机允许的最低绝缘电阻值数据如表 9 - 4 所示。

表 9 - 4 未经干燥的检修电动机允许的最低绝缘电阻值

电动机额定电压/kV		绝缘电阻/MΩ
定子	0.5 以下	0.5
	3~6	1
转子	3~6	0.3

(2)常温下所测绝缘电阻 R_t 应换算到 75℃时的绝缘电阻 $R_{75℃}$,换算公式为

$$R_{75℃} = \frac{R_t}{2^{\frac{75-t}{10}}}$$

4. 注意事项

(1)500 V 以下的低压电机,热态时其绝缘电阻应不低于 0.5 MΩ,如果低于这个数值,应分析原因,采取相应措施,以提高绝缘电阻。否则,强行投入运行可能会造成人身和设备事故。

(2)测量中若表针指向零位,则应停止摇动手柄,否则可能损坏摇表。

(3)禁止不切断电源测量电动机的高绝缘电阻。

实验三　电动机绕组直流电阻的测定

一、实验目的

在电机实验中,有时需要测定绕组的直流电阻,用以校核设计值、计算效率以及确定绕组的温升等。绕组电阻的大小是随温度变化的,在测定绕组实际冷态下的直流电阻时,要同时测量绕组的温度,以便将该电阻值换算至基准温度或所需工作温度下的数值。

二、实验设备及仪器

（1）三相鼠笼式异步电动机一台。

（2）双臂电桥、电压表、电流表各一块。

（3）开关、滑线变阻器、电工工具及导线。

三、实验内容和方法

1. 电桥法

（1）电桥选用：电桥法测定绕组直流电阻准确度及灵敏度高，并有直接读数的优点。采用电桥法测量电阻时，究竟选用单臂电桥还是双臂电桥，取决于被测绕组电阻的大小和精度要求。绕组电阻小于 1 Ω，必须采用双臂电桥，不允许采用单臂电桥，因为单臂电桥量得的数值中包括了连接线的电阻和接线柱的接触电阻，会给低电阻的测量带来较大的误差。

（2）测量方法：用电桥测量电阻时，应先将刻度盘旋到电桥能大致平衡的位置，然后按下电池按钮，接通电源，待电桥中的电流达到稳定后，方可按下检流计按钮接入检流计。测量完毕，应先断开检流计，再断开电源，以免检流计受到冲击。

2. 电压表和电流表法

（1）用电压表和电流表法测量直流电阻时，应采用蓄电池或其他电压稳定的直流电源作为测量电源，按图 9-3 接线，被测绕组 r 与可变电阻 R、电流表串联以保护电压表。电压表与按钮开关 S_2 串联，再并接在被测绕组的出线端上。

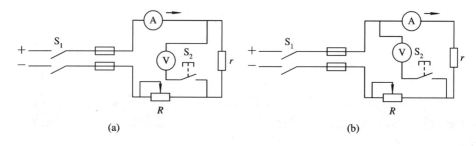

图 9-3　电压表和电流表法测定绕组的直流电阻

（a）测量小电阻；（b）测量大电阻

（2）测量过程中，应首先闭合电源开关 S_1，在电流稳定之后，再按下按钮开关 S_2，接通电压表，测量绕组两端的电压。测量后随即松开按钮 S_2，使电压表先行断开，否则，绕组中电流剧烈变动，断开电源时绕组所产生的自感电势可能损坏电压表。

测量时，为保证足够的灵敏度，电流要有一定数值，但又不要超过绕组额定电流的 20%。电流表与电压表应尽快同时读数，以免因绕组发热影响测量的准确度。

测量小电阻时按图 9-3(a)接线，考虑电压表（内阻为 r_V）的分路电流，被测绕组的直流电阻为

$$r = \frac{U}{I - \dfrac{U}{r_V}}$$

若不考虑电压表的分路电流，$r = U/I$，计算值比绕组的实际电阻偏小。绕组电阻越小，分路电流越小，则误差越小，故此种接线法适于测量小电阻。

测量大电阻时按图 9 - 3(b)接线，考虑电流表内阻 r_A 上的电压降，被测绕组的直流电阻为

$$r = \frac{U - Ir_A}{I}$$

若不考虑电流表内阻的压降，$r = U/I$，计算值中包括电流表内阻，故比实际电阻偏大。绕组电阻越大，电流表内阻越小，则误差越小，故此种接线法适于测量大电阻。对应于不同电流值测量三次，取三次测量的平均值作为绕组直流电阻。

3. 测量值的折算

用温度计测量绕组端部、铁芯或轴伸温度，若这些部位的温度与周围空气温度相差不大于 $\pm 3\,^\circ\!\mathrm{C}$，则所测绕组电阻为实际冷态电阻。

测得的冷态直流电阻按下式换算到基准工作温度时的电阻：

$$r_w = \frac{K + \theta_w}{K + \theta} \times r$$

式中，θ_w 为基准工作温度，A、B、E 级绝缘为 $75\,^\circ\!\mathrm{C}$，F、H 级绝缘为 $115\,^\circ\!\mathrm{C}$；θ 为绕组实际冷态温度($^\circ\!\mathrm{C}$)；r 为绕组实际冷态电阻；K 为常数，对于铜，$K = 235$，对于铝，$K = 228$。

实验四　三相鼠笼式异步电动机的工作特性

一、实验目的

(1) 掌握三相异步电动机的空载实验、堵转实验和负载实验的方法。

(2) 用直接负载法测取三相鼠笼式异步电动机的工作特性。

(3) 测定三相鼠笼式异步电动机的参数。

二、实验设备及仪器

(1) MEL 系列电机教学实验台主控制屏。

(2) 电机导轨及测功机，转矩、转速测量装备(MEL - 13、MEL - 14)。

(3) 交流功率表、功率因数表(MEL - 20、MEL - 24 或含在实验台主控制屏上)。

(4) 直流电压表、毫安表、电流表 (MEL - 13、MEL - 14)。

(5) 三相可调电阻 900 Ω(MEL - 03)。

(6) 波形测试及开关板(MEL - 05)。

(7) 三相鼠笼式异步电动机(M04)。

三、实验内容和方法

1. 空载实验

1) 实验电路

如图 9 - 4 所示，电动机绕组为△连接($U_N = 220$ V)，且电动机不与测功机同轴连接，

即不带测功机。

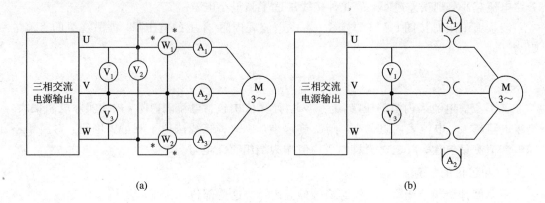

图 9 - 4　三相鼠笼式异步电动机实验接线图

（a）MEL - Ⅰ、MEL - Ⅱ型实验接线图；（b）MEL - ⅡB 型实验接线图

2）实验方法

（1）启动电机前，把交流电压调节旋钮调至零位，选择好各仪表量程。

（2）接通电源，逐渐升高电压，使电动机旋转。

（3）观察电动机旋转方向，并调整电源相序使电动机旋转方向符合要求。注意：调整相序时，必须先切断电源，并将交流电压调节旋钮退至零位，然后再改换接线重新启动。

（4）保持电动机在额定电压下空载运行数分钟，使机械损耗达到稳定后再进行实验。

（5）调节电源电压从 $1.2U_N$ 开始逐渐降低电压，直至电动机空载电流或功率显著增大为止，在此范围内读取空载电压 U_{UV}、U_{VW}、U_{WU}，空载电流 I_U、I_V、I_W 和空载功率 P_1、P_2，将 7 组测量数据填入表 9 - 5 中。

表 9 - 5　电动机空载电压、空载电流、空载功率的测定

序号	U_0/V				I_0/A				P_0/W			$\cos\varphi_0$
	U_{UV}	U_{VW}	U_{WU}	U_0	I_U	I_V	I_W	I_0	P_1	P_2	P_0	
1												
2												
3												
4												
5												
6												
7												

注意：调节电压要单方向调节，两只功率表的读数可能正负号不同，记录时要将数据和符号一起填入表中。测量过程中适当切换仪表量程，提高测量准确度。考虑到空载特性的非线性，在额定电压附近测量点应适当取密一些。

（6）计算三相鼠笼式异步电动机空载相电流 I_0、相电压 U_0、空载功率 P_0、空载功率因数值。计算公式如下：

$$I_0 = \frac{I_U + I_V + I_W}{3\sqrt{3}}, \quad U_0 = \frac{U_{UV} + U_{VW} + U_{WU}}{3}, \quad P_0 = P_1 + P_2, \quad \cos\varphi_0 = \frac{P_0}{3U_0 I_0}$$

2. 堵转实验

1）测量线路

如图 9-4 所示，将测功机和三相异步电动机同轴连接。

2）实验方法

（1）将钢筋插入测功机堵转孔中，使测功机定、转子堵住，将三相调压器调至零位。

（2）合上交流电源，调节调压器逐渐升压至堵转电流达到电动机额定电流的 1.2 倍时，开始读取短路电压、短路电流、短路功率。

（3）调节调压器逐渐降压至短路电流（降低到额定电流的 0.3 倍为止），在此范围内读取堵转电压、堵转电流、堵转功率，共取 4 组或 5 组数据，填入表 9-6 中。

表 9-6　电动机堵转电压、电流、功率的测定

序号	U_k/V				I_k/A				P_k/W			$\cos\varphi_k$
	U_{UV}	U_{VW}	U_{WU}	U_k	I_U	I_V	I_W	I_k	P_I	P_{II}	P_k	
1												
2												
3												
4												
5												

（4）做完实验后，取出测功机堵转孔中的钢筋。

（5）计算三相鼠笼式异步电动机堵转相电流 I_k、相电压 U_k、堵转功率 P_k、堵转功率因数 $\cos\varphi_k$。计算公式如下：

$$I_k = \frac{I_U + I_V + I_W}{3\sqrt{3}}, \quad U_k = \frac{U_{UV} + U_{VW} + U_{WU}}{3}, \quad P_k = P_I + P_{II}, \quad \cos\varphi_k = \frac{P_k}{3U_k I_k}$$

3. 负载实验

1）测量线路

实验开始前，将 MEL-13 中的"转速控制"和"转矩控制"选择开关扳向"转矩控制"侧，并将"转矩设定"旋钮逆时针旋到底。

2）实验方法

（1）合上交流电源，调节调压器使之逐渐升压至额定电压，并在实验中保持此额定电压不变。

（2）调节测功机"转矩设定"旋钮增加负载转矩，使异步电动机的定子电流逐渐上升，直至电流上升到额定电流的 1.25 倍。

（3）从此负载开始，逐渐减小负载直至空载，在此范围内读取异步电动机的定子电流、输入功率、转速、转矩等数据，共读取 5 组或 6 组数据，记录于表 9-7 中。

表 9 - 7 电动机负载电压、电流、功率的测定

序号	I_1/A				P_1/W			$T_2/(N \cdot m)$	$n/(r/min)$	P_2/W
	I_U	I_V	I_W	I_1	P_I	P_{II}	P_1			
1										
2										
3										
4										
5										

（4）计算定子相电流 I_1、输入功率 P_1、输出功率 P_2。计算公式如下：

$$I_1 = \frac{I_U + I_V + I_W}{3\sqrt{3}}, \quad P_1 = P_I + P_{II}, \quad P_2 = 0.105 n T_2$$

四、实验报告

（1）作空载特性曲线：I_0、P_0、$\cos\varphi_0 = f(U_0)$。

（2）作短路特性曲线：I_k、$P_k = f(U_0)$。

（3）作工作特性曲线：由负载实验数据计算工作特性，将实验数据填入表 9 - 8 中。计算公式为

$$I_1 = \frac{I_U + I_W + I_V}{3\sqrt{3}}, \quad s = \frac{1500 - n}{1500} \times 100\%, \quad \cos\varphi_1 = \frac{P_1}{3U_1 I_1}$$

$$P_2 = 0.105 n T_2, \quad \eta = \frac{P_1}{P_2} \times 100\%$$

式中，I_1 为定子绕组电流；U_1 为定子绕组电压；s 为转差率；η 为效率。

表 9 - 8 电动机的工作特性参数

序号	电动机输入		电动机输出		计算值			
	I_1/A	P_1/W	$T_2/(N \cdot m)$	$n/(r/min)$	P_2/W	$s/\%$	$\eta/\%$	$\cos\varphi_1$
1								
2								
3								
4								
5								

实验五 三相异步电动机绕组首尾端的判别

一、实验目的

掌握三相异步电动机绕组首尾端的判别方法，从而保证三相异步电动机接线正确，避

免其空载电流严重不平衡，转速低，产生噪声、振动和损坏电动机。

二、实验设备及仪器

（1）万用表一块。

（2）毫伏表一块。

（3）干电池或蓄电池若干。

（4）指南针一块。

（5）电压表一块。

（6）电流表一块。

（7）可调三相交流电源。

（8）导线、开关及电工工具等。

三、实验内容和方法

判断和检查相绕组接反的方法很多，如试灯法、电压表/电流表法、万用表/毫伏表法，等等，但最简便的方法是采用干电池的毫伏表（或万用表）测试方法。

1. 万用表/毫伏表法检查每相绕组的首尾端

（1）用万用表查出每相绕组的两个端头。将万用表的选择开关拧在电阻挡上。将三相绕组的 6 个引出线端中的任一个端头与万用表的某一端接上，然后将万用表的另一端分别测试剩下的 5 个端头。如果测出某两个端头电阻最小，则认为这个端头与万用表另一端头的绕组端是一相绕组的两个端头。同理，可确定三相绕组中其余两相绕组的两个端头。

上面的测试方法也可用灯泡或绝缘电阻表检查，灯亮或绝缘电阻表指示为零，则表示这两个端头是一相绕组的两个端头。

（2）查找每相绕组的首尾端。按图 9-5 接线，首先在某一相绕组中串入干电池（3 V 左右）和开关 S，另外一相绕组接入毫伏表或万用表的毫安挡。合上开关 S 的瞬间，毫伏表的指针应指向正方向，大于零，否则要将毫伏表的两个表笔调换一下，使表针指向正方向。这时电池的"＋"极与毫伏表头的"－"极所接组端为两相绕组的同名端，即为两相绕组的头或两相绕组的尾。按上述办法，再试其余相，便可找出三相绕组的头尾端。

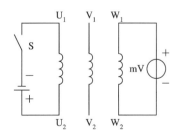

图 9-5　用万用表/毫伏表法判断电动机绕组的首尾端

2. 用指南针检查每个线圈是否接反

检查极相绕组或单独线圈是否接反的方法是先将三相绕组连接线拆开，在某一相内接入 6 V 左右的干电池或蓄电池，然后用指南针沿定子铁芯内圆周缓慢移动，观察每个极相绕组的磁极的极性。正常时的规律是每经过一个极相绕组(或叫线圈组)磁极极性变化一次,也就是指南针按 N,S,N,S,… 变化。如果不是按这个规律变化,比如指南针变化为 N,S,N,N,…,则说明第四个极相绕组接反了。

为了进一步查找第四个极相绕组中到底是哪个线圈接反还是整个极相绕组接反了,再用指南针细心检查,当出现在此极相绕组内某一线圈处指南针摇摆不定的情况时,表明这个线圈接反了。一般极相绕组数大于1(即 $q>1$),当 $q=1$ 时,则说明极相绕组接反了。

3. 电压表/电流表法判定定子绕组的首尾端

先用万用表测出各相绕组的两个线端,然后将其中的任意两相绕组串联,如图 9-6 所示。

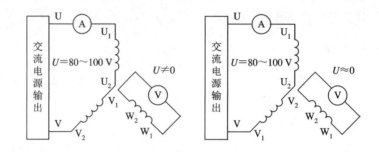

图 9-6 用电压表/电流表法判定电动机绕组的首尾端

将调压器调压旋钮退至零位,合上绿色"闭合"按钮开关,接通交流电源并调节,在绕组端施以单相低电压 $U=80\sim100$ V,注意电流不可超过额定值,测出第三相绕组的电压。如测得的电压有一定读数,则表示两相绕组的连接为末端与首端相连;如测得的电压近似为零,则表明这两相绕组为末端与末端(或首端与首端)相连。用同样的方法测出第三相绕组的首末端。

实验六　中间继电器动作的整定

一、实验目的

熟悉中间继电器动作电压、动作时间整定电路和实验标准。

二、实验设备及仪器

(1) 电压表一块。

(2) 自耦变压器一台。

(3) 电子秒表一块。

(4) 交流中间继电器一个。

(5) 直流中间继电器一个。

(6) 开关、熔断器、小灯泡、变阻器、导线及电工工具等。

三、实验内容和方法

1. 中间继电器动作电压与返回电压的实验

1）实验电路

中间继电器动作电压与返回电压的测量线路如图 9 - 7 所示。

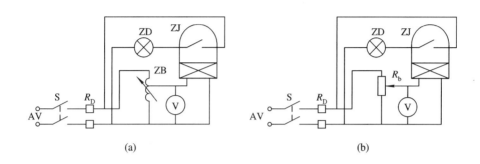

图 9 - 7　中间继电器动作电压与返回电压的测量线路

(a) 交流中间继电器；(b) 直流中间继电器

2）实验内容和方法

（1）最低电压实验操作顺序。合上刀闸开关 S，先调整好自耦变压器 ZB 或可变电阻 R_b 的电压值，然后迅速通入电压，使衔铁完全被吸入的最低电压称为动作电压。接着缓慢降低电压，使可动接点与固定接点分开，指示灯熄灭，这时电压表的指示值称为返回电压。

（2）实验标准。中间继电器的最低动作电压值不应超过其出厂规定，如无出厂规定，则一般不应超过额定电压值的 $60\% \sim 70\%$，即

$$\frac{\text{测得的最低动作电压值}}{\text{额定电压值}} \times 100\% \leqslant (60\% \sim 70\%)U_N$$

中间继电器的返回电压值为动作电压值的 20％以上，即

$$\frac{\text{测得返回电压值}}{\text{动作电压值}} \times 100\% \geqslant 20\%$$

（3）调整。若实验结果不合乎要求，应进行调整。调整的主要项目是改变弹簧拉力。弹簧拉力不宜过小，应根据不同类型的继电器进行校验和调整。

2. 中间继电器动作时间与返回时间的实验

1）动作时间实验

（1）实验电路：中间继电器动作时间测量线路如图 9 - 8 所示。

（2）实验内容和方法：闭合刀闸开关 S，调节变阻器 R_b，使电压达到额定值，这时继电器动作，然后拉开关 S，将电气秒表（t）指针拨到零位，先合上开关 S_1，后合上开关 S，继电器动作，即可记下秒表的动作时间。根据上述实验方法，可选择电压为 70％、80％、90％及 100％的几个点，测取动作时间的变化。实际上继电器在额定电压的 70％～100％时动作时间几乎是相等的。求取每次测得时间的平均值，即为中间继电器的动作时间。时间长短可通过调整弹簧松紧和触点的距离来控制。

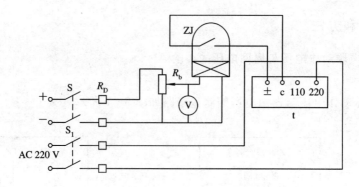

图 9-8　中间继电器动作时间测量线路

2）返回时间实验

（1）实验电路：中间继电器返回时间测量线路如图 9-9 所示。

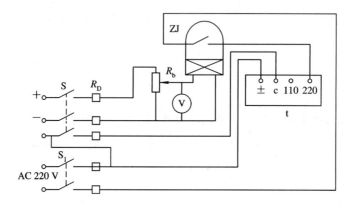

图 9-9　中间继电器返回时间测量线路

（2）实验内容和方法：闭合刀闸开关 S，调节可变电阻 R_b，使继电器在额定电压下动作，然后将电子秒表（t）的指针拨到零位，合上开关 S_1，拉开开关 S，此时电气秒表的指示值即为继电器的返回时间。

其他继电器的校验可参照相关手册进行。

实验七　三相异步电动机正、反转控制

一、实验目的

（1）掌握接触器互锁控制方式的分析及设计方法。

（2）掌握三相异步电动机正、反转控制线路的安装、接线和故障检修方法。

（3）了解正、反转控制应注意的问题。

二、实验设备及仪器

（1）三相异步电动机 Y-801-4，0.55 kW，1 台。

（2）交流接触器 CJ10-10，380 V/10 A，2 只。

（3）自动断路器 DZ5 - 20/330，1 只。

（4）熔断器 RL1 - 15，熔体 5 A，5 套。

（5）热继电器 JR0 - 20/3，1.6 A，1 只。

（6）三联按钮 LA4 - 3H，1 只。

（7）万用表 1 块。

（8）兆欧表 1 块。

（9）电工工具 1 套。

（10）导线若干。

三、实验内容和方法

1. 实验线路

三相异步电动机正、反转控制线路如图 9 - 10 所示。

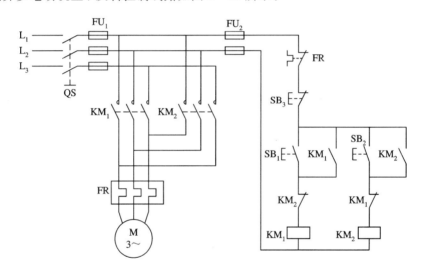

图 9 - 10　三相异步电动机正、反转控制线路

2. 实验方法

（1）检查各电气元件的质量情况，了解其使用方法、结构及工作原理。

（2）按图 9 - 10 接线，经指导老师检查后，合闸通电。

（3）按下正转启动按钮启动电动机，电动机稳定运行后按下停止按钮，观察电动机的启动和停车情况。

（4）按下反转启动按钮启动电动机，电动机稳定运行后按下停止按钮，观察电动机的启动和停车情况。

四、实验报告

（1）说明三相异步电动机正、反转电气控制过程。

（2）若实验中发生故障，分析其原因。

（3）电路中采用了哪些保护措施？分析保护过程。

实验八　三相异步电动机 Y-△降压启动控制

一、实验目的

(1) 掌握 Y-△降压启动的工作原理。

(2) 了解时间继电器的结构、工作原理及使用方法。

(3) 掌握电动机 Y-△降压启动控制线路的分析方法和安装方法。

二、实验设备及仪器

(1) 电动机 Y-801-4，0.55 kW，1 台。

(2) 自动断路器 DZ5-20/330，1 只。

(3) 熔断器 RL1-15，熔体 5 A，5 套。

(4) 按钮 LA4-2H，2 个。

(5) 交流接触器 CJ10-10，380 V/10 A，2 个。

(6) 时间继电器 JS7-1A，380 V/5 A，1 个。

(7) 电工工具 1 套。

(8) 万用表 1 块。

(9) 兆欧表、钳型电流表各 1 块。

(10) 导线若干。

三、实验内容和方法

1. 实验线路

Y-△降压启动控制线路如图 9-11 所示。

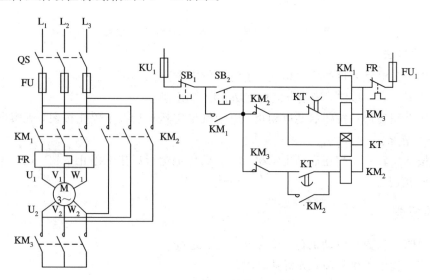

图 9-11　Y-△降压启动控制线路

2. 实验方法

（1）检查各电气元件的质量情况，了解其使用方法、结构及工作原理。

（2）按图9-11接线，经老师检查后，合闸通电。

（3）按下启动按钮，用钳型电流表测量启动电流，观察电动机的启动情况（同全压直接启动相比）和旋转方向。

（4）电动机运行稳定后，按下停止按钮观察电动机停车情况。

四、实验报告

（1）说明 Y-△降压启动过程。

（2）比较 Y-△降压启动过程和全压直接启动时启动电流、启动转矩的大小，并说明其原因。

（3）调整时间继电器延时时间的长短，观察其对电动机启动的影响。

实训项目一　三相异步电动机的拆装

一、实训目的

三相异步电动机在检修中经常需要拆装，如果拆装时操作不当，就会损坏零部件，反而使电动机损坏，修理质量就得不到保证。因此，必须学会选择正确的拆装方法，并掌握电动机的拆装技术。

二、电动机的拆卸

1. 准备

（1）准备各种工具：扳手、拔轮器（拉具）等。

（2）拆卸前作好记录：在线头、端盖等处作好标记，便于装配。

2. 拆卸步骤

（1）拆开轴伸端负载；

（2）拆卸皮带轮或联轴器；

（3）拆卸风罩和风叶；

（4）拆卸轴承盖和端盖；

（5）抽出转子。

3. 主要零部件的拆卸工艺要点

（1）皮带轮或联轴器的拆卸。首先，在皮带轮或联轴器的轴伸端作好尺寸标记，再拆开电动机的端接头，然后把皮带轮或联轴器上的定位螺钉或销子松脱取下，用两爪或三爪拉具把皮带轮或联轴器慢慢地拉出来。使用拉具时丝杠尖端必须对准电动机轴端的中心，使其受力均匀，以便于拉出来，如图9-12所示。若拉不出来，切勿硬卸，可在定位螺钉孔内注入煤油，待数小时后再卸，如仍拉不出来，可用喷灯在皮带轮或联轴器四周加热，使其膨胀后迅速拉出，但加热温度不能过高，以防转轴变形。禁止用手锤直接敲打皮带轮或联轴器，以免皮带轮或联轴器碎裂，转轴变形或端盖等受损。

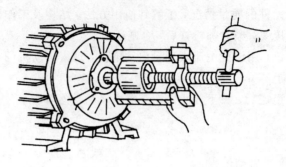

图 9-12　电动机皮带轮或联轴器的拆卸

（2）风罩和风叶的拆卸。首先把外风罩螺栓松脱，取下风罩，然后把转轴尾部风叶上的定位螺栓或销子松脱取下，用金属棒或手锤在风叶四周均匀地轻敲，风叶就可以松脱下来。小型异步电动机的风叶一般不用卸下，可随转子一起抽出。但如果后端盖内的轴承需加油或更换，则必须拆卸，这时可把转子连同风叶放在压力机上一起压出。对于塑料风叶的电动机，可用热水使塑料风叶膨胀后卸下。

（3）轴承盖和端盖的拆卸。首先，把轴承的外盖螺栓松下，卸下轴承外盖，然后松开端盖的紧固螺栓，在端盖与机座的接缝处作好记号。随后用锤子均匀地敲打端盖四周，把端盖取下。对于小型电动机，可先把轴伸端的轴承外盖卸下，再松下后端盖的固定螺栓，然后用木锤敲打轴伸端，这样可把转子连同端盖一起取下。

（4）抽出转子。小型电动机的转子可以连同端盖一起取出。抽出转子时，应谨慎小心，动作缓慢，要求不可歪斜，以免碰伤定子绕组。

三、电动机的装配

电动机的装配工序与拆卸时的工序相反，其工艺要点如下：

（1）检查定子、转子有无杂物，如有应清除后再将转子装入定子。

（2）在装配端盖时，应注意拆卸时所作的记号。装配时要求受力均匀，可用木锤均匀敲击端盖四周。拧紧螺栓时，要求均匀用力，上下左右对角逐步拧紧，以免耳攀断裂或转子同轴度不良。通常要检查轴承是否清洁，并加入适量润滑脂。

（3）电动机装配后，用手转动电动机转子，转动应灵活、均匀、无停滞或偏重现象。

（4）安装皮带轮或联轴器时，可在端面垫上一木块用手锤打入。若打入困难，为了使轴承不受伤，应在轴的另一端垫一木块后，顶在固定装置上再打入皮带轮或联轴器。

四、轴承的检查、拆装和清洗

中、小型电动机普遍采用滚动轴承，因为它装配方便，维护简单，且与轴配合紧密。电动机常见的机械故障多数发生在轴承上，故必须加强对轴承的检查和维护。

1. 轴承的检查

（1）运行中的检查。在电动机运行过程中，可用螺丝刀抵在电动机的轴承外盖上，耳朵贴在手柄上倾听声响，如有"咯啦"等异声，就说明有故障。

（2）轴承发热检查。用酒精温度计来测量轴承温度。滚动轴承在环境温度为 35℃时，其允许工作温度为60℃。致使轴承过热的原因很多，例如轴承内、外圈碎裂、滚珠锈蚀、碎裂、松动，轴承外盖的内圈与转轴相擦，轴承外盖压合轴承太紧等。

（3）轴承拆卸后检查。轴承拆卸后，先清除废油，用汽油或煤油洗净油污，用布擦干或用压缩空气吹干，再进行检查。要求轴承的加工平面清洁，无划痕、裂纹或锈蚀，内、外轴承无裂缝，用手滚动轻快、灵活、均匀，没有阻滞、卡住或过松现象。用塞尺检查轴承磨损情况，不应超过表9-9所示的许可值。

表9-9 电动机轴承磨损许可值

轴承内径/mm	最大磨损/mm
20～30	0.1
35～80	0.2
85～120	0.3～0.4
130～150	0.4～0.5

2. 轴承的拆卸

常用的滚动轴承拆卸方法有：

（1）用拉具拆卸。拉具要大小适宜，拉具的脚爪扣在轴承的内圈上，切勿放在外圈上，以免拉坏轴承；拉具的丝杠顶点对准轴端中心，动作要慢，用力要均匀。

（2）用金属棒拆卸。轴承内圈垫上金属棒，用手锤沿轴承内圈周围敲打金属棒，把轴承敲出，如图9-13所示。敲打时要沿轴承内圈四周均匀地用力，不可偏敲一边或用力过猛。

（3）搁在圆筒上拆卸。将轴承的内圈下面用两块铁板夹住，轴承搁在圆筒上面，再在轴的端面上垫放铝块或铜块，用手锤敲打，其着力点应对准轴中心，如图9-14所示。圆筒内应放置棉丝，以防轴承脱下时摔坏转子和转轴。当敲至轴承逐渐松动时，用力要减弱。此外，也可在压力机上把轴承压卸下来。

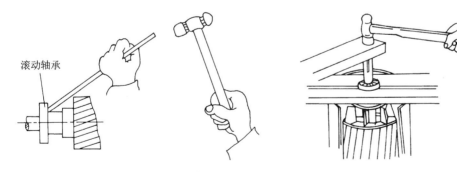

图9-13 用金属棒拆卸电动机滚动轴承　　图9-14 搁在圆筒上拆卸电动机滚动轴承

（4）加热拆卸。当装配过紧或遇轴承氧化不易拆卸时，可将轴承内圈加热使其膨胀而松脱。加热前，用湿布包好转轴，防止热量扩散，用100℃左右的机油淋浇在轴承的内圈上，趁热将轴承拆下。

（5）轴承在端盖内的拆卸。在拆卸时若遇轴承留在轴承内室的情况，应把端盖止口面向下，平稳地搁在两块铁板上，垫上一段直径小于轴承外径的金属棒，用手锤沿轴承外圆敲打金属棒,将轴承敲出,如图 9-15 所示。

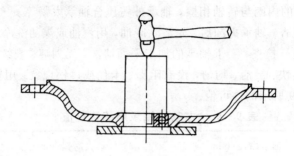

图 9-15　电动机端盖内轴承的拆卸

3. 轴承的清洗

轴承拆卸后,用汽油或煤油洗净油污,再用布擦干或用压缩空气吹干。若加工平面滚道内有锈迹,可用 00 号砂纸擦净,再放入汽油中洗净。若有较深的裂纹,应更换新轴承。新轴承应放入 70~80℃ 的变压器油中加热约 5 分钟,去掉全部防锈油脂,取出滴干,放在汽油中洗净,再用压缩空气吹干。

轴承清洗干燥后,按规定加入新的润滑脂,要求润滑脂洁净,无杂质和水分,加入轴承时应防止外界的灰尘、水和铁屑等异物落入。同时,要求填装均匀,不应完全装满,两极电机装满 1/3~1/2 空腔容积,两极以上电机装满 2/3 空腔容积;轴承两侧的轴承盖内的润滑脂一般为盖内容积的 1/3~1/2。常用各种润滑脂的使用场合见表 9-10。

表 9-10　　常用各种润滑脂的使用场合

名　　称	工作温度/℃	使 用 场 合
钙钠基润滑脂	80~100	防护式、封闭式电动机
复合钙基润滑脂	150~200	高温、有严重水汽场合的封闭电机
二硫化钼复合钙基润滑脂	150~200	高温负荷的湿热带用电机
锂基润滑脂	150~200	低温和温度变化范围较大场合的电动机

4. 轴承的安装

轴承清洗及加入润滑脂后,可进行运行安装。轴承安装即将轴承套到轴径上,套入前应将轴径部分擦干净,并把经过清洗且加润滑脂的轴承套上。套法有冷套和热套两种,具体如下:

(1)冷套法。把轴承套在轴上,对准轴颈,用一段铁管的一端顶在轴承内圈上,用铁锤缓慢敲入。最好用压力机将轴承压入。

(2)热套法。轴承可放在变压器油中加热,温度为 20~100℃,加热 20~40 min。加热时,轴承应放在网孔架上,不与箱底或箱壁接触,油面淹没轴承,油应能对流,使轴承加热均匀。热套时,要趁热迅速把轴承一直推到位。注意温度不能太高,时间不宜过长,以免轴承退火。如果套不进去,则应检查原因。如无外因,可用套筒顶住内圆以手锤轻轻敲入。轴承套好后用压缩空气吹去轴承内的变压器油。

实训项目二 基本控制线路的接线练习

一、手动正转控制线路

1. 控制线路

电动机的手动正转控制电线如图 9 - 16 所示。

2. 工作原理

启动时，只需把塑壳开关 QS 或转换开关 SA 合上，使电动机 M 接通电源，则电动机启动运转。停车时，也只需把塑壳开关 QS 或转换开关 SA 断开，切断电动机的电源，电动机便停转。使用这种控制方法很不方便，也不安全，操作劳动强度大，还不能进行自动控制。常采用按钮、接触器等来控制电动机的工作。

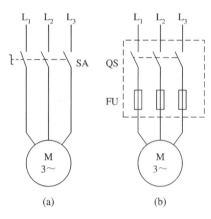

图 9 - 16 电动机的手动正转控制线路

二、点动正转控制线路

1. 控制电路

电动机的点动正转控制线路如图 9 - 17 所示。

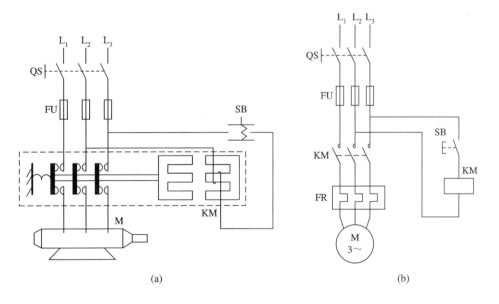

图 9 - 17 电动机的点动正转控制线路

(a) 实物示意图；(b) 原理图

2. 工作原理

按下按钮 SB，电动机就转动，只要松开按钮，电动机就停止。实现这种动作的控制线路就叫点动控制线路。

三、三相异步电动机的正、反转控制线路

许多生产机械往往要求运动部件可以向两个方向运动，如机床工作台的前进与后退，主轴的正转与反转，起重机的上升与下降，等等，这就要求电动机能正、反转双向运动。由电机原理可知，改变电动机电源的相序，会改变电动机的旋转方向。现介绍几种常用的正、反转控制线路。

1. 联锁正、反转控制电路

（1）控制电路。三相异步电动机联锁正、反转控制线路如图 9-18 所示。

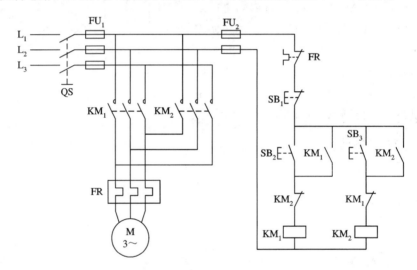

图 9-18　三相异步电动机联锁正、反转控制线路

（2）正转控制。如图 9-18 所示，先合上电源开关 QS，按下正转启动按钮 SB₂，接触器 KM₁ 线圈得电，其主触点闭合，电机正转，同时其辅助常开触点闭合，保证电机连续运转，其辅助常闭触点断开使接触器 KM₂ 线圈不能得电，实现电器互锁。若需电机停转，则按下停止按钮 SB₁ 即可。

（3）反转控制。如图 9-18 所示，先合上电源开关 QS，按下反转启动按钮 SB₃，接触器 KM₂ 线圈得电，其主触点闭合，电机反转，同时其辅助常开触点闭合，保证电机连续运转，其辅助常闭触点断开使接触器 KM₁ 线圈不能得电，实现电器互锁。若需电机停转，则按下停止按钮 SB₁ 即可。

这种联锁正、反转控制线路也存在一个缺点，如需要电动机从一个旋转方向改变到另一个旋转方向，则必须首先按下停止按钮，这对于频繁改变运转方向的电动机来说是不方便的。在实际中为了提高生产效率，尽量缩短辅助时间，达到不按停止按钮就能直接由一种转向改变为另一种转向，又能防止电源线间短路的目的，可采用按钮机械联锁和接触器电气联锁来实现电机的不停电正、反转控制。

2. 按钮、接触器双重互锁的正、反转控制电路

（1）控制电路。按钮、接触器双重互锁正、反转控制线路如图 9 - 19 所示。

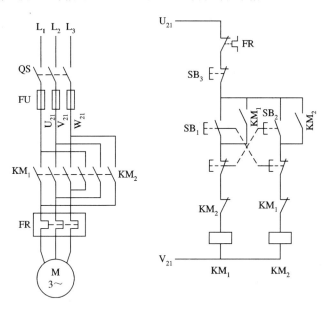

图 9 - 19 按钮、接触器双重互锁正、反转控制线路

（2）工作原理。其动作原理与按钮互锁正、反转控制线路相似，只是增加了一种电气联锁（即接触器联锁）。电动机可由正转运行直接变为反转运行，也可由反转运行直接变为正转运行，不必按停止按钮 SB_3。关于线路原理，读者可自行分析。当前工厂中常用的 Z35 型摇臂钻床立柱松紧电动机的电气控制和 X62W 型万能铣床的主轴反接控制均采用这种双重互锁的控制线路。

四、位置与自动往返控制线路

生产机械中常需要控制某些机械运动的行程或终端位置，或实现整个加工过程的自动往返等，这种控制生产机械运动行程和位置的方法称为位置控制。其控制方法就是利用位置开关与生产机械运动部件上的挡铁碰撞，使位置开关触头动作，接通或断开电路，从而控制生产机械运动部件的行程和往返。

1. 位置控制

（1）控制电路。位置开关串联在接触器线圈电路中，就可以达到位置和行程控制的目的。

（2）工作原理。如图 9 - 20 所示，先合上开关 QS，按下前行启动按钮 SB_1，接触器 KM_1 线圈通电动作，电动机正转启动向前运行，同时其辅助常闭触点断开，按后行启动按钮 SB_2 不起作用。当行车运行到终端位置时，由于行车上的挡铁块碰撞位置开关 SQ_1，使 SQ_1 的常闭触头断开，接触器 KM_1 线圈断电释放，电动机断电，行车则停止运行。此时，即使再按下前行启动按钮 SB_1，接触器 KM_1 的线圈也不会获电，从而保证了行车不会越过 SQ_1 的位置。

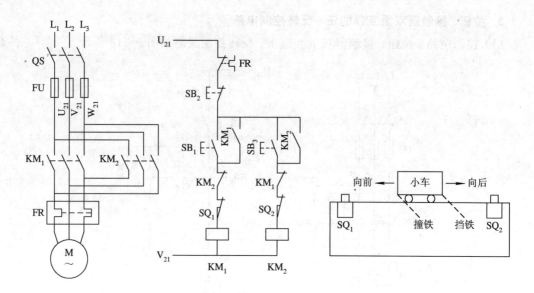

图 9-20　位置控制线路

当按下后行启动按钮 SB_2 时，接触器 KM_2 线圈获电，KM_2 主触头闭合，电动机反转，行车向后运行，位置开关 SQ_1 复位闭合。当行车运行到另一终端位置时，位置开关 SQ_2 的常闭触头被撞开，切断电源，行车停止运行。

2. 自动往返行程控制

（1）控制电路。有些生产机械如铣床，要求工作台在一定距离内能自动往返，以便对工件进行连续加工，这就需要电气控制线路能对电动机实现自动转换正、反转控制。工作台自动往返控制线路如图 9-21 所示。

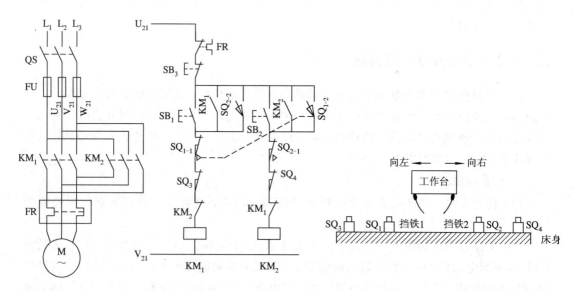

图 9-21　工作台自动往返控制线路

（2）工作原理。先合上开关 QS。为了使电动机的正、反控制与工作台的左、右运动相配合，在控制线路中设置四个位置开关 SQ_1、SQ_2、SQ_3、SQ_4，其中 SQ_1、SQ_2 是自动往返位置开关，SQ_3、SQ_4 是行程极限保护开关。

按下启动按钮 SB_1，接触器 KM_1 线圈获电动作，电动机正转启动，通过机械传动装置拖动工作台向左运动。当工作台运动到一定位置时，挡铁 1 碰撞位置开关 SQ_1，使 SQ_1 常闭触头 SQ_{1-1} 断开，接触器 KM_1 线圈断电释放，电动机断电停转。与此同时，位置开关 SQ_1 的常开触头 SQ_{1-2} 闭合，使接触器 KM_2 获电动作，使电动机反转，拖动工作台向右运动。同时位置开关 SQ_1 复原，为下次正转作准备。由于这时接触器 KM_2 的常开辅助触头已经闭合自锁，因此电动机连续拖动工作台向右运动。当工作台向右运动到一定位置时，挡铁 2 碰撞位置开关 SQ_2，使常闭触头 SQ_{2-1} 断开，接触器 KM_2 线圈断电释放，电动机停转。与此同时，位置开关 SQ_2 的常开触头 SQ_{2-2} 闭合，使接触器 KM_1 线圈再次获电动作，电动机又开始正转。如此循环往复，使工作台在预定的行程内自动往返。若需工作台停止运动，按下按钮 SB_3 即可。图 9 - 21 中，位置开关 SQ_3 和 SQ_4 安装在工作台往返运动的极限位置上，起终端保护作用，位置开关 SQ_1 和 SQ_2 一旦失灵，SQ_3 和 SQ_4 将切断接触器线圈电源，使工作台电机断电停转，从而使工作台停止运动。

实训项目三　镗床电气控制线路 PLC 改造设计安装与调试练习

一、实训内容

设计、安装、调试 T611 镗床 PLC 改造线路控制电气柜。

二、实训时间

2～4 周。

三、实训要求

在镗床继电器控制线路的基础上，根椐下列要求进行 PLC 改造与设计。

（1）镗床主轴部分。

① 点动：正转、反转。

② 变速冲动：△- Y -延时-△；Y -延时- Y。

③ 长动：正转、反转、Y -延时-△运行。

④ 总停。

（2）镗床进给部分。

点动：正转、反转。

（3）各种运行指示。

（4）设计完成梯形图、语句表。

（5）调试运行。

（6）写出操作说明书（实习报告）。

（7）编程考核。

四、实施细则

周数	第一周			第二、三周			第四周			备注
项目	硬件考核			电气柜安装考核			PLC 编程调试考核			
具体内容	原理图认识	列元件明细表和 I/O 图	画元件图、接线图，编线号	元件检查与安装	布线	检查	编程	调试	考核	
时间分配	9 h	6 h	15 h	18 h	36 h	6 h	12 h	12 h	6 h	

五、具体内容要求及考核标准

1. 设计要求

（1）原理图。原理图包括主电路及 PLC I/O 接线控制原理图，要求线路图设计正确，控制元件少，简单明了，元件图形符号标注及线号标注正确无误，合乎规范，画图清晰标准。

（2）明细表，I/O 分配图。明细表要求注明序号元件名称，所选元件的规格、型号及数量要求规范。I/O 分配图要求列出 PLC 输入、输出点对应的控制量，附加文字说明，标注清楚输入、输出点地址号，以便于电气柜的布线。

（3）元件布置图。元件布置图主要应考虑到控制元件在控制板上的具体位置，根据元件的形状尺寸画出元件布置图，并在图纸上标注该元件的符号，以便于元件的安装及施工。

（4）接线图。接线图是在原理图与元件布置图的基础上产生的，它主要标注每个元件各接线端的线号及每块控制板之间连接线的来龙去脉，以便于接线员接线。

2. 电气柜安装考核

（1）元件检查。根据元件明细表检查元件的数量，每个元件的规格、型号是否一致，外表有无损坏，活动部分是否灵活，螺钉是否齐全，常闭、常开触头是否良好等。

（2）元件的安装与固定。根据元件布置图将元件固定在控制板上，定位时要准确无误，经样冲冲孔、钻孔、攻丝，然后用螺栓将元件固定牢固。

（3）布线。

① 固定行线槽。

② 制作导线。确定导线长度，在线头两端套上线号管，并选择合适的接线端头，经冷压钳冷压牢固即可。

③ 连线。线端头套线号管长短一致，排列整齐，线号清楚，容易读出，板外线与按钮粘连线经接线端子排列整齐，露在外部的连线用尼龙扎头扎靠牢固、紧凑。

④ 检查。根据接线图对所接线路进行全面检查，先主电路后控制电路，检查有无缺线、漏线，线号是否清楚，露在外部的连线是否整齐、美观、匀称。用万用表检查三相进线端是否有短接现象，为通电调试作好准备。

3．PLC 编程与调试

（1）编程。依据镗床动作要求，配合电气线路图编写出梯形图程序。编写前必须熟悉 PLC 的基本指令，同时也要熟悉所选择使用的 PLC I/O 地址号、编程器的使用方法。程序编好后要经过分析研究，正确无误后方可输入程序。

（2）调试。对镗床 PLC 改造调试时，既有电气调试，又有 PLC 程序调试，二者合一，使得各动作功能协调完成。另外，由于 PLC 动作快于继电器和接触器的触头动作，因此接触器和继电器进行触头互锁。对于输入的开关量元件，选用常开触头，从而延长 PLC 的使用寿命。通电前，用万用表检查电源输入端有无短路，合闸后逐级调试，直至各动作功能完成。

4．考核标准

（1）硬件考核（30%）。原理图、元件布置图、接线图、元件明细表、I/O 分配图、线号清单是否完成。缺一项减 5 分，完成很好的可加 2 分。

（2）元件检查及安装考核（30%）。根据实习要求，考核元件检查方法是否正确，有无漏查；安装是否美观、整齐、合理、牢固；有无元件损坏；螺钉是否缺少等。发现一处失误扣 2 分，全部完成可加 5 分。布线按布线要求进行，对布线不符合规则的，如布线不进行线槽，不美观，接点松动，露铜过长，线号不清，方向错误，遗漏或误标，扎线不顺等，每处扣 1 分，对布线优异者加 2～5 分。

（3）编程考核（20%）。编写程序简单正确，调试动作功能正常者加 1～5 分。编程错误或者不会编程、抄袭他人程序、程序错误不能运行而影响调试的扣 2～5 分。

（4）调试考核（20%）。在 10 分钟内必须将所编程序输入机内调试运行，运行正常加 2～3 分。对没有按时完成，超时者每超 1 分钟扣 2 分。若输入后不能正常运行，则修复时间计入调试时间内，直至完成。

参 考 文 献

［1］ 汪国梁. 电机学. 北京：机械工业出版社，2001.

［2］ 付家才. 电机工程实践技术. 北京：化学工业出版社，1983.

［3］ 许缪，等. 工厂电气控制设备. 2版. 北京：机械工业出版社，2002.

［4］ 杨渝钦. 控制电机. 北京：机械工业出版社，2001.

［5］ 赵家礼. 新编电动机绕组修理改装技术问答. 北京：机械工业出版社，2002.

［6］ 余雷声，等. 电气控制与PLC应用. 北京：机械工业出版社，1998.

［7］ 林其骏. 机床数控系统. 北京：中国科学技术出版社，1991.

［8］ 任志锦. 电机与电气控制. 北京：机械工业出版社，2003.

［9］ 谢应璞. 电机学. 成都：四川大学出版社，2002.

［10］ 谭维瑜. 电机与电气控制. 北京：机械工业出版社，2003.

［11］ 乔长君，姜洪文. 电机修理技术. 北京：化学工业出版社，2003.

［12］ 赵承获. 电机及应用. 北京：高等教育出版社，2003.

［13］ 汤蕴璆，史乃. 电机学. 北京：机械工业出版社，1999.

［14］ 许晓峰. 电机及拖动. 北京：高等教育出版社，2004.

［15］ 田凤桐. 机电设备及其控制. 北京：机械工业出版社，1998.

［16］ 张运波. 工厂电气控制技术. 北京：高等教育出版社，2001.

［17］ 邱阿瑞，等. 实用电动机控制. 北京：人民邮电出版社，1998.

［18］ 胡学林，等. 电气控制与PLC. 北京：冶金工业出版社，1997.

［19］ 朱平. 电器：低压·高压·电子. 北京：机械工业出版社，2000.

［20］ 许缪. 电机与电气控制技术. 北京：机械工业出版社，2002.

［21］ 曾毅，等. 变频调速控制系统的设计与维护. 济南：山东科学技术出版社，1999.

［22］ 国家标准局. 电气制图及图形符号国家标准汇编. 成都：电子科技大学出版社，1994.

［23］ 王生. 电机与变压器. 北京：高等教育出版社，1997.